Deepen Your Mind

推薦序

In the last 20 years the amount of data created has grown massively. The need to understand this data, communicate what it means and use it to make better decisions has also grown. What has not changed is the human biology, so our brains must make sense of this ever-increasing amount information. As pictures are easier to understand than numbers, good visualisations have become more important as data grows in quantity, size and complexity.

（在過去的 20 年中，隨著社會產生的資料大量增加，對資料的了解、解釋與決策的需求也隨之增加。而固定不變是人類本身，所以我們的大腦必須學會了解這些日益增加的資料資訊。所謂「一圖勝千言」，對於數量、規模與複雜性不斷增加的資料，優秀的資料視覺化也變得愈加重要。）

Data comes in different kinds so it demands different methods to make sense of it. It is not possible to have a single tool/program that will work for all datasets, so we must be flexible. Many times we have to manipulate data before we can visualise it. In fact, a visualisation is typically part of a wider analysis, so we must learn to write code to analyse and visualise the data. Programming is the means by which we bring out the flexibility.

（資料來源各不同，這也導致我們需要用不同的方法去了解它們。想使用一種工具或程式語言就適用於所有資料，無疑是天方夜譚。所以，我們必須隨機應變。在很多情況下，我們不得不在操作資料前先視覺化資料。實際上，資料視覺化是資料分析的特別部分。所以，我們必須學會程式設計去分析與視覺化資料。程式設計可以帶來各種靈活性的方法。）

Now comes the first choice, in what programming language shall we write the code? We have to choose at least one and the authors of this book have chosen the Python programming language.

（現在面臨的第一個選擇就是我們將使用什麼樣的語言。我們不得不選擇一種程式語言，而這本書選擇 Python 作為程式語言。）

Python is a widely used general programming language that is easy to learn and it has been embraced by a large scientific computing community who have created an open ecosystem of packages for anlaysing and visualising data. By choosing Python these packages become available to you —free of charge. For example, key packages like NumPy and Pandas which are covered in Chapter 2, make it possible to represent data in sequences and in tables, and they provide many useful methods to act on this data.

（Python 是一種廣泛使用的程式語言，易於學習，而且一個極大的科學計算社區開發了一個擁有許多資料分析與視覺化套件的開放原始碼生態圈。如果選擇 Python 作為程式語言，這些套件就可以供你免費使用。舉例來說，本書第 2 章說明的 Python 核心套件 NumPy 和 Pandas，可以使用序列和表格表示資料，同時還提供了許多有用的資料操作方法。）

The next choice is, what package(s) to use for visualisation? The authors have three choices for you; Matplotlib, Seaborn and Plotnine. Are they good choices? Yes, they are.

（接下來的選擇就是我們該使用何種套件實現資料視覺化。本書作者提供了三個選擇：Matplotlib、Seaborn 和 Plotnine。那它們是不是好的選擇？是的，非常正確。）

Matplotlib is the most widely used package for data visualisation in Python. Powerful and versatile, it can be used to create figures for publication or to create interactive environments. In 1999 Leland Wilkinson in the book "The Grammar of Graphics" introduced an elegant way with which to think about data visualisation. This "Grammar" gives us a structured way with which to transform data into to a visualisation and it makes it easy to create many kinds of complicated plots. This is where the Seaborn and plotnine packages come in, they are built on top of matplotlib and are inspired by ggplot2 -an implementation of "The Grammar of Graphics" by Hadley Wickham.

（在 Python 中使用最為廣泛的資料視覺化套件是 matplotlib。它功能強大且齊全，可以用於製作出版物中的圖表，也可以用於製作互動式圖表。Leland Wilkinson 於 1999 年撰寫的書籍《圖形語法》介紹了一種實現資料視覺化的優秀方法。這種語法給了我們一種將資料轉換成圖表的結構性方法，而且使繪製各種複雜圖表變得更加容易。這就是 Seaborn 和 plotnine 套件的由來。它們建立在 matplotlib 套件的基礎上，而且啟發於 R 語言的 ggplot2 套件 - Hadley Wickham 以《圖形語法》為基礎開發的資料視覺化套件。)

The programming language and key packages are choices made for you, but making beautiful visualisations requires many more choices. These choices change depending on the data, display medium and audience; they are what this book will help you learn to make. In here, you will get exposed to a variety of plots, you will learn about the advantages of different plots for the same data, you will learn about *The Grammar of Graphics*, you will learn how to create visualisations with multiple plots and you will learn how to customize the visualisations and ultimately you will learn how to make beautiful visualisations.

（程式語言和對應的核心套件已經幫你選擇，但是製作優美的圖表仍需更多技能。這些技能的選擇取決於你的資料、展示媒介與受眾，這就是這本書將要幫助你學習的內容。在這裡，你會接觸到各式各樣的圖表，會學習到同一資料不同視覺化方法的優勢，會學習到「圖形語法」，還會學習到如何使用各種圖表實現資料視覺化，學習到如何訂製化圖表，最後你會學習到如何製作優美的資料視覺化。）

Now you have no choice but to proceed.

（在這裡，你別無選擇，唯有勇往直前！）

Hassan Kibirige
Author/Maintainer of plotnine
（plotnine 套件的開發者 / 維護者）

本書主要介紹如何使用 Python 中的 matplotlib、Seaborn、plotnine、Basemap 等套件繪製專業圖表。本書首先介紹 Python 語言程式設計基礎知識，以及 NumPy 和 Pandas 的資料操作方法；再比較介紹 matplotlib、Seaborn 和 plotnine 的圖形語法。本書系統性地介紹了使用 matplotlib、Seaborn 和 plotnine 繪製類別比較型、資料關聯式、時間序列型、整體局部型、地理空間型等常見的二維和三維圖表的方法。另外，本書也介紹了商業圖表與學術圖表的標準與差異，以及如何使用 matplotlib 繪製 HTML 互動頁面動畫。

● 本書定位

人生苦短，我用 Python ！

現在 Python 語言越來越流行，尤其是在機器視覺、機器學習與深度學習等領域。但是資料視覺化一直是其缺陷，特別是相對 R 語言而言。R 語言以 ggplot2 套件及其擴充套件人性化的繪圖語法大受使用者的喜愛，特別是生物資訊與醫學研究者。市面上有兩本很經典的 R ggplot2 教學：ggplot2 Elegant Graphics for Data Analysis 和 R Graphics Cookbook，這兩本書重點介紹了 ggplot2 套件的繪圖語法及常見圖表的繪製方法。另外，《R 語言資料視覺化之美：專業圖表繪製指南（增強版）》基於 R 中的 ggplot2 套件及其擴充套件等，系統性地介紹了幾乎所有常見的二維和三維圖表的繪製方法。

所以，筆者認為很有必要系統性地介紹 Python 的繪圖語法系統，包含最基礎也最常用的 matplotlib、常用於統計分析的 Seaborn、最新出現的類似 R ggplot2 語法的 plotnine 套件，以及用於地理空間資料視覺化的 Basemap 套件。本書首先介紹資料視覺化基礎理論，然後系統性地介紹了幾乎所有常見的二維和三維圖表的繪製方法，包含簡單的直條圖系列、橫條圖系列、聚合線圖系列、地圖系列等。

● 適合讀者群

本書適合想學習資料分析與視覺化相關專業課程的大專院校學生，以及對資料分析與視覺化有興趣的職場人士閱讀，尤其是 Python 使用者。從軟體掌握程度而言，本書同樣適用於零基礎學習 Python 的使用者。

● 閱讀指南

全書內容共有 11 章，其中，前 3 章是後面 8 章的基礎，第 4 ～ 10 章都是獨立基礎知識，第 11 章是資料視覺化繪圖綜合案例。讀者可以根據實際需求有選擇性地進行學習。

第 1 章介紹 Python 程式設計基礎，重點介紹資料結構、控制敘述與函數撰寫。

第 2 章介紹 Python 資料處理基礎，重點介紹 NumPy 和 Pandas 的資料操作方法，包含 NumPy 的數值運算與 Pandas 的表格運算。

第 3 章介紹 Python 資料視覺化基礎，重點介紹了 matplotlib、Seaborn 和 plotnine 的圖形語法，以及資料視覺化的顏色主題運用原理。

第 4 章介紹類別比較型圖表，包含直條圖系列、橫條圖系列、南丁格爾玫瑰圖、徑向柱圖等圖表。

第 5 章介紹資料關聯式圖表，包含二維和三維散點圖、氣泡圖、等高線圖、立體曲面圖、三元相圖、二維和三維瀑布圖、相關係數熱力圖等圖表。

第 6 章介紹資料分佈型圖表，包含一維、二維和三維的統計長條圖和核心密度估計圖、抖動散點圖、點陣圖、箱形圖、小提琴圖等圖表。

第 7 章介紹時間序列型圖表，包含聚合線圖和面積圖系列、日曆圖、量化波形圖等圖表。

第 8 章介紹局部整體型圖表，包含餅狀圖、馬賽克圖、華夫圓形圖、點狀直條圖系列等圖表。

第 9 章介紹高維資料的視覺化方法，包含分面圖系列、矩陣散點圖、熱力圖、平行座標系圖、RadViz 圖等圖表。

第 10 章介紹地理空間型圖表，包含分級統計地圖、點描法地圖、帶氣泡 / 柱形的地圖、等位地圖、線型地圖、三維柱形地圖等不同的地圖圖表。

第 11 章介紹資料視覺化的各種應用場景，包含商業圖表、學術圖表、HTML 網頁動畫等的標準與製作。

● 應用範圍

本書的圖表繪製方法都是以 Python 為基礎的 matplotlib、Seaborn、plotnine、Basemap 等套件實現的，幾乎適應於所有常見的二維和三維圖表。本書以虛擬的地圖資料為例說明不同的地理空間型圖表，讀者需將繪圖方法應用到實際的地理空間型圖表。

● 適用版本

本書所用 Python 版本為：3.7.1；圖表繪製套件 matplotlib、Seaborn、plotnine、Basemap 和 GeoPandas 的版本分別為：3.0.2、0.9.0、0.5.1、1.2.0 和 0.4.1；資料處理套件 NumPy 和 Pandas 的版本分別為：1.15.4 和 0.23.4。

Python 作為免費的開放原始碼軟體，資料分析與視覺化的套件更新反覆運算很快，這是它的優勢。但是有時候有些程式執行可能會由於 Python 及其套件的版本的更新，而出現函數棄用（deprecated）的情況。此時，需要自己更新程式，使用新的函數替代原有的函數。

● 原始程式碼

本書搭配原始程式碼下載的 GitHub 網址為 https://github.com/Easy-Shu/Beautiful-Visualization-with-python。本書配有幾乎所有圖表的 Python 原始檔案及其 CSV 或 TXT 格式的資料原始檔案。但是需要注意的是，如果執行的 Python 版本沒有安裝對應的資料分析與視覺化的套件（package），那麼請預先安裝對應的套件，才能成功執行程式。同時，也請注意執行 Python 及其套件的版本是否已經更新。另，本書原始程式為簡體中文，為求程式正確執行及保持最新版本，本書不另提供繁體中文程式，請讀者至本公司官網或原作者之 github 下載原始程式並配合本書執行。

● 與作者聯繫

因筆者知識與能力所限，書中紕漏之處在所難免，歡迎並懇請讀者朋友們替予批評與指正，可以透過電子郵件聯繫筆者。如果讀者有關於學術圖表或商業圖表繪製的問題，可以與筆者交流。另外，更多關於圖表繪製的教學請關注筆者的部落格、專欄和微博平台，也可以特別注意微信公眾號：EasyShu，還可以增加筆者微信：EasyCharts。筆者的資料分析與視覺化的文章會優先發表在微信公眾號平台。

✉ 郵　　箱：easycharts@qq.com
○ 博　　客：https://github.com/Easy-Shu/EasyShu-WeChat
知 知乎專欄：https://zhuanlan.zhihu.com/EasyShu（知乎帳號：張傑）

目錄

04 類別比較型圖表

05 資料關聯式圖表

Python 程式設計基礎

1.1 Python 基礎知識

1.1.1 Python 3.7 的安裝

使用 Anaconda 可以直接組合安裝 Python、Jupyter Notebook 和 Spyder。Anaconda 是一個開放原始碼的 Python 發行版本，用於進行大規模的資料處理、預測分析、科學計算，致力於簡化套件的管理和部署。

讀者可以透過搜尋 Anaconda，找到 Anaconda 官網，並下載。

需要注意的是：我們要根據電腦的系統（Windows、macOS 和 Linux）選擇對應的 Python 版本。對於 Windows 系統，還需要根據系統的位元數選擇 32 位元或 64 位元。另外，筆者推薦使用 Python 3.7 版本。

Jupyter Notebook：Jupyter Notebook 是以網頁為基礎的用於互動計算的應用程式。其可被應用於全過程計算：開發、文件撰寫、執行程式和展示結果。Jupyter Notebook 是以網頁形式開啟的程式，可以在網頁頁面中直接撰寫程式和執行程式,程式的執行結果也會直接在程式區塊下顯示。如在程式設計過程中需要撰寫說明文件,則可在同一個頁面中直接撰寫,便於進行及時的說明和解釋(見圖 1-1-1)。

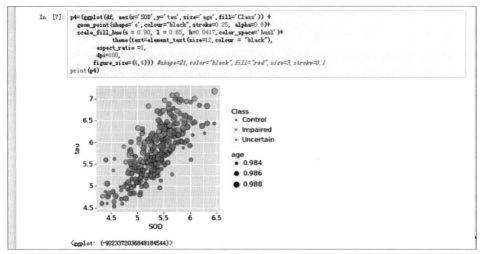

▲ 圖 1-1-1 Jupyter Notebook 的執行介面

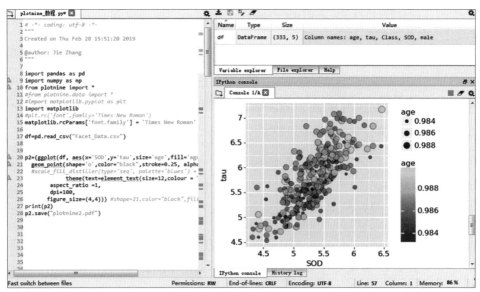

▲ 圖 1-1-2 Spyder 執行介面

Spyder：Spyder 是 Python(x,y) 的作者為它開發的簡單的整合式開發環境。和其他的 Python 開發環境相比，它最大的優點就是可以模仿 MATLAB 的「工作空間」功能，可以很方便地觀察和修改陣列的值。Spyder 的介面由許多面板組成，使用者可以根據自己的喜好調整它們的位置和大小。當多個面板出現在同一個區域時，將使用標籤頁的形式顯示。例如在圖 1-1-2 中，可以看到 Editor、Object inspector、Variable explorer、File explorer、Console、History log 以及兩個顯示影像的面板。在 View 選單中可以設定是否顯示這些面板。

1.1.2 套件的安裝與使用

在電腦程式的開發過程中，隨著程式碼越寫越多，在一個檔案裡的程式就會越來越長，越來越不容易維護。為了撰寫可維護的程式，我們把很多函數分組，分別放到不同的檔案裡，這樣，每個標頭檔案的程式就相對較少，很多程式語言都採用這種組織程式的方式。在 Python 中，一個 .py 檔案就稱之為一個模組（module）。模組的名字就是該檔案的名字（不包含副檔名）。使用模組不僅可以大幅加強程式的可維護性，而且撰寫程式也不必從零開始。

為了避免模組名稱衝突，Python 又引用了按目錄來組織模組的方法，稱為套件（package）。一個套件就是一個資料夾（Python 2 規定該資料夾必須包含一個 __init__.py 檔案，Python 3 沒有要求），套件名稱就是資料夾名。套件的安裝可以直接開啟 Anaconda 3 資料夾中的 Anaconda Prompt 對話方塊，輸入 conda install <package> 或 pip install <package>，就可以安裝對應的套件。也可以使用 conda uninstall <package> 和 pip uninstall <package> 移除對應的套件。模組和套件的匯入與使用方法沒有本質區別。我們在使用這些套件前，需要提前將這些套件匯入，使用 import 敘述可以匯入 4 種不同的物件類型。

```
1. import <package>           # 直接匯入套件，使用 package.XX 的方式實現套件的功能
2. import < package>  as X    # 將匯入的套件重新命名為 X，使用 X.XX 的方式實現套件
                                的功能，該種匯入方法通常在套件名稱較長時使用
3. from <package> import <module or subpackage or object>
                              # 從一個套件中匯入模組 / 子套件 / 物件
4. from < package> import *   # 匯入套件的全部套件
```

Python 借助外在的包和模組可以實現網路爬蟲、資料分析與視覺化、機器學習和深度學習等諸多功能（見圖 1-1-3）。其中，常用於資料分析處理與機器學習的包如下。

- NumPy、Pandas、DASK 和 Numba 套件可用於分析資料的可擴充性與效能；
- SciPy、StatsModel 和 scikit-learn 可用於資料的處理與分析；
- matplotlib、Seaborn、plotnine、Bokeh、Datashader 和 HoloViews 套件可實現資料結果的視覺化；
- scikit-learn、PyTorch、TensorFlow 和 theano 套件可建置並訓練機器學習與深度學習模型。

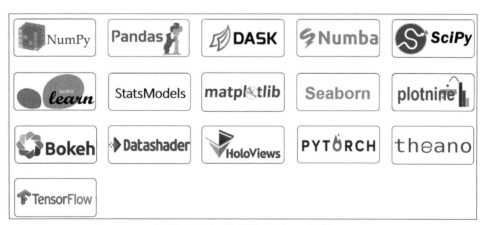

▲ 圖 1-1-3　常用的 Python 套件

1.1.3 Python 基礎操作

1. Python 註釋

註釋的目的是讓閱讀人員能夠輕鬆讀懂每一行程式的意義，同時也為後期程式的維護提供便利。在 Python 中，單行註釋是以 # 號作為開頭。而 Python 的多行註釋是由兩個三引號（"""）包含起來的。

2. Python 的行與縮排

與 R、C++ 等語言相比，Python 最具特色的就是使用縮排表示程式區塊，而不需要使用大括號。縮排的空格數是可變的，但是同一個程式區塊的敘述必須包含相同的縮排空格數。需要特別注意的是：不一致的程式區塊縮排會導致程式執行錯誤。

3. 變數與物件

Python 中的任何數值、字串、資料結構、函數、類別、模組等都是物件。每個物件都有識別符號、類型（type）和值（value）。幾乎所有的物件都有方法與屬性，都可以透過「物件名稱 . 方法（參數 1, 參數 2,⋯, 參數 n）」或「物件名稱 . 屬性」的方式存取該物件的內部資料結構。需要注意的是：物件之間的設定值並不是複製。

複製是指複製物件與原始物件不是同一個物件，原始物件發生任何變化都不會影響複製物件的變化，可以分為淺複製（copy）和深複製（deepcopy）。淺複製是複製了物件，但對於物件中的元素，依然使用原始的參考，即只複製指向物件的指標，並不複製物件本身。深複製是指完全地複製一個物件的所有元素及其子元素，可以視為直接複製整個物件到另一塊記憶體中。

1.2　6 種常用資料結構

Python 最常用的資料結構有 6 種：數字、字串、串列、元組、字典和集合。其中最為常用的是數字、字串、串列和字典。

（1）數字（number）：用於儲存數值。Python 3 支援 4 種類型的數字：int（整數類型）、float（浮點數態）、bool（布林類型）、complex（複數類型）。我們可以使用 type() 函數檢視資料類型；

（2）字串（string）：由數值、字母、底線組成的一串字元，可以使用單引號（'）、雙引號（"）和三引號（"'）指定字串，使用 "+" 號可以連接兩個字串；

（3）串列（list）：一維序列，變長，其內容可以進行修改，用 "[ ]" 標識；

（4）元組（tuple）：一維序列，定長、不可變，其內容不能修改，用 "( )" 標識；

（5）字典（dict）：最重要的內建結構之一，大小可變的鍵值對集，其中鍵（key）和值（value）都是 Python 物件，用 "{ }" 指定，可以使用大括號 "{ }" 建立空字典；

（6）集合（set）：由唯一元素組成的無序集，可以看成是只有鍵沒有值的字典，可以使用大括號 "{ }" 或 set() 函數建立集合。一個空集合必須使用 set() 函數建立。

1.2.1　串列

串列（list）是任意物件的有序集合，使用 "[ ]" 標識，元素之間使用逗點隔開。串列中的元素既可以是數字或字串，也可以是串列。每個串列中的元素都是從 0 開始計算的。串列方式可以透過「串列物件 . 串列方法（參數）」的方式呼叫。主要方法如下所示：

```
List1=[3, 2, 4]
List2=['c', 'b', 'd']
List3=List1+List2  #List3 的輸出結果為：[3, 2, 4, 'c', 'b', 'd']
```

1.2.2 字典

字典是一種可變的容器模型，且可以儲存任意類型的物件，用 "{ }" 標識。字典是一個無序的鍵（key）和值（value）對的集合。格式如下：

dc={key1:value1, key2:value2} 或 dc=dict(key1=value1,key2=value2)

鍵必須是唯一的，但值則不必。值可以取任何資料類型，但鍵必須是不可變的，如字串、數字或元組。範例如下所示：

```
dict = {'Name': 'Runoob', 'Age': 7, 'Class': 'First'},
print (dict['Name'])，輸出結果為：Runoob
print (dict['Age'])，輸出結果為：7
```

1.2.3 元組

元組與串列類似，不同之處在於元組的元素不能修改。元組使用小括號，串列使用中括號。元組的建立方式很簡單，只需要在括號中增加元素，並使用逗點隔開即可。範例如下所示：

```
tup = ('Google', 'Runoob', 1997, 2000)
print (tup1[0]) # 輸出結果為：Google
```

1.3 控制敘述與函數撰寫

1.3.1 控制敘述

Python 敘述與 R、C++ 語言類似，其控制流敘述同樣包含條件、順序和循環等。我們可以利用這些敘述控制資料分析的流向。與其他語言不同的是，控制流敘述是以 ":" 和縮排來識別與執行程式區塊（見表 1-3-1）。

我們最常見的就是 if 條件陳述式。條件陳述式可以使程式按照一定的運算式或條件，實現不同的操作或執行順序跳躍的功能。其條件最基本的檢查包含等於（=）、小於（<）、小於或等於（<=）、大於（>）、大於或等於（>=）和不等於（!=）。在 Python 中可以將產生一個值的 if…else 敘述寫到一行或一個運算式（三元運算式）中，以下為兩種不同形式的三元運算式：

```
output= 'Yes' if i>3 else 'No'
output=('No','Yes')[i>3]
```

for 循環可以對任何有序的序列物件（如字串、串列、元組、字典等）或反覆運算器做循環和反覆運算處理。其中，range() 函數可以產生一組間隔相等的整數序列，可以指定起始值、終止值與步進值，常用於 for 循環。

while 循環可以對任何物件進行循環處理，只要條件不為 false 或循環沒有被終止（break），其程式區塊就一直不斷地執行。如果 while 循環中有 else 敘述，則 else 敘述會在循環正常結束之後執行。

在 for 和 while 循環中，使用者還可以使用特定的敘述對循環進行中止（continue）、終止（break）等控制。常用的有以下兩種。

● break：結束或終止循環；

● continue：中止目前循環，調到下一次循環的開始。

表 1-3-1 控制敘述

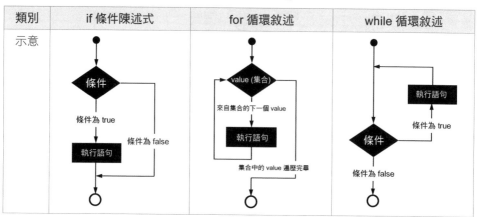

類別	if 條件陳述式	for 循環敘述	while 循環敘述
語法	if 條件或運算式 : 　　執行敘述 else: 　　執行敘述	for value in 集合 : 　　執行敘述	while 條件或運算式 : 　　執行敘述 else: 　　執行敘述

範例	i=5
	if i>3:
	　　print('Yes')
	else:
	　　print('No')
		for i in range(1,5):
		　　j = i + 10
		　　print(j)
			i=1
			while i < 5:
			　　print(i)
			　　i=i + 1

輸出	Yes	11,12,13,14	1,2,3,4

推導式（comprehensions）是一種將 for 循環、if 運算式以及複製敘述放到單一敘述中產生序列的方法，主要有串列推導式、集合推導式、字典推導式等。其中串列推導式只需要一條運算式就能非常簡潔地建置一個新串列，其基本形式如下：

- [執行敘述 for value in 集合]　　　　# 使用執行敘述生產串列
- [執行敘述 for value in 集合 if 條件]　　# 根據一定條件生產串列

例如：

```
output=[i+10 for i in range(1,5)]       #output=[11, 12, 13, 14]
output=[i+10 for i in range(1,5) if i>2] # output= [13, 14]
```

1.3.2 函數撰寫

函數（function）是 Python 中最重要，也是最主要的程式組織與重複使用的方法。Python 本身內建許多函數，如 range() 函數，也可以透過匯入套件或模組的方法呼叫函數，另外也可以靈活地自訂函數。預設情況下，實際參數與形式參數是按函數宣告中定義的順序符合的。呼叫函數時可以使用的正式參數類型主要有必備參數、具名引數、預設參數、不定參數等。其中，必備參數要以正確的順序把參數傳遞給函數，呼叫時的數量必須和宣告時的一樣；具名引數以參數的命名來確定傳遞的參數值，可以跳過不傳的參數或亂數傳遞參數。

匿名函數（lambda）僅由單行敘述組成，該敘述執行的結果就是傳回值。
其省略了用 def 定義函數的標準步驟，沒有名稱屬性。其一般形式如表
1-3-2 所示。

表 1-3-2 Python 函數的常用方法

類型	語法	實例
自訂函數	def 函數名稱 (形式參數): 「函數的文件字串說明」 函數本體 return [運算式]	def square(x): 　squared=x*x 　return squared print(square(2)) # 輸出結果為 4
匿名函數	lambda[參數 1 [, 參數 2, …, 參數 n]]: 運算式	square= lambda x:x*x print(square(2)) # 輸出結果為 4
內建函數 filter()	filter(布林函數，序列)	filter(lambda x: x>2, range(1,5)) # 輸出為 [3,4]
內建函數 map()	map(func 函數 , 序列 1[, 序列 2, …, 序列 n])	map(lambda x: x*x, range(1,3)) # 輸出為 [1,4]
內建函數 reduce()	reduce(func 函數 , 序列 [, 初值])	reduce(lambda x,y: x+y, range(1,5)) # 輸出為 10

lambda 函數能接收任何數量的參數，但是只能傳回一個運算式的數值，不
能同時包含指令或多個運算式。呼叫函數時不佔用堆疊記憶體，進一步增
加執行效率。

內建函數是 Python 內建的一系列常用函數，無須匯入套件或模組即可直接
使用（見表 1-3-2）。Python 有 3 個常用的內建函數，可以實現序列的檢查
與處理，加強資料分析的效率，如 filter()、map() 和 reduce() 函數。filter()
函數的功能相當於濾波器，呼叫一個布林函數檢查序列中的每個元素，傳
回一個能夠使布林函數值為 ture 的元素的序列。map() 函數可以指定函數
作用於指定序列的每個元素，並用一個串列來提供傳回值。reduce() 函數
作為參數的 func 函數為二元函數，將 func 函數作用於序列的元素，連續
將現有結果和下一個元素作用在隨後的結構上，最後將簡化的序列作為一
個單一傳回值（注意：Python 3 已經移除 reduce() 函數，放入 functools 模
組：from functools import reduce）。

資料處理基礎

2.1 NumPy：數值運算

NumPy 是 Numerical Python 的簡稱，是高性能計算和資料分析的基礎套件。ndarray 是 NumPy 的核心功能，其含義為 n-dimensional array，即多維陣列。陣列與串列之間的主要區別為：陣列是同類的，即陣列的所有元素必須具有相同的類型；相反，串列可以包含任意類型的元素。使用 NumPy 的函數可以快速建立陣列，遠比使用基本函數庫的函數節省運算時間。NumPy 在使用前需要匯入，約定俗成的匯入方法為：

```
import numpy as np
```

2.1.1 陣列的建立

陣列（ndarray）由實際資料和描述這些資料的元素組成，可以使用 *.shape 檢視陣列的形狀，使用 *.dim 檢視陣列的維數。而向量（vector）即一維陣列，也是最常用的陣列之一。透過 NumPy 的函數建立一維向量與二維陣列常用的方法如表 2-1-1 所示。陣列可由串列建置，也可以透過 *.tolist 方法轉換串列。

表 2-1-1　陣列 array 的建立

輸入	輸出	描述
np.array([1,2,3],dtype=float)	array([1., 2., 3.])	建立一維陣列
np.array([[1,2,3],[3,5,1]])	array([[1, 2, 3], [3, 5, 1]])	建立二維陣列
np.arange(0,3,1)	array([0, 1, 2])	步進值為 0.5 的等差數列
np.linspace(0,3,4)	array([0., 1., 2., 3.])	總數為 4 個元素的等差數列
np.repeat([1,2],2)	array([1, 1, 2, 2])	陣列元素的連續重複複製
np.tile([1,2],2)	array([1, 2, 1, 2])	陣列元素的連續重複複製
np.ones((2,3))	array([[1., 1., 1.], [1., 1., 1.]])	類似的還有 np.ones_like()
np.zeros((2,3))	array([[0., 0., 0.], [0., 0., 0.]])	類似的還有 np.zeros_like()
np.random.random(3)	array([0.24, 0.74, 0.95])	0~1 之間的亂數
np.random.randn(3)	array([-1.44, 0.39, 1.8])	標準正態分佈
np.random.normal(loc=0, scale=1, size=3)	array([0.55, -2.03, -0.21])	均值為 0，標準差為 1 的正態分佈

NumPy 支援的資料類型有：bool（布林）、int8（−128~127 的整數）、int16、int32、int64、uint8（0~255 的不帶正負號的整數）、uint16、uint32、uint64、float16（5 位指數 10 位尾數的半精度浮點數）、float32、float64 等。可以使用 *.astype() 函數實現對陣列資料類型的轉換。

2.1.2　陣列的索引與轉換

Python 陣列的索引與切片使用中括號 "[ ]" 選定索引來實現，同時採用 ":" 分割起始位置與間隔，用 "," 表示不同維度，用 "…" 表示檢查剩下的維度（見表 2-1-2）。使用 reshape() 函數可以建置一個 3 行 2 列的二維陣列：

```
a=np.arange(6).reshape(3,2)
a=np.reshape(np.arange(6),(3,2))
```

表 2-1-2 陣列的索引與轉換

敘述	範例	敘述	範例
陣列的建置： a=np.arange(6). reshape (3,2)	0　1 0　0　1 1　2　3 2　4　5	選取某一列： a[:,1]	0　**1** 0　0　**1** 1　2　**3** 2　4　**5**
選取多列： a[:,[0,1]]	0　1 0　0　1 1　2　3 2　4　5	選取某一行： a[1,:]	0　1 0　0　1 1　**2**　**3** 2　4　5
選取多行： a[[0,1],:]	0　1 0　0　1 1　2　3 2　4　5	選取某個元素： a[1,1]	0　1 0　0　1 1　2　**3** 2　4　5
單筆件過濾： a[a[:,1]>2,]	0　1 0　0　1 1　2　3 2　4　5	多條件過濾： a[(a[:,1]>2) & (a[:,1]<4),]	0　1 0　0　1 1　2　3 2　4　5
陣列維度的改變： a.reshape(2,3)	0　1　2 0　0　2　4 1　1　3　5	陣列的轉置： a.T np.transpose(a)	0　1　2 0　0　2　4 1　1　3　5
陣列的平迭展開： a.flatten()	0 0　0 1　1 2　2 3　3 4　4 5　5	陣列的平迭展開： a.ravel()	0 0　0 1　1 2　2 3　3 4　4 5　5

其中，NumPy 的 ravel() 和 flatten() 函數所要實現的功能是一致的，都是將多維陣列降為一維陣列。兩者的區別在於傳回拷貝（copy）還是傳回視圖（view），numpy.flatten() 傳回一份拷貝，對拷貝所做的修改不會影響原始矩陣，而 numpy.ravel() 傳回的是視圖，會影響原始矩陣。

陣列的排序也尤為重要。NumPy 提供了多種排序函數，例如 sort（直接傳回排序後的陣列）、argsot（傳回陣列排序後的索引）、lexsort（根據鍵值的字典序排序）、msort（沿著第一個軸排序）、sort_complex（對複數按照先實後虛的順序排序）等。實際如表 2-1-3 所示。

表 2-1-3　陣列的排序

敘述	範例	敘述	範例
一維陣列： a= np.array([3,2,5,4])	|0 0|3 1|2 2|5 3|4	二維陣列： b=np.array([[1,4,3], [4,5,1], [2,3,2]])	|0|1|2 0|1|4|3 1|4|5|1 2|2|3|2
陣列的排序： np.sort(a) a.sort()	|0 0|2 1|3 2|4 3|5	陣列排序後的索引： np.argsort(a)	|0 0|1 1|0 2|3 3|2
陣列的降冪： a[np.argsort(-a)]	|0 0|5 1|4 2|3 3|2	axis=0 表示按列排序 axis=1 表示按行排序 b.sort(axis=0)	|0|1|2 0|1|3|1 1|2|4|2 2|4|5|3

2.1.3　陣列的組合

NumPy 陣列的組合可以分為：水平組合（hstack）、垂直組合（vstack）、深度組合（dstack）、列組合（colume_stack）、行組合（row_stack）等（見表 2-1-4）。其中，水平組合就是把所有參加組合的陣列連接起來，各陣列行數應該相等，對於二維陣列，列組合和水平組合的效果相同。垂直組合就是把所有組合的資料追加在一起，各陣列列數應該一樣，對於二維陣列，行組合和垂直組合的效果一樣。

表 2-1-4 陣列的組合

敘述	範例	敘述	範例
陣列 a 的建置： a=np.arange(6). reshape(3,2)	見圖	陣列的水平組合： np.hstack((a,b)) np.concatenate((a,b),axis=1) np.append(a,b,axis=1)	見圖
陣列 b 的建置： b=np.arange(9). reshape(3,3)	見圖	陣列的垂直組合： np.vstack((b,c)) np.concatenate((b,c),axis=0) np.append(b,c,axis=0)	見圖
陣列 c 的建置： c=np.arange(6). reshape(2,3)	見圖	np.append(a,c)	見圖

2.1.4 陣列的統計函數

有時候，我們需要對陣列進行簡單的統計分析，包含陣列的平均值、中值、方差、標準差、最大值、最小值等。圖 2-1-1 所示為 3 種不同資料分佈的統計長條圖型分析：平均值（紅色實線）、中值（藍色實線）、最大值（桔色圓圈）、最小值（綠色圓圈）。

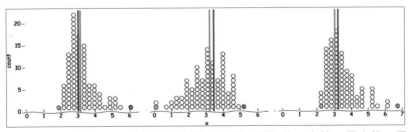

▲ 圖 2-1-1 不同資料分佈的統計長條圖型分析：平均值、中值、最大值、最小值

NumPy 的簡單統計函數如表 2-1-5 所示。範例資料：ary=np.arange(6)，則
陣列 ary 為 array([0, 1, 2, 3, 4, 5])。

表 2-1-5　簡單統計函數

函數	輸出	範例	結果
np.mean, np.average	計算平均值、加權平均值	np.mean(ary)	2.5
np.var	計算方差	np.var(ary)	2.917
np.std	計算標準差	np.std(ary)	1.707
np.min,np.max	計算最小值、最大值	np.min(ary) np.max(ary)	0 5
np.argmin,np.argmax	傳回最小值、最大值對的索引	np.argmin(ary) np.argmax(ary)	0 5
np.ptp	計算全距，即最大值與最小值的差	np.ptp(ary)	5
np.percentile	計算百分位在統計物件中的值	np.percentile (ary,90)	4.5
np.median	計算統計物件的中值	np.median(ary)	2.5
np.sum	計算統計物件的和	np.sum(ary)	15

2.2　Pandas：表格處理

Pandas 提供了 3 種資料類型，分別是 Series、DataFrame 和 Panel。其
中，Series 用於儲存一維資料，DataFrame 用於儲存二維資料，Panel 用
於儲存三維或可維度變換資料，其提供的資料結構使得 Python 做資料處
理變得非常快速與簡單。平常的資料分析最常用的資料類型為 Series 和
DataFrame，而 Panel 較少用到。在 Python 中呼叫 Pandas 通常使用以下約
定俗成的方式：

```
import pandas as pd
```

2.2.1 Series 資料結構

Series 本質上是一個含有索引的一維陣列，看起來，其包含一個左側可以自動產生（也可以手動指定）的 index 和右側的 values 值，分別使用 s.index s.values 進行檢視。index 傳回一個 index 物件，而 values 則傳回一個 array（見表 2-2-1）。

Series 就是一個帶有索引的串列，為什麼我們不使用字典呢？一個優勢是，Series 更快，其內部是向量化執行的，和反覆運算相比，使用 Series 可以獲得顯著的效能上的優勢。

表 2-2-1　Series 的建立與屬性

	敘述 1	敘述 2
程式	s=pd.Series([1,3,2,4])	s=pd.Series([1,3,2,4],index=['a', 'b','c','d'])
s.values	array([1, 3, 2, 4], dtype=int64)	array([1, 3, 2, 4], dtype=int64)
s.index	RangeIndex(start=0, stop=4, step=1)	Index(['a', 'b', 'c', 'd'], dtype='object')

2.2.2 資料結構：DataFrame

DataFrame（資料框）類似 Excel 試算表，也與 R 語言中 DataFrame 的資料結構類似。建立類別 DataFrame 實例物件的方式有很多，包含以下幾種（見表 2-2-2）。

- 使用 list 或 ndarray 物件建立 DataFrame：

```
df=pd.DataFrame([['a', 1, 2], ['b', 2, 5], ['c', 3, 3]], columns=['x','y','z'])
df=pd.DataFrame(np.zeros((3,3)), columns=['x','y','z'])
```

- 使用字典建立 DataFrame：使用字典建立 DataFrame 實例時，利用 DataFrame 可以將字典的鍵直接設定為列索引，並且指定一個串列作為字典的值，字典的值便成為該列索引下所有的元素。

```
df=pd.DataFrame({'x': ['a', 'b','c'],'y':range(1,4), 'z':[2,5,3]})
```

```
df=pd.DataFrame(dict(x=['a', 'b','c'],y=range(1,4), z=[2,5,3]))
```

需要注意的是：資料框的行索引預設是從 0 開始的。

表 2-2-2　資料框資料的選取

敘述	範例	敘述	範例
資料框的建置： df=pd.DataFrame({'x': ['a', 'b','c'], 'y':range(1,4), 'z':[2,5,3]})		選取某一列： df['y'] df.y df.loc[:,['y']] df.iloc[:,[1]]	
選取多列： df[['x','y']] df.loc[:,['x','y']] df.iloc[:,[0,1]]		選取某一行： df.loc[1,:] df.iloc[1,:]	
選取多行： df.loc[[0,1],:] df.iloc[[0,1],:]		選取某個元素： df.loc[1,'y'] df.loc[[1],['y']] df.iloc[1,1]	
單筆件過濾： df[df.z>=3]		多條件過濾： df[(df.z>=3) & (df.z<=4)] df.query('z>=3 & z<=4')	

- 取得資料框的行數、列數和維數：df.shape[0] 或 len(df)、df.shape[1]、df.shape。
- 取得資料框的列名稱或行名稱：df.columns、df.index。
- 重新定義列名稱：df.columns =["X", "Y", "Z"]。
- 重新更改某列的列名稱：df.rename(columns={'x':'X'},inplace=True)。注意，如果缺少 inplace 選項，則不會更改，而是增加新列。

- 觀察資料框的內容。
  - df.info()：info 屬性工作表示列印 DataFrame 的屬性資訊。
  - df.head()：檢視 DataFrame 前五行的資料資訊。
  - df.tail()：檢視 DataFrame 最後五行的資料資訊。

資料框的多重索引：通常 DataFrame（資料框）只有一列索引，但是有時候要用到多重索引。表 2-2-3 中的 df.set_index(['X','year']) 就有兩層索引，第 0 級索引為 "X"，第 1 級索引為 "year"，這時使用 loc 方法選擇資料。

表 2-2-3 資料框的多重索引

敘述	範例	敘述	範例

# 建置原始資料框 	
df=pd.DataFrame(dict(
X=['A','B','C','A','B','C'],
year=[2010,2010,2010,
2011,2011,2011],
Value=[1,3,4,3,5,2]))
	index, X, year, Value:
	0 A 2010 1
	1 B 2010 3
	2 C 2010 4
	3 A 2011 3
	4 B 2011 5
	5 C 2011 2
		# 設定 df 的索引為
		['X','year']
		df=df.set_
		index(['X','year'])
			X, year, Value:
			A 2010 1
			B 2010 3
			C 2010 4
			A 2011 3
			B 2011 5
			C 2011 2

# 選擇某個元素，其中 'A' 為 level0 索引對應的內容，2010 為 level1 索引對應的內容，'Value' 為 df 的指定列 df.loc[('A',2010),'Value']	X, year, Value: A 2010 1 B 2010 3 C 2010 4 A 2011 3 B 2011 5 C 2011 2	# 選擇 0 級索引下某類別的所有元素，slice(None) 是切片操作，用於選擇任意的 id，要注意：不能使用冒號 ':' 來指定任意索引 index df.loc[('A',slice(None)),'Value']	X, year, Value: A 2010 1 B 2010 3 C 2010 4 A 2011 3 B 2011 5 C 2011 2

空資料框的建立：空資料框的建立在需要自己建置繪圖的資料框資料資訊時，尤為重要。有時候，在繪製複雜的資料圖表時，我們需要對現有的資料進行內插、擬合等處理時，再使用空的資料框儲存新的資料，最後使用新的資料框繪製圖表。建立空資料框的方法很簡單：

```
df_empty= pd.DataFrame( columns=['x','y','z'])
```

網格分佈類型資料的建立：在三維內插展示時尤為重要。結合 np.meshgrid() 函數可以建立網格分佈類型資料框，如下所示。np.meshgrid() 函數就是用兩個座標軸上的點在平面上畫網格（當傳入的參數是兩個的時候）。也可以指定多個參數，例如 3 個參數，那麼就可以用三個一維的座標軸上的點在三維平面上畫網格（見表 2-2-4）。

表 2-2-4　網格分佈類型資料的建立

2.2.3　資料類型：Categorical

Pandas 擁有特殊的資料結構類型：Categorical（分類）可以用於承載以整數為基礎的類別展示或編碼的資料，可分為類型和有序型，類似 R 語言裡面的因數向量（factor）。分類資料類型可以看成是包含了額外資訊的串列，這額外的資訊就是不同的類別，可以稱之為類別（categories）。分類資料類型在 Python 的 plotnine 套件中很重要，因為它決定了資料的分析方式以及如何進行視覺呈現。

1. 分類資料的建立

一個分類資料不僅包含分類變數本身，還可能包含變數不同的類別（即使它們在資料中不出現）。分類函數 pd.Categorical() 用下面的選項建立一個分類資料。對於字元型串列，分類資料的類別預設依字母順序建立：[Fair,Good, Ideal, Premium, Very Good]。

```
Cut=["Fair","Good","Very Good","Premium","Ideal"]
Cut_Facor1=pd.Categorical(Cut)
```

很多時候，按預設的字母順序排序的因數很少能夠讓人滿意。因此，可以指定類別選項來覆蓋預設排序。更改分類資料的類別為 [Good, Fair, Very

Good, Ideal, Premium]，可以在使用 pd.Categorical() 函數建立分類資料的時候就直接設定好類別。

```
Cut_Facor2=pd.Categorical(["Fair","Good","Very Good","Premium","Ideal"],
            categories=["Good","Fair","Very Good","Ideal","Premium"],
            ordered= True)
```

2. 類別的更改

對於已經建立的分類資料或資料框，可以使用 *.astype() 函數指定類別選項來覆蓋預設排序，進一步將分類資料的類別更改為 [Good, Fair, Very Good, Ideal, Premium]。由於 Pandas 版本 (1.0.3) 的更新，原類別更改方法需要使用 pandas.api.types. CategoricalDtype 來定義 categories。

```
from pandas.api.types import CategoricalDtype
Cut=pd.Series(["Fair","Good","Very Good","Premium","Ideal"])
Cut_Facor2= Cut.astype(CategoricalDtype(categories=["Good","Fair",
"Very Good","Ideal","Premium"],ordered=True))
```

當 ordered=True 時，類別為有序的 [Good < Fair < Very Good < Ideal < Premium]。

3. 類型的轉換

有時，我們需要獲得分類資料的類別（categories）和編碼（codes），如表 2-2-5 所示。這樣相當於將分類型資料轉換成數值類型資料。

表 2-2-5 因數類型的轉換

敘述：取得資料資訊	輸出
Cut_Facor1.codes	array([0, 1, 4, 3, 2], dtype=int8)
Cut_Facor1.categories	Index(['Fair', 'Good', 'Ideal', 'Premium', 'Very Good'], dtype='object')
Cut_Facor2.codes	array([1, 0, 2, 4, 3], dtype=int8)
Cut_Facor2.categories	Index(['Fair', 'Good', 'Ideal', 'Premium', 'Very Good'], dtype='object')

如果需要從另一個資料來源獲得分類編碼資料，則可以使用 from_codes()
函數建置。如下所示的 Cut_Factor3 輸出結果為 [Fair, Good, Ideal, Fair,
Fair, Good]，其中 categories (3, object) 為：[Fair, Good, Ideal]。

```
categories=["Fair","Good","Ideal"]
codes=[0,1,2,0,0,1]
Cut_Factor3=pd.Categorical.from_codes(codes,categories)
```

2.2.4　表格的轉換

使用 Python 的 plotnine 套件繪圖或做分組 groupby() 計算處理時，通常是
使用一維資料串列的資料框。但是如果匯入的資料表格是二維資料串列，
那我們需要使用 pd.melt () 函數，可以將二維資料串列的資料框轉換成一
維資料串列。我們首先建置資料框 df：

```
df=pd.DataFrame({'X': ['A', 'B','C'],'2010':[1,3,4], '2011':[3,5,2]})
```

（1）將寬資料轉為長資料。將多行聚整合列，進一步二維度資料表變成一
維度資料表（見圖 2-2-1）：

```
df_melt=pd.melt(df,id_vars='X',var_name='year',value_name='value')
```

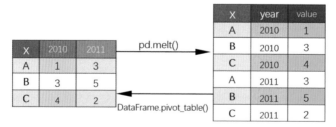

▲ 圖 2-2-1　表格轉換處理的示意案例

其中，id.vars ("x") 表示由標識變數組成的向量，用於標識觀測的變數；
variable.name ("year") 表示用於儲存原始變數名稱的變數的名稱；value.
name("value") 表示用於儲存原始值的名稱。

（2）將長資料轉為寬資料。將一列根據變數展開為多行，進一步一維度資料表變二維度資料表：

```
df_pivot=df_melt.pivot_table(index='X', columns='year', values='value')
df_pivot=df_pivot.reset_index()
```

2.2.5 變數的轉換

有時候，我們需要對資料框某列的每個元素都進行運算處理，進一步產生並增加新的列。我們可以直接對資料框的某列進行加減乘除某個數值的運算，進一步產生新列：

```
df_melt['value2']=df_melt['value']*2          #對應 dat1
```

使用 Python 的 transform() 函數，結合 lamdba 運算式可以為原資料框增加新的列，改變原變數列的值。同時結合條件陳述式的三元運算式 ifelse() 進行更加複雜的運算（見圖 2-2-2）：

```
df_melt['value2']=df_melt.transform(lambda x: x['value']*2 if
x['year']=="2011" else x['value'],axis=1) #對應 dat2
df_melt['value2']=df_melt.apply(lambda x: x['value']*2 if x['year']=="2011"
else x['value'],axis=1)      #對應 dat2
```

dat1

X	year	value	value2
A	2010	1	2
B	2010	3	6
C	2010	4	8
A	2011	3	6
B	2011	5	10
C	2011	2	4

dat2

X	year	value	Value2
A	2010	1	1
B	2010	3	3
C	2010	4	4
A	2011	3	6
B	2011	5	10
C	2011	2	4

▲ 圖 2-2-2 變數轉換的示意案例

apply、applymap 和 map 方法都可以向物件中的資料傳遞函數，主要區別如下：

- apply 的操作物件是 DataFrame 的某一列（axis=0）或某一行（axis=1）；
- applymap 的操作物件是元素級，作用於每個 DataFrame 的每個資料；
- map 的操作物件也是元素級，但其是對 Series 中的每個資料呼叫一次函數。

2.2.6　表格的排序

我們可以使用 np.sort() 函數對向量進行排序處理。對於資料框，也可以使用 sort_values () 函數，根據資料框的某列數值對整個表進行排序。其中，ascending=False 表示根據 df 的 value 列做降冪處理，如 dat_arrange2 資料框所示（見圖 2-2-3）。

```
dat_sort1=df_melt.sort_values(by='value',ascending=True)
dat_sort2=df_melt.sort_values(by='value',ascending=False)
dat_sort3=df_melt.sort_values(by=['year','value'],ascending=True)
```

dat_sort1

X	year	value
A	2010	1
B	2011	2
C	2010	3
A	2011	3
B	2010	4
C	2011	5

dat_sort2

X	year	value
A	2011	5
B	2010	4
C	2011	3
A	2010	3
B	2011	2
C	2010	1

dat_sort3

X	year	value
A	2010	1
B	2010	3
C	2010	4
A	2011	2
B	2011	3
C	2011	5

▲ 圖 2-2-3　表格排序的示意案例

2.2.7　表格的連接

有時候，我們需要在已有資料框的基礎上增加新的行 / 列，或水平 / 垂直增加另外一個表格。此時我們需要使用 pd.concat() 函數或 append() 函數實現該功能。先建置 3 個資料框，以下（見圖 2-2-4）。

```
df1=pd.DataFrame(dict(x= ["a","b","c"], y=range(1,4)))
df2=pd.DataFrame(dict(z= ["B","D","H"], g =[2,5,3]))
df3=pd.DataFrame(dict(x= ["g","d"], y =[2,5]))
```

（1）資料框增加列或水平增加表格：

```
dat_cbind=pd.concat([df1,df2],axis=1)
```

其中 axis 表示沿縱軸（axis=0）或橫軸（axis=1）方向連接。

（2）資料框增加行或垂直增加表格：

```
dat_rbind=pd.concat([df1,df3],axis=0)
dat_rbind=df1.append(df3)
```

df1

x	y
a	1
b	2
c	3

df2

z	g
B	2
D	5
H	3

df3

x	y
g	2
d	5

dat_cbind

x	y	z	g
a	1	B	2
b	2	D	5
c	3	H	3

dat_rbind

x	y
a	1
b	2
c	3
g	2
d	5

▲ 圖 2-2-4　表格連接的示意案例

（3）可以增加行 / 列，也就可以刪除某行 / 列，這時需要使用 *.drop() 函數 . 例如要刪除 df1 的 "y" 列：

```
df1.drop(labels="y",axis=1, inplace=True)
```

其中，labels 就是要刪除的行 / 列的名字，用串列指定；axis 預設為 0，指刪除行，因此刪除 columns 時要指定 axis=1；index 直接指定要刪除的行；columns 直接指定要刪除的列；inplace=False，預設該刪除操作不改變原資料，而是傳回一個執行刪除操作後的新 DataFrame；inplace=True，則會直接在原資料上進行刪除操作，且刪除後無法傳回。

2.2.8 表格的融合

有時候，兩個資料框並沒有極佳地保持一致。若不一致，則不能簡單地直接連接。所以它們需要一個共同的列（common key）作為融合的依據。在表格的融合中，最常用的函數是 pd.merge() 函數。我們首先建置 4 個資料框如下（見圖 2-2-5）：

```
df1=pd.DataFrame(dict(x= ["a","b","c"], y=range(1,4)))
df2=pd.DataFrame(dict(x= ["a","b","d"], z =[2,5,3]))
df3=pd.DataFrame(dict(g= ["a","b","d"], z =[2,5,3]))
df4=pd.DataFrame(dict(x= ["a","b","d"], y=[1,4,2],z =[2,5,3]))
```

df1

x	y
a	1
b	2
c	3

df2

x	z
a	2
b	5
d	3

df3

g	z
a	2
b	5
d	3

df4

x	y	z
a	1	2
b	4	5
d	2	3

▲ 圖 2-2-5　表格融合的示意案例

透過設定 pd.merge() 函數的不同參數可以實現不同的表格融合效果。其中，
兩個表格融合會用遺漏值 NA 代替不存在的值（見圖 2-2-6 和圖 2-2-7）。

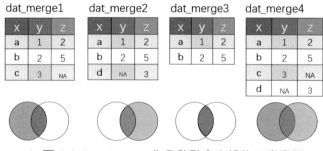

dat_merge1

x	y	z
a	1	2
b	2	5
c	3	NA

dat_merge2

x	y	z
a	1	2
b	2	5
d	NA	3

dat_merge3

x	y	z
a	1	2
b	2	5

dat_merge4

x	y	z
a	1	2
b	2	5
c	3	NA
d	NA	3

▲ 圖 2-2-6　pd.merge() 函數融合表格的示意案例

dat_merge5

x	y	z
a	1	2
b	2	NA
c	3	NA

dat_merge6

x	y	z
a	1	2
b	2	5
c	3	NA

dat_merge7

x	y.1	y.2	z
a	1	1	2
b	2	4	5
c	3	NA	NA

▲ 圖 2-2-7　複雜的 pd.merge() 函數融合表格的示意案例

- 只保留左表的所有資料：

```
dat_merge1=pd.merge(left=df1,right=df2,how="left",on="x")
```

- 只保留右表的所有資料：

```
dat_merge2=pd.merge(left=df1,right=df2,how="right",on="x")
```

- 只保留兩個表中公共部分的資訊：

```
dat_merge3=pd.merge(left=df1,right=df2,how="inner",on="x")
```

- 保留兩個表的所有資訊：

```
dat_merge4=pd.merge(left=df1,right=df2,how="outer",on="x")
```

- on=["x","y"] 表示多列比對：

```
dat_merge5=pd.merge(left=df1,right=df4,how="left",on=["x","y"])
```

- left_on="x", right_on="g" 可以根據兩個表的不同列名稱合併：

```
dat_merge6=pd.merge(left=df1,right=df3,how="left", left_on="x", right_on="g")
```

- 如果在表合併的過程中，兩個表有一列名稱相同，但是值不同，合併時又都想保留下來，就可以用 suffixes 替每個表的重複列名稱增加副檔名：

```
dat_merge7=pd.merge(left=df1,right=df4,how="left", on="x",suffixes=[".1",".2"])
```

2.2.9 表格的分組操作

資料框通常存在某列包含多個類別的資料，如 df.x 包含 A、B 和 C 三個不同類別的資料，df_melt.year 包含 2010 和 2011 兩個類別的資料。我們有時需要對資料框的列或行，亦或按資料類別進行分類運算等，此時資料的分組操作就尤為重要。先建置兩個資料框如下（見圖 2-2-8）：

```
df = pd.DataFrame({'x': ['A','B','C', 'A', 'C'],'2010':[ 1,3,4,4,3],
'2011':[3,5,2,8,9]})
df_melt=pd.melt(df,id_vars=['x'],var_name='year',value_name='value')
```

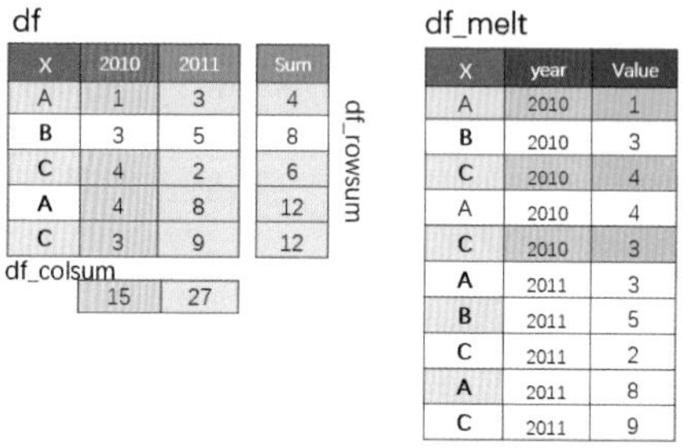

▲ 圖 2-2-8　對資料框按行或列求和

使用 df_melt.info() 函數可檢視 df_melt 的資料資訊，如圖 2-2-9 所示。可以發現 year 是 object 資料類型，如果需要將 year 變成 int 格式，則需要：

```
df_melt[["year"]]= df_melt[["year"]].astype(int)
```

```
<class 'pandas.core.frame.DataFrame'>
RangeIndex: 10 entries, 0 to 9
Data columns (total 3 columns):
x        10 non-null object
year     10 non-null object
value    10 non-null int64
dtypes: int64(1), object(2)
memory usage: 320.0+ bytes
```

▲ 圖 2-2-9　df_melt 的資料資訊

1. 按行或列操作

● 按行求和：

```
df_rowsum= df[['2010','2011']].apply(lambda x: x.sum(), axis=1)
```

● 按列求和：

```
df_colsum= df[['2010','2011']].apply(lambda x: x.sum(), axis=0)
```

● 單列運算：在 Pandas 中，DataFrame 的一列就是一個 Series, 可以透過 map 或 apply 函數來對某一列操作。

```
df['2010_2'] = df['2010'].apply(lambda x: x + 2)
```

● 多列運算：要對 DataFrame 的多個列同時進行運算，可以使用 apply() 函數。

```
df['2010_2011'] = df.apply(lambda x: x['2010'] + 2 * x['2011'], axis=1)
```

2. 分組操作：groupby() 函數

● 按 year 分組求平均值，如圖 2-2-10 所示：

```
df_group_mean1=df_melt.groupby('year').mean()
```

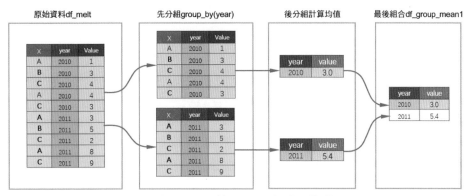

▲ 圖 2-2-10　按 year 分組求平均值

● 按 year 和 x 兩列變數分組求平均值，如圖 2-2-11 所示：

```
df_group_mean2=df_melt.groupby(['year','x'],as_index=False).mean()
```

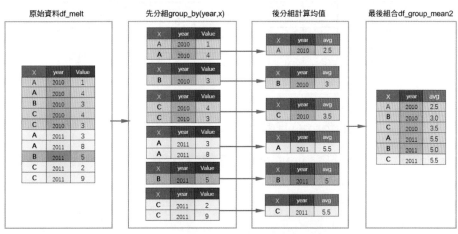

▲ 圖 2-2-11　按 year 和 x 兩列變數分組求平均值

其中，as_index=False 不會將 ['year','x'] 兩列設定為索引列。

● 按 year 分組求和：

```
df_group_sum= df_melt.groupby('year').sum()
```

● 按 year 分組求方差：

```
df_group_std= df_melt.groupby('year').std()
```

3. 分組聚合：aggregate() 函數

aggregate() 函數結合 groupby() 函數可以實現 SQL 中的分組聚合運算，如圖 2-2-12 所示。aggregate() 函數也可以簡寫為 agg()。

```
df_group1=df_melt.groupby(['x','year']).aggregate({ np.mean,  np.median})
df_group2=df_melt.groupby(['x','year']).agg({'value':{'mean': np.mean,
'median': np.median}})
df_group3=df_melt.groupby(['x','year'], as_index=False).agg({'value':{'mean':
np.mean, 'median': np.median}})
```

df_group1/df_group2

Index		value	value
x	year	mean	median
A	2010	2.5	2.5
A	2011	5.5	5.5
B	2010	3	3
B	2011	5	5
C	2010	3.5	3.5
C	2011	5.5	5.5

df_group3

Index	x	year	value	value
			mean	median
0	A	2010	2.5	2.5
1	A	2011	5.5	5.5
2	B	2010	3	3
3	B	2011	5	5
4	C	2010	3.5	3.5
5	C	2011	5.5	5.5

▲ 圖 2-2-12　aggregate 分組聚結果

4. 分組運算：transform() 函數

transform() 函數可以結合 groupby 來方便地實現類似 SQL 中的分組運算的操作。

```
df_melt['percentage'] = df_melt.groupby('x')['value'].transform(lambda x: x /
x.sum())
```

5. 分組篩選：filter() 函數

filter() 函數可以結合 groupby 來方便地實現類似 SQL 中的分組篩選運算的操作。

```
df_filter=df_melt.groupby('x').filter(lambda x: x['value'].mean()>4)
```

2.2.10 資料的匯入與匯出

大部分時候我們都是直接匯入外部儲存的資料檔案，再使用它來繪製圖表。此時，就需要借助資料匯入函數匯入不同格式的資料，包含 CSV、TXT、Excel、SQL、HTML 等格式的檔案。有時，我們也需要將處理好的資料從 Python 中匯出儲存。其中，我們在資料視覺化中使用最多的就是前 3 種格式的資料檔案。

（1）CSV 格式資料的匯入與匯出

使用 pd.read_csv () 函數，可以讀取 CSV 格式的資料，並以 DataFrame 形式儲存。根據所讀取的資料檔案編碼格式設定 encoding 參數，如 utf8、ansi 和 gbk 等編碼方式，當匯入的資料存在中文字元時，要尤為注意。根據所讀取的資料檔案列之間的分隔方式設定 delimiter 參數，大於一個字元的分隔符號被看作正規表示法，如一個或多個空格（\s+）、tab 符號（\t）等。

```
df=pd.read_csv("Data.csv",sep=",", header=0, index_col=None, encoding="utf8")
```

使用 to_csv () 函數 , 可以將 DataFrame 的資料儲存為 CSV 檔案：

```
df.to_csv("Data.csv",index=False,header=True)
```

index=False，表示忽略索引資訊；index=True，表示輸出檔案的第一列保留索引值。

CSV 檔案的特點主要有以下幾個：①檔案結構簡單，基本上和 TXT 文字檔的差別不大；②可以和 Excel 進行轉換，這是一個很大的優點，很容易進行檢視模式轉換，但是其檔案儲存大小比 Excel 小。③簡單的儲存方式，可以減少儲存資訊的容量，有利於網路傳輸及用戶端的再處理；同時由於是一堆沒有任何說明的資料，具備基本的安全性。相比 TXT 和 Excel 資料檔案，筆者推薦使用 CSV 格式的資料檔案，進行匯入與匯出操作。

（2）TXT 格式資料的匯入與匯出

如果將試算表儲存在 TXT 檔案中，可以使用 np.loadtxt() 函數載入資料。需要注意的是：TXT 文字檔中的每一行必須含有相同數量的資料。使用 np.loadtxt() 函數可以讀取資料並儲存為 ndarray 陣列，再使用 pd.DataFrame() 函數可以轉為 DataFrame 格式的資料。其中，np.loadtxt() 函數中的參數 delimiter 表示分隔符號，預設為空格。

```
df=pd.DataFrame(np.loadtxt(' Data.txt', delimiter=','))
```

使用 numpy.savetxt(fname,X) 函數可以將 ndarray 陣列儲存為 TXT 格式的檔案，其中參數 fname 為檔案名稱，參數 X 為需要儲存的陣列（一維或二維）。

（3）Excel 格式資料的匯入與匯出

我們可以使用 pd.read_excel() 和 to_excel() 函數分別讀取與匯出 Excel 格式的資料：

```
df= read_excel("data.xlsx", sheetname='sheetname', header=0)
```

其中，sheetname 指定頁面 sheet，預設為 0；header 指定列名稱行，預設為 0，即取第一行，資料為列名稱行以下的資料；若資料不含列名稱，則設定 header = None。

```
df.to_excel(excel_writer, sheet_name='sheetname', index=False)
```

其中，excel_writer 表示目標路徑；index=False 表示忽略索引列。

需要注意的是：使用 plotnine 套件繪製圖表或 pandas 套件處理資料時，通常使用一維資料串列的資料框。但是如果匯入的資料表格是二維資料串列，那麼我們需要使用 pd.melt() 函數，可以將二維資料串列的資料框轉換成一維資料串列。

一維資料串列和二維資料串列的區別

一維資料串列就是由欄位和記錄組成的表格。一般來說欄位在首行，下面每一行是一筆記錄。一維資料串列通常可以作為資料分析的資料來源，每一行代表完整的一筆資料記錄，所以可以很方便地進行資料的輸入、更新、查詢、比對等，如圖 2-2-13 所示。

Name	Subject	Grade
Peter	English	99
Peter	Math	84
Peter	Chinese	95
Jack	English	83
Jack	Math	93
Jack	Chinese	92
Jon	English	82
Jon	Math	90
Jon	Chinese	84

▲ 圖 2-2-13　一維資料串列

二維資料串列就是行和列都有欄位，它們相交的位置是數值的表格。這種表格一般是由分類整理得來的，既有分類，又有整理，所以是透過一維資料串列加工處理過的，通常用於呈現展示，如圖 2-2-14 所示。

Name	English	Math	Chinese
Peter	99	84	95
Jack	83	93	92
Jon	82	90	84

▲ 圖 2-2-14　二維資料串列

一維資料串列也常被稱為管線表格，它和二維資料串列做出的樞紐分析表最大的區別在於「行總計」。判斷資料是一維資料串列還是二維資料串列的最簡單的辦法，就是看其列的內容：每一列是否是一個獨立的參數。如果每一列都是獨立的參數，那就是一維資料串列；如果每一列都是同類參數，那就是二維資料串列。

注意，為了後期更進一步地建立各種類型的樞紐分析表，建議使用者在輸入資料時，採用一維資料串列的形式，避免採用二維資料串列的形式。

2.2.11　遺漏值的處理

匯入的資料有時存在遺漏值。另外，在統計與計算中，遺漏值也不可避免，也具有非常重要的作用。Python 使用 np.nan 表示遺漏值。Pandas 套件也提供了諸多處理遺漏值的函數與方法（見表 2-2-6）。

表 2-2-6 遺漏值的處理

ID	程式	示意
1	直接刪除帶 NaN 的行： df_NA1=df.dropna(axis=0)	<table><tr><th>x</th><th>y</th></tr><tr><td>a</td><td>1</td></tr><tr><td>b</td><td>NaN</td></tr><tr><td>c</td><td>NaN</td></tr><tr><td>d</td><td>3</td></tr></table> → <table><tr><th>x</th><th>y</th></tr><tr><td>a</td><td>1</td></tr><tr><td>d</td><td>3</td></tr></table>
2	使用最鄰近的元素填充 NaN： df_NA2=df.fillna(method="ffill")	<table><tr><th>x</th><th>y</th></tr><tr><td>a</td><td>1</td></tr><tr><td>b</td><td>NaN</td></tr><tr><td>c</td><td>NaN</td></tr><tr><td>d</td><td>3</td></tr></table> → <table><tr><th>x</th><th>y</th></tr><tr><td>a</td><td>1</td></tr><tr><td>b</td><td>1</td></tr><tr><td>c</td><td>3</td></tr><tr><td>d</td><td>3</td></tr></table>
3	使用指定的數值替代 NaN： df_NA3=df.fillna(2)	<table><tr><th>x</th><th>y</th></tr><tr><td>a</td><td>1</td></tr><tr><td>b</td><td>NaN</td></tr><tr><td>c</td><td>NaN</td></tr><tr><td>d</td><td>3</td></tr></table> → <table><tr><th>x</th><th>y</th></tr><tr><td>a</td><td>1</td></tr><tr><td>b</td><td>2</td></tr><tr><td>c</td><td>2</td></tr><tr><td>d</td><td>3</td></tr></table>

資料視覺化基礎

所謂「一圖抵千言」（A picture is worth a thousand words）。資料視覺化，就是關於資料視覺表現形式的科學技術研究。其中，這種資料的視覺表現形式被定義為，一種以某種概要形式抽提出來的資訊，包含對應資訊單位的各種屬性和變數。根據 Edward R. Tufte 在 *The Visual Display of Quantitative Information*[3] 和 *Visual Explanations*[4] 中的說明，資料視覺化的主要作用有兩個方面。

（1）真實、準確、全面地展示資料；
（2）揭示資料的本質、關係、規律。

資料視覺化的經典案例莫過於南丁格爾玫瑰圖的故事。19 世紀 50 年代，英國、法國、鄂圖曼帝國和俄羅斯帝國進行了克里米亞戰爭，英國的戰地戰士死亡率高達 42%。佛羅倫斯·南丁格爾主動申請，自願擔任戰地護士。她率領 38 名護士抵達前線，在戰地醫院服務。當時的野戰醫院衛生條件極差，各種資源極度匱乏，她竭盡全力排除各種困難，為傷患解決必需的生活用品和食品問題，對他們進行認真的護理。僅半年左右，傷病員的死亡率就下降到 2.2%。每個夜晚，她都手執風燈巡視，傷病員們親切地稱她為「提燈女神」。戰爭結束後，南丁格爾回到英國，被人們推崇為民族英雄。

出於對資料統計的結果不受人重視的憂慮，她發展出一種色彩繽紛的圖表形式，讓資料能夠更加讓人印象深刻（見圖 3-0-1）。這種圖表形式有時也被稱作「南丁格爾的玫瑰」，是一種圓形的長條圖。南丁格爾自己常暱稱這種別圖為雞冠花（coxcomb）圖，並且用以表示軍隊醫院季節性的死亡率，對象是那些不太能了解傳統統計報表的公務人員。她的方法打動了當時的高層，包含軍方人士和維多利亞女王本人，於是醫事改良的提案才獲得支援。這就是資料視覺化第一個主要作用的佐證。

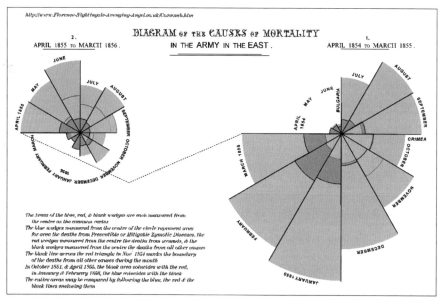

▲ 圖 3-0-1　第一幅南丁格爾玫瑰圖

Matthew O. Ward 也提出，視覺化的終極目標是洞悉蘊含在資料中的現象和規律，這包含多重含義：發現、決策、解釋、分析、探索和學習 [5]。表 3-0-1 所示的原始資料是 31 組 x-y 的二維資料。僅只從資料的角度去觀察，很難發現 x 與 y 之間的實際關係。將實際的資料分佈情況使用二維視覺化的方法呈現，如圖 3-0-2 所示，則可以快速地從資料中發現資料內在的模式與規律。所以，有時使用資料視覺化的方法也可以極佳地幫助我們去分析資料。

表 3-0-1　四組二維資料點集（相同的 x 變數，不同的 y 變數：$y1$，$y2$，$y3$，$y4$）

x	1	2	3	4	5	6	7	8	9	10	11	12	13	14	15	16
y1	4.6	5.4	5.2	6.6	5.9	6.1	5.8	6.8	6.5	6.7	6.9	11.1	8.2	10.3	12.8	13
y2	6.1	11.6	16.6	19	22.7	31.8	34	33.7	35.6	34.5	39.6	58.3	57.7	72.9	68.4	82.6
y3	5.5	31.1	33.1	51.8	55.7	60.7	63.5	75.5	84.4	84.6	76.3	92.4	81.6	91	88.1	93.8
y4	1	3	4.9	7.9	9.8	12	18.9	24.7	28.9	28.6	39.3	33.2	42.1	54.4	43.3	90.2

x	17	18	19	20	21	22	23	24	25	26	27	28	29	30	31	-
y1	20.8	12.4	15.9	15.3	38.8	35.9	24.3	54.5	62.9	43.8	76.9	91	96.9	51.4	100	-
y2	84.5	82	89.1	102.1	68.1	96.3	108.5	76.7	107.6	103.4	116.5	106.4	142.5	115.1	110.5	-
y3	101.3	103	107.4	104.3	110.7	103.4	113.6	105.1	112.5	119.3	113.7	109.5	108.7	110.1	118.8	-
y4	81.2	90.8	70.9	66.8	67.5	88.6	116.9	141.4	104	161.4	101.8	137.1	175.3	119.5	257.3	-

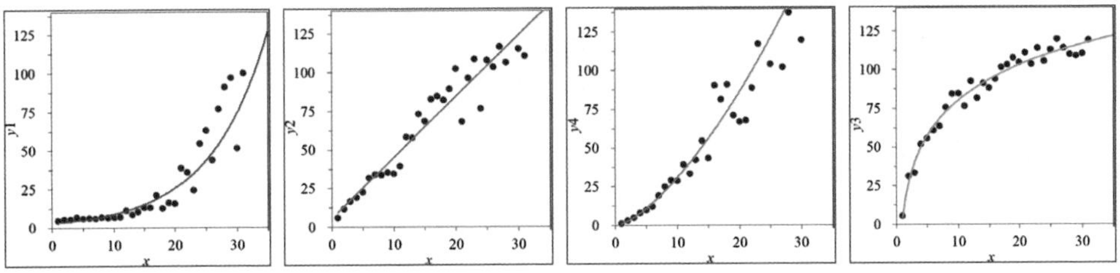

▲ 圖 3-0-2　四個不同規律的二維資料點集的視覺化案例

在資料視覺化方面，Python 還是與 R 有一定差距的。但是，Python 也有 matplotlib、Seaborn 和 plotnine 等靜態圖表繪製套件，可以在很大程度上實現 R 語言 ggplot2 及其擴充套件的資料視覺化效果。matplotlib 是 Python 資料視覺化的基礎套件，Seaborn 和 plotnine 也都是以 matplotlib 為基礎發展而來的。我們首先來對這 3 個套件做一個比較，使用相同的資料集繪製的散點圖、統計長條圖和箱形圖如圖 3-0-3、圖 3-0-4 和圖 3-0-5 所示。透過圖表參數的調整，三種不同風格的圖表都可以轉換。但是就預設的圖表風格而言，plotnine 的美觀程度優於 matplotlib 和 seaborn；而且，透過使用 theme_*() 函數，plotnine 可以輕鬆地轉換不同圖表風格，以適用於不同的應用場景。

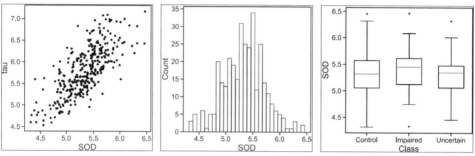

▲ 圖 3-0-3　使用 matplotlib 套件繪製的圖表範例

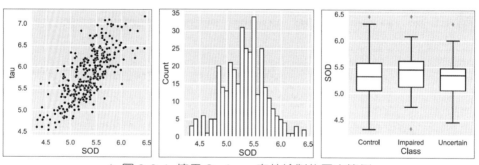

▲ 圖 3-0-4　使用 Seaborn 套件繪製的圖表範例

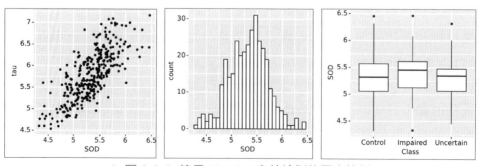

▲ 圖 3-0-5　使用 plotnine 套件繪製的圖表範例

使用 matplotlib、Seaborn 和 plotnine 套件繪製的散點圖、統計長條圖和箱形圖的實際程式如表 3-0-2 所示。df 是一個包含 SOD、tau 和 Class（Control、Impaired 和 Uncertain）三列的資料框（DataFrame）。其中，matplotlib 圖表繪製函數最大的問題就是參數繁多、條理不清，尤其在繪製多資料數列圖表時語法尤為煩瑣，但是可以實現不同的座標系，包含二維、三維直角座標系以及極座標系；Seaborn 中各個圖表繪製函數之間的參數不統一，難以整理清晰，但是可以繪製更多的統計分析類別圖表。而 plotnine 的語法相對來說很清晰，可以繪製很美觀的個性化圖表，但暫時只能實現二維直角座標系。本書將以圖表類型為導向，詳細地介紹常用的圖表繪製方法，包含 plotnine、matplotlib 和 Seaborn 等套件的圖形語法。

表 3-0-2　不同圖形語法的程式範例

圖形語法	散點圖	統計長條圖	箱形圖
matplotlib	plt.scatter(df['SOD'], df['tau'], c='black', s=15, marker='o')	plt.hist(df['SOD'], 30, density= False, facecolor='w', edgecolor="k")	labels=np.unique(df['Class']) all_data = [df[df['Class']==label]['SOD'] for label in labels] plt.boxplot(all_data, widths=0.6, notch= False,labels=labels)
Seaborn	sns.relplot(x="SOD", y="tau", data=df,color='k')	sns.distplot(df['SOD'], kde=False, bins=30, hist_ kws=dict(edgecolor="k", fa cecolor="w",linewidth=1,al pha=1))	sns.boxplot(x="Class", y="SOD", data= df, width =0.6,palette=['w'])
plotnine	(ggplot(df, aes(x='SOD',y='tau')) + geom_point())	(ggplot(df, aes(x='SOD')) + geom_ histogram(bins=30,c olour="black",fill="white"))	(ggplot(df, aes(x='Class',y='SOD'))+ geom_boxplot(show_ legend=False))

3.1　matplotlib

matplotlib（見連結1）中包含了大量的工具，你可以使用這些工具建立各
種圖形，包含簡單的散點圖、正弦曲線，甚至是三維圖形。Python 科學計
算社區經常使用它完成資料視覺化工作。在 matplotlib 物件導向的繪圖函
數庫中，pyplot 是一個方便的介面，其約定俗成的呼叫形式如下：

```
import matplotlib.pyplot as plt
```

3.1.1　圖形物件與元素

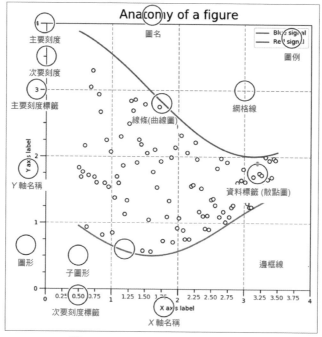

▲ 圖 3-1-1　matplotlib 圖表的組成元素

matplotlib 圖表的組成元素包含：圖形（figure）、座標圖形（axes）、圖名
（title）、圖例（legend）、主要刻度（major tick）、次要刻度（minor tick）、
主要刻度標籤（major tick label）、次要刻度標籤（minor tick label）、

Y 軸名（*Y* axis label）、*X* 軸名（*X* axis label）、邊框圖（line）、資料標記（markers）、網格（grid）線等。實際如圖 3-1-1 所示。

matplotlib 主要包含兩種元素。

（1）基礎（primitives）類別：線（line）、點（marker）、文字（text）、圖例（legend）、網格（grid）、標題（title）、圖片（image）等；

（2）容器（containers）類別：圖形（figure）、座標圖形（axes）、座標軸（axis）和刻度（tick）。

基礎類別元素就是我們要繪製的標準物件，容器類別元素則可以包含許多基礎類別元素並將它們組織成一個整體，它們也有層級結構：圖形（figure）→座標圖形（axes）→座標軸（axis）→刻度（tick），其實際的區別如下：

- figure 物件：整個圖形即是一個 figure 物件。figure 物件至少包含一個子圖，也就是 axes 物件。figure 物件包含一些特殊的 artist 物件，如圖名（title）、圖例（legend）。figure 物件包含畫布（canvas）物件。canvas 物件一般不可見，通常無須直接操作該物件，matplotlib 程式在實際繪圖時需要呼叫該物件。

- axes 物件：字面上了解，axes 是 axis（座標軸）的複數，但它並不是指座標軸，而是子圖物件。可以這樣了解，每一個子圖都有 *X* 軸和 *Y* 軸，axes 則用於代表這兩個座標軸所對應的子圖物件。常用方法：set_xlim() 及 set_ylim()──設定子圖 *X* 軸和 *Y* 軸對應的資料範圍；set_title()──設定子圖的圖名；set_xlabel() 以及 set_ylable()──設定子圖 *X* 軸和 *Y* 軸名。在繪製多個子圖時，需要使用 axes 物件。

- axis 物件：axis 是資料軸物件，主要用於控制資料軸上的刻度位置和顯示數值。axis 有 locator 和 formatter 兩個子物件，分別用於控制刻度位置和顯示數值。

- tick 物件：常見的二維直角座標系（axes）都有兩條座標軸（axis），橫軸（X axis）和縱軸（Y axis）。每個座標軸都包含兩個元素：刻度（容器類別元素），該物件裡還包含刻度本身和刻度標籤；標籤（基礎類別元素），該物件包含的是座標軸標籤。

當我們需要調整圖表元素時，就需要使用圖形的主要物件。matplotlib 有許多不同的樣式可用於繪製繪圖，可以用 plt.style.available 檢視系統中有哪些可用的樣式。雖然使用 plt 進行繪圖很方便，但是有時候我們需要進行細微調整，一般需要獲得圖形不同的主要物件包含 axes 物件及其子物件、figure 物件等。

- plt.gca() 傳回目前狀態下的 axes 物件；
- plt.gca().get_children() 可以檢視目前 axes 物件下的元素；
- plt.gcf() 傳回目前狀態下的 figure 物件，一般用以檢查多個圖形的 axes 物件（plt.gcf(). get_axes()）。

要畫出一幅有內容的圖，還需要在容器裡增加基礎元素，例如線（line）、點（marker）、文字（text）、圖例（legend）、網格（grid）、標題（title）、圖片（image）等。除圖表資料數列的格式外，我們平時主要調整的圖表元素，包含圖表尺寸、座標軸的軸名及其標籤、刻度、圖例、格線等，如表 3-1-1 所示。

表 3-1-1 圖表主要元素調整的函數說明

ID	函數	核心參數說明	功能
1	figure()	figsize（圖表尺寸）、dpi（解析度）	設定圖表的大小與解析度
2	title()	str（圖名）、fontdict（文字格式，包含字型大小、類型等）	設定標題
3	xlabel()、ylabel()	xlabel（X 軸名）或 ylabel（Y 軸名）	設定 X 軸和 Y 軸的標題
4	axis()、xlim()、ylim()	xmin、xmax 或 ymin、ymax	設定 X 軸和 Y 軸的範圍

ID	函數	核心參數說明	功能
5	xticks()、yticks()	ticks（刻度數值）、labels（刻度名稱）、fontdict	設定 X 軸和 Y 軸刻度
6	grid()	b（有無格線）、which（主/次格線）、axis（X 軸和 Y 軸格線）、color、linestyle、linewidth、alpha（透明度）	設定 X 軸和 Y 軸的主要和次要格線
7	legend()	loc（位置）、edgecolor、facecolor、fontsize	控制圖例顯示

3.1.2 常見圖表類型

matplotlib 可以繪製的常見二維圖表如表 3-1-2 所示，包含曲線圖、散點圖、直條圖、橫條圖、圓形圖、長條圖、箱形圖等。matplotlib 繪圖的最大的問題就是圖表的控制參數無法實現極佳地統一，例如聚合線圖 plot() 函數的線條顏色參數為 color，而散點圖 scatter() 函數的資料點顏色參數為 c。而在 plotnine 套件中將該參數都統一為 color，而標記點的填充顏色參數為 fill。

表 3-1-2　matplotlib 常見二維圖表的繪製函數

ID	函數	核心參數說明	圖表類型
1	plot()	x、y、color（線條顏色）、linestyle（線條類型）、linewidth（線條寬度）、marker（標記類型）、markeredgecolor（標記邊框顏色）、markeredgewidth（標記邊框寬度）、markerfacecolor（標記填充顏色）、markersize（標記大小）、lable（線條標籤）	聚合線圖、帶資料標記的聚合線圖
2	scatter()	x、y、s（散點大小）、c（散點顏色）、label、marker（散點類型）、linewidths（散點邊框寬度）、edgecolors（散點邊框顏色）	散點圖、氣泡圖
3	bar()	x、height（柱形高度）、width（柱形寬度）、align（柱形位置）、color（填充顏色）、edgecolor（柱形邊框顏色）、linewidth（柱形邊框寬度）	直條圖、堆疊直條圖

ID	函數	核心參數說明	圖表類型
4	barh	y、height（柱形高度）、width（柱形寬度）、align（柱形位置）、color（填充顏色）、edgecolor（柱形邊框顏色）、linewidth（柱形邊框寬度）	橫條圖、堆疊橫條圖
5	fill_between	x、y、facecolor（填充顏色）、edgecolor（邊框線顏色）、linewidth（邊框線寬度）、interpolate、alpha	面積圖
6	stackplot()	x、y、baseline（基準線）、colors（填充顏色）、labels（標籤）	堆疊面積圖、量化波形圖
7	pie()	x、colors（填充顏色）、labels（標籤）	圓形圖
8	errorbar()	x、y、yerr（Y軸方向誤差範圍）、xerr（X軸方向誤差範圍）、fmt（資料點的標記和連接樣式）、ecolor（誤差棒顏色）、elinewidth（誤差棒寬度）、ms（資料點大小）、mfc（資料點標記填充顏色）、mec（資料點標記邊緣顏色）、capthick（誤差棒橫杠的粗細）、capsize（誤差棒橫杠的大小）	誤差棒
9	hist()	x、bins（箱的總數）、range（統計範圍）、density（是否為頻率統計）、align（柱形位置）、color（顏色）、label（標籤）	統計長條圖
10	boxplot()	x、notch（有無凹槽）、sym（散點形狀）、vert（水平或垂直方向）、widths（箱形寬度）、labels（資料標籤）	箱形圖
11	axhline() axvline()	y、xmin、xmax 或（x、ymin、ymax）、color、linestyle（線條類型）、linewidth（線條寬度）、label（資料標籤）	垂直於 X 軸直線，垂直於 Y 軸直線
12	axhspan() axvspan()	ymin、ymax 或（xmin、xmax）、alpha、facecolor（填充顏色）、edgecolor（邊框顏色）、label、linestyle、linewidth	垂直於 X 軸矩形方塊，垂直於 Y 軸矩形方塊
13	text()	x、y、s（文字）、fontdict	在指定位置放置文字
14	annotate()	s（文字）、xy（標記點的位置）、xytext（標記文字位置）、arrowprops（箭頭屬性）	在指定的資料點上增加帶連接線的文字標記

下面我們以 "MappingAnalysis_Data.csv" 資料集為例（見圖 3-1-2），說明
如何用 matplotlib 繪製散點標記的曲線圖。我們先使用 pd.read_csv() 函
數匯入資料。其中 variable 有 4 個類別 ["0%(Control)", "1%","5%","15%"]
（見圖 3-1-3）。

```
df=pd.read_csv("MappingAnalysis_Data.csv")
```

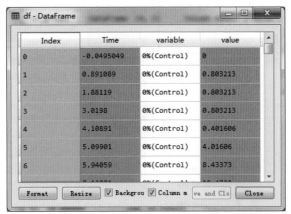

▲ 圖 3-1-2 "MappingAnalysis_Data.csv" 資料集

ID	圖示	程式

(a)	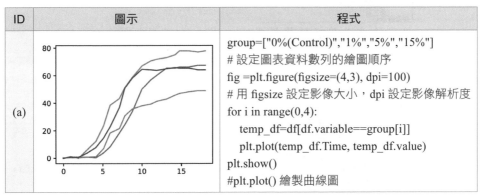	group=["0%(Control)","1%","5%","15%"]
		# 設定圖表資料數列的繪圖順序
		fig =plt.figure(figsize=(4,3), dpi=100)
		# 用 figsize 設定影像大小，dpi 設定影像解析度
		for i in range(0,4):
		    temp_df=df[df.variable==group[i]]
		    plt.plot(temp_df.Time, temp_df.value)
		plt.show()
		#plt.plot() 繪製曲線圖

▲ 圖 3-1-3 使用 matplotlib 繪製帶標記的曲線圖

ID	圖示	程式
(b)	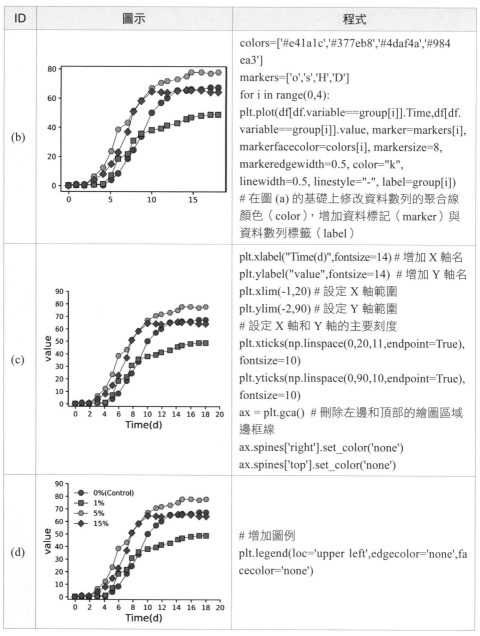	colors=['#e41a1c','#377eb8','#4daf4a','#984ea3'] markers=['o','s','H','D'] for i in range(0,4): plt.plot(df[df.variable==group[i]].Time,df[df.variable==group[i]].value, marker=markers[i], markerfacecolor=colors[i], markersize=8, markeredgewidth=0.5, color="k", linewidth=0.5, linestyle="-", label=group[i]) # 在圖 (a) 的基礎上修改資料數列的聚合線顏色（color），增加資料標記（marker）與資料數列標籤（label）

(c)		plt.xlabel("Time(d)",fontsize=14) # 增加 X 軸名
		plt.ylabel("value",fontsize=14) # 增加 Y 軸名
		plt.xlim(-1,20) # 設定 X 軸範圍
		plt.ylim(-2,90) # 設定 Y 軸範圍
		# 設定 X 軸和 Y 軸的主要刻度
		plt.xticks(np.linspace(0,20,11,endpoint=True), fontsize=10)
		plt.yticks(np.linspace(0,90,10,endpoint=True), fontsize=10)
		ax = plt.gca() # 刪除左邊和頂部的繪圖區域邊框線
		ax.spines['right'].set_color('none')
		ax.spines['top'].set_color('none')

(d)		# 增加圖例
		plt.legend(loc='upper left',edgecolor='none',facecolor='none')

▲ 圖 3-1-3 使用 matplotlib 繪製帶標記的曲線圖（續）

3.1.3 子圖的繪製

一幅圖中可以有多個座標系（axes），那是不是就可以說一幅圖中有多幅
子圖（sub plot），因此座標系和子圖是不是同樣的概念？其實，這兩者在
絕大多數情況下是的，只是有一點細微差別：座標系在母圖中的網格結構
可以是不規則的；子圖在母圖中的網格結構必須是規則的，其可以看成是
座標系的特例。所以，用 matplotlib 繪製多幅子圖和座標系主要有兩種方
式，pyplot 方式和 axes 物件導向的方式。如表 3-1-3 所示，matplotlib 主要
有 7 種子圖分區的方法，其中方法 1 ～方法 3 最為常用。

表 3-1-3 matplotlib 多幅子圖和座標系的增加方法

ID	方法	案例	效果
1	subplot() 函數： subplot(nrows, ncols, index, **kwargs)	plt.figure() **plt.subplot(221)** plt.subplot(222) plt.subplot(212) plt.show()	
2	add_subplot() 函數： add_subplot(nrows, ncols, index, **kwargs)	fig = plt.figure() **ax1 = fig.add_subplot(221)** ax2 = fig.add_subplot(222) ax3 = fig.add_subplot(212) plt.show()	
3	subplots() 函數： fig, ax = plt.subplots(ncols= 列數 , nrows= 行數 [, figsize= 圖片大小 , ...])	fig, ax = plt.subplots(ncols=2, nrows=2, figsize=(8, 6)) plt.show()	
4	subplot2grid() 函數： add_subplot2grid(shape,loc, colspan, **kwargs)	**plt.subplot2grid((2,3),(0,0), colspan=2)** **plt.subplot2grid((2,3),(0,2))** plt.subplot2grid((2,3),(1,0), colspan=3) plt.show()	

ID	方法	案例	效果
5	gridspec.GridSpec() 函數： gridspec. GridSpec(nrows= 列數 , ncols= 行數 , **kwargs)	import matplotlib.gridspec as gridspec G = gridspec.GridSpec(2, 3) axes1 = plt.subplot(G[0, 0:2]) axes2 = plt.subplot(G[0,2]) axes3 = plt.subplot(G[1, :]) plt.show()	
6	axes() 函數： axes([left, bottom, width, height], projection, sharex, sharey, **kwargs)	plt.axes([0.1,0.1,.8,.8]) plt.axes([0.2,0.2,.3,.3]) plt.show()	
7	axes() 函數： axes([left, bottom, width, height], projection, sharex, sharey, **kwargs)	plt.axes([0.1,0.1,.5,.5]) plt.axes([0.2,0.2,.5,.5]) plt.axes([0.3,0.3,.5,.5]) plt.axes([0.4,0.4,.5,.5]) plt.show()	

其中，subplot() 函數的參數有 nrows（行）、ncols（列）、index（位置）、projection（投影方式）、polar（是否為極座標）；當 projection='3d' 時，表示繪製三維直角座標系；當 polar=True 時，表示繪製極座標系。plt.axes([left, bottom, width, height]) 函數的 [left, bottom, width, height] 可以定義座標系 left，代表座標系左邊到 figure 左邊的水平距離，bottom 代表座標系底邊到 figure 底邊的垂直距離，width 代表座標系的寬度，height 代表座標系的高度。

圖 3-1-4 所示是根據圖 3-1-3 的資料，使用 matplotlib 繪製的兩個子圖的效果圖。圖 3-1-4 是使用 axes 方式的 subplots() 函數建置的兩個子圖。其核心程式如下所示。

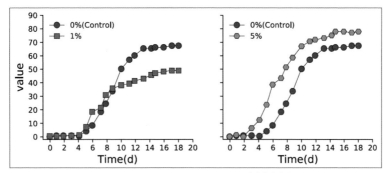

▲ 圖 3-1-4 matplotlib 子圖繪製案例

```
01   df1=df[df.variable=='0%(Control)']
02   df2=df[df.variable=='1%']
03   df3=df[df.variable=='5%']
04
05   fig,(ax0,ax1)= plt.subplots(nrows=1,ncols=2,sharey=True,figsize=(8,3))
06   # sharey=True 表示共用 Y 軸，figsize 設定影像大小
07   ax0.plot(df1.Time, df1.value,
08           marker=markers[0], markerfacecolor=colors[0], markersize=8,
             markeredgewidth=0.5,
09           color="k", linewidth=0.5, linestyle="-",label=labels[0])
10    ax0.plot(df2.Time, df2.value,
11           marker=markers[1], markerfacecolor=colors[1], markersize=7,
             markeredgewidth=0.5,
12           color="k", linewidth=0.5, linestyle="-",label=labels[1])
13
14    ax1.plot(df1.Time, df1.value,
15           marker=markers[0], markerfacecolor=colors[0], markersize=8,
             markeredgewidth=0.5,
16           color="k", linewidth=0.5, linestyle="-",label=labels[0])
17    ax1.plot(df3.Time, df3.value,
18           marker=markers[2], markerfacecolor=colors[2], markersize=8,
             markeredgewidth=0.5,
19           color="k", linewidth=0.5, linestyle="-",label=labels[2])
```

3.1.4 座標系的轉換

在編碼資料時，需要把資料數列放到一個結構化的空間中，即座標系，它指定意義給 *X*、*Y* 座標或經緯度。圖 3-1-5 展示了 3 種常用的座標系，分別為直角座標系〔也稱為笛卡兒座標系（rectangular coordinates）〕、極座標系（polar coordinates）和地理座標系（geographic coordinates）。它們幾乎可以滿足資料視覺化的所有需求。

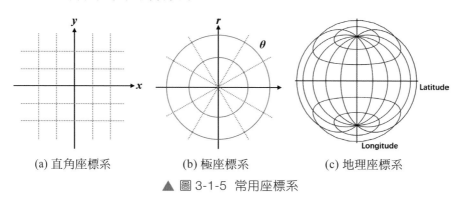

(a) 直角座標系　　　(b) 極座標系　　　(c) 地理座標系

▲ 圖 3-1-5　常用座標系

1. 直角座標系

直角座標系（rectangular coordinates/ cartesian coordinates），也叫笛卡兒座標系，是最常用的座標系之一。我們經常繪製的橫條圖、散點圖或氣泡圖，就是直角座標系。座標系所在平面叫作座標平面，兩座標軸的公共原點叫作直角座標系的原點。*X* 軸和 *Y* 軸把座標平面分成四個象限，右上面的叫作第一象限，其他三個部分按逆時針方向依次叫作第二象限、第三象限和第四象限。象限以數軸為界，橫軸、縱軸上的點不屬於任何象限。通常在直角座標系中的點可以記為 (x, y)，其中 x 表示 *X* 軸的數值，y 表示 *Y* 軸的數值。使用 matplotlib 繪製圖表時預設為二維直角座標系。

matplotlib 也可以實現三維直角座標系，其投影方法預設為透視投影（perspective projection），增加三維直角座標系的方法為：

```
from matplotlib import pyplot as plt
from mpl_toolkits.mplot3d import axes3d
fig = plt.figure()
ax = fig.gca(projection='3d')
```

matplotlib 可以使用不同的函數繪製三維散點圖、聚合線圖、直條圖、面積圖和曲面圖等，如表 3-1-4 所示。其中較為常用的是三維散點圖和立體曲面圖（見圖 3-1-6）。使用 ax.view() 函數可以調整圖表的角度，即相機的位置，azim 表示沿著 Z 軸旋轉，elev 表示沿著 Y 軸旋轉。

```
ax.view_init(elev=elev,azim=azim)
```

表 3-1-4 matplotlib 三維圖表繪製函數及其說明

ID	函數	核心參數說明	圖表類型
1	plot()	xs、ys、zs、color（線條顏色），linestyle（線條類型），linewidth（線條寬度），marker（標記類型），markeredgecolor（標記邊框顏色），markeredgewidth（標記邊框寬度），markerfacecolor（標記填充顏色），markersize（標記大小），lable（線條標籤）	三維曲線圖
2	scatter3D()	xs、ys、zs、zdir、s（散點大小）、c（散點顏色）、label、marker（散點類型）、linewidths（散點邊框寬度）、edgecolors（散點邊框顏色）	三維散點圖、氣泡圖
3	bar3d()	x、y、z、dx、dy、dz、color（填充顏色）、edgecolor（柱形邊框顏色）、linewidth（柱形邊框寬度）	立體直條圖
4	contour()	X、Y、Z、cmap（顏色對映主題）	三維等高線圖
5	contourf()	X、Y、Z、cmap（顏色對映主題）	三維等高面圖
6	plot_surface()	X、Y、Z、rstride、cstride、map（顏色對映主題）、vmin、vmax、shade、edgecolor（線條顏色）	立體曲面圖
7	plot_wireframe()	X、Y、Z、cmap（顏色對映主題）、linestyles	三維網面圖
8	voxels()	filled、x、y、z、facecolors、edgecolors	三維區塊狀圖

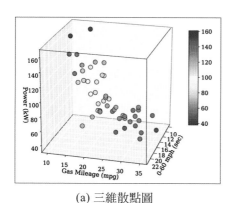

(a) 三維散點圖

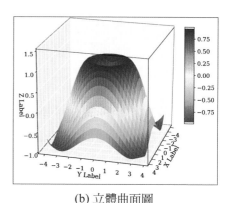

(b) 立體曲面圖

▲ 圖 3-1-6　matplotlib 三維圖表

直角座標系還可以擴充到多維空間。舉例來説，三維空間可以用（x, y, z）三個值對來表示三維空間中資料點的位置。如果再擴充到平行座標系（parallel coordinates），則可以用於對高維幾何和多中繼資料的視覺化。

2. 極座標系

極座標系（polar coordinates）是指在平面內由極點、極軸和極徑組成的座標系。在平面上選定一點 O，稱為極點。從 O 出發引一條射線 O_x，稱為極軸。再定一個單位長度，通常規定角度取順時針方向為正。這樣，平面上任一點 P 的位置就可以用線段 OP 的長度 ρ，以及從 O_x 到 OP 的角度 θ 來確定，有序數對 (ρ, θ) 就稱為 P 點的極座標，記為 $P(\rho, \theta)$；ρ 稱為 P 點的極徑，指資料點到圓心的距離，θ 稱為 P 點的極角，指資料點距離最右邊水平軸的角度。

極座標系的最右邊點是零度，角度越大，逆時針旋轉越多。距離圓心越遠，半徑越大。極座標系在繪圖中沒有直角座標系用得多，但在角度和方向兩個視覺暗示方面有很好的優勢，通常可以繪製出出人意料的精美圖表。matplotlib 可以透過以下敘述將座標系設定為極座標系：

```
fig = figure()
ax = fig.gca( polar=True)
```

另外，透過以下敘述可以進一步調整 matplotlib 極座標系的預設設定：

```
ax.set_theta_offset(np.pi / 2) #設定極座標系的起始角度為 90°
ax.set_theta_direction(-1)  # 設定極座標系的方向為順時針方向，direction=1 表示逆時針
ax.set_rlabel_position(0)    # 設定極座標系 Y 軸的標籤位置為起始角度位置
```

選擇合適的座標系對資料的清晰表達也很重要，直角座標系與極座標系的轉換如圖 3-1-7 所示。使用極座標系可以將資料以 365 天圍繞圓心排列。極座標系圖可以讓使用者方便地看到資料在週期上、方向上的變化趨勢，而對連續時間段變化趨勢的顯示不如直角座標系。

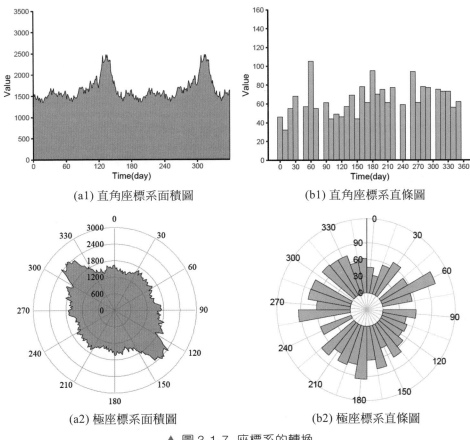

(a1) 直角座標系面積圖　　　　　　(b1) 直角座標系直條圖

(a2) 極座標系面積圖　　　　　　(b2) 極座標系直條圖

▲ 圖 3-1-7　座標系的轉換

極座標系的表示方法為 $P(\rho, \theta)$，平面直角座標系的表示方法為 $Q(x, y)$。極座標系中的兩個座標 r 和 θ 可以由下面的公式轉為直角座標系下的座標值：

$$x = \rho\cos\theta$$
$$y = \rho\sin\theta$$

從直角座標系中的 x 和 y 座標可以計算出極座標系下的座標值：

$$\theta = \tan^{-1}(y/x)$$
$$r = \sqrt{(x^2 + y^2)}$$

其中，要滿足 x 不等於 0；在 $x = 0$ 的情況下：若 y 為正數，則 $\theta = 90°$ $(\pi/2)$；若 y 為負數，則 $\theta = 270°(3\pi/2)$。

3.1.5　圖表的匯出

plt.savefig() 函數可以將 matplotlib 圖表匯出不同的格式，包含 PDF、PNG、JPG、SVG 等，其中匯出 PDF 格式圖表的程式如下所示。需要注意的是：要在 plt.show() 之前呼叫 plt.savefig()。

```
plt.savefig('filename.pdf',format='pdf')
```

3.2　Seaborn

Seaborn 和 matplotlib 一樣，也是 Python 進行資料視覺化分析的重要的協力廠商套件。但是在 matplotlib 的基礎上進行了更進階的 API 封裝，進一步使得作圖更加容易，在大多數情況下，使用 Seaborn 能繪製具有吸引力的圖表，而使用 matplotlib 卻能繪製出具有更多特色的圖表。應該把 Seaborn 視為 matplotlib 的補充，而非替代物。Seaborn 的預設匯入敘述為：

```
import seaborn as sns
```

3.2.1 常見圖表類型

Searborn 在 matplotlib 的基礎上，偏重資料統計分析圖表的繪製，包含帶誤差線的直條圖和散點圖、箱形圖、小提琴圖、一維和二維的統計長條圖和核心密度估計圖等（見連結 2）。另外，可以將多資料數列直接對映到顏色（hue）、大小（size）、資料標記（style）等，相比 matplotlib 繪圖，這樣可以極佳地簡化程式。Seaborn 常見圖表類型及其核心參數說明如表 3-2-1 所示，主要包含資料分佈型（一維和二維的統計長條圖、核心密度估計圖等）、類別比較型（抖動散點圖、蜂巢圖、帶誤差棒的散點圖、帶誤差棒的直條圖、箱形圖、小提琴圖等）、資料關聯式（聚合線圖、散點圖以及帶擬合線的散點圖、熱力圖等）等圖表。這些圖表大部分也都能使用 plotnine 繪製實現，相對於 Seaborn，plotnine 的繪圖語法更加簡潔與人性化，所以推薦優先使用 plotnine 繪製。

表 3-2-1 Seaborn 常見圖表類型及其核心參數說明

ID	函數	核心參數說明	圖表類型
1	lineplot()	x、y、hue（顏色對映）、size（線條寬度對映）、style（線條寬度類型對映）、data（資料框格式的資料）、palette（顏色範本）、sizes（線條寬度）、markers（資料標記類型）	聚合線圖、帶資料標記的聚合線圖
2	scatterplot()	x、y、hue（顏色對映）、size（資料標記大小對映）、style（資料標記類型對映）、data（DataFrame 格式的資料）、palette（顏色範本）、sizes（數標標記大小）、markers（資料標記類型）	散點圖、氣泡圖
3	stripplot()	x、y、hue（顏色對映）、data（DataFrame 格式的資料）、order（X 軸資料的顯示順序）、dodge（多資料數列是否分離展示）、orient（水平或垂直方向）、palette（顏色範本）、color、size、edgecolor、linewidth	抖動散點圖
4	swarmplot()	x、y、hue（顏色對映）、data（DataFrame 格式的資料）、order（X 軸資料的顯示順序）、orient（水平或垂直方向）、palette（顏色範本）、color、size、edgecolor、linewidth	蜂巢圖

ID	函數	核心參數說明	圖表類型
5	pointplot()	x、y、hue（顏色對映）、data（DataFrame 格式的資料）、order（X 軸資料的顯示順序）、orient（水平或垂直方向）、palette（顏色範本）、color、markers、linewidth、errwidth（誤差棒橫杠的粗細）、capsize（誤差棒橫杠的大小）	帶誤差棒的散點圖
6	barplot()	x、y、hue（顏色對映）、data（DataFrame 格式的資料）、order（X 軸資料的顯示順序）、orient（水平或垂直方向）、palette（顏色範本）、color、errcolor（誤差棒顏色）、errwidth（誤差棒橫杠的粗細）、capsize（誤差棒橫杠的大小）、dodge（多資料數列是否分離展示）	帶誤差棒的直條圖
7	countplot()	x、y、hue（顏色對映）、data（DataFrame 格式的資料）、order（X 軸資料的顯示順序）、orient（水平或垂直方向）、palette（顏色範本）、color	用於分類統計展示的直條圖
8	boxplot()	x、y、hue（顏色對映）、data（DataFrame 格式的資料）、order（X 軸資料的顯示順序）、orient（水平或垂直方向）、palette（顏色範本）、width（箱形寬度）、dodge（多資料數列是否分離展示）、notch（有無凹槽）	箱形圖
9	violinplot()	x、y、hue（顏色對映）、data（DataFrame 格式的資料）、order（X 軸資料的顯示順序）、bw（核心密度估計的寬度）、width（小提琴圖的寬度）、inner（內部展示資料類型）、split（雙資料數列的小提琴圖是否分離）、orient（水平或垂直方向）、palette（顏色範本）	小提琴圖
10	boxenplot()	x、y、hue（顏色對映）、data（DataFrame 格式的資料）、order（X 軸資料的顯示順序）、orient（水平或垂直方向）、palette（顏色範本）、width（箱形寬度）、dodge（多資料數列是否分離展示）	用於高維資料展示的箱形圖
11	regplot()	x、y、data（DataFrame 格式的資料 ）、label、color、marker、{scatter,line}_kws（控制散點與擬合曲線格式的參數）	用於資料擬合展示的散點圖
12	distplot()	a（Series 格式的資料）、bins（箱的總數）、hist（是否繪製統計長條圖）、kde（是否繪製核心密度估計圖）、rug（是否繪製底部毯形圖）、{hist, kde, rug, fit}_kws（控制統計直方柱形、核心密度估計曲線、毯形圖格式的參數）	統計直方與核心密度估計的組合圖

ID	函數	核心參數說明	圖表類型
13	heatmap()	data（DataFrame 格式的資料）、vmin（顏色刻度條的最小值）、vmax（顏色刻度條的最大值）、cmap（顏色刻度條對應的顏色範本）、annot（是否顯示每個儲存格的數值）、fmt（數值顯示的格式）、linewidths（分割線的線寬）、linecolor（分割線的顏色）	熱力圖

3.2.2 圖表風格與顏色主題

相比 matplotlib，Seaborn 的另外一個優勢就是可以快速設定圖表顏色主題與風格。Seaborn 可以使用以下敘述設定：

```
sns.set_palette("color_palette")    # 設定繪圖的顏色主題
sns.set_style("figure_ style")      # 設定繪圖的圖表風格
sns.set_context("context_tyle")     # 設定元素的縮放比例
```

Seaborn 將 matplotlib 圖表的參數劃分為兩個獨立的組合：第一組設定繪圖的外觀風格；第二組主要將繪圖的各種元素按比例縮放，以使其可以嵌入不同的背景環境中。如果需要將圖表風格重置到預設狀態，則可以使用：sns.set()。

- Seaborn 可供選擇的圖表風格（figure_style）有 darkgrid、whitegrid、dark、white 和 ticks。如果需要訂製 Seaborn 風格，則可以將一個字典參數傳遞給 set_style() 或 axes_style() 的參數 rc，實際參數設定方法可見 Seaborn 的官方教學。

- 縮放 Seaborn 的繪畫素素，有 4 個預置的環境類型（context_tyle），按大小從小到大排列分別為：paper、notebook（預設）、talk、poster，還可以透過一個字典參數值來覆蓋參數，實際參數設定方法可參見 Seaborn 的官方教學。

圖表的顏色主題（color_palette）由 sns.set_palette() 控制，其顏色主題主要分為多色系（qualitative）、雙色漸層系（diverging）和單色漸層系（sequential）。有時候我們需要取得不同顏色主題方案的數值，可以使用以下敘述：

```
palette = sns.color_palette("color_palette").as_hex()
```

R 語言 ggplot2 預設的顏色主題方案的顏色為：

```
palette_ ggplot2 = sns.husl_palette(n_colors=8, s = 0.90, l = 0.65, h=0.0417)
.as_hex()
```

其中，n_colors 表示欲取得的顏色數目，當 n_colors=8 時，顏色主題為▇▇▇▇▇▇▇▇。由於 Seaborn 只是對 matplotlib 的封裝，所以透過 sns.*() 函數設定的圖表風格與顏色主題，對 matplotlib 繪圖同樣有效。關於顏色主題的選擇與應用將在後面的章節詳細說明。圖 3-2-1 展示了使用 Seaborn 繪製帶標記的曲線圖的案例，該案例使用了與圖 3-1-3 例相同的資料來源，方便讀者可以比較兩種繪圖語法的差別。

ID	圖示	程式

(a)	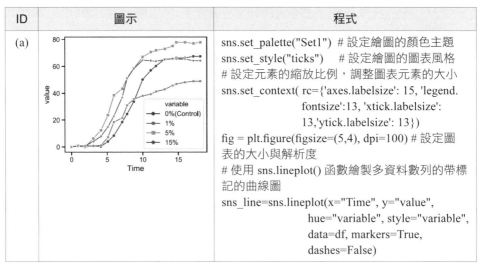	sns.set_palette("Set1") # 設定繪圖的顏色主題
		sns.set_style("ticks")　 # 設定繪圖的圖表風格
		# 設定元素的縮放比例，調整圖表元素的大小
		sns.set_context(rc={'axes.labelsize': 15, 'legend.
		　　　　　　　 fontsize':13, 'xtick.labelsize':
		　　　　　　　 13,'ytick.labelsize': 13})
		fig = plt.figure(figsize=(5,4), dpi=100) # 設定圖表的大小與解析度
		# 使用 sns.lineplot() 函數繪製多資料數列的帶標記的曲線圖
		sns_line=sns.lineplot(x="Time", y="value",
		　　　　　　　 hue="variable", style="variable",
		　　　　　　　 data=df, markers=True,
		　　　　　　　 dashes=False)

▲ 圖 3-2-1　使用 Seaborn 繪製帶標記的曲線圖

ID	圖示	程式

(b)	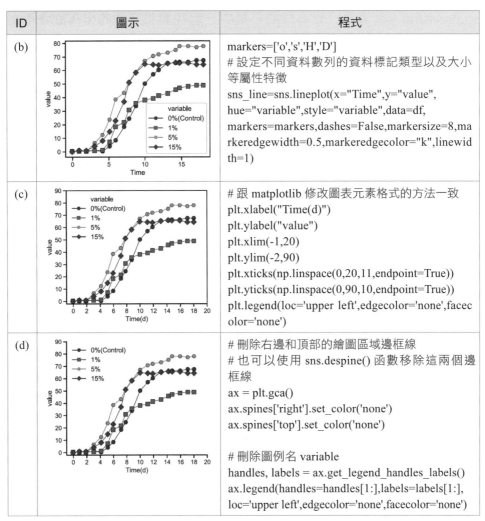	markers=['o','s','H','D']
		# 設定不同資料數列的資料標記類型以及大小等屬性特徵
		sns_line=sns.lineplot(x="Time",y="value",
		hue="variable",style="variable",data=df,
		markers=markers,dashes=False,markersize=8,ma
		rkeredgewidth=0.5,markeredgecolor="k",linewid
		th=1)

(c)		# 跟 matplotlib 修改圖表元素格式的方法一致
		plt.xlabel("Time(d)")
		plt.ylabel("value")
		plt.xlim(-1,20)
		plt.ylim(-2,90)
		plt.xticks(np.linspace(0,20,11,endpoint=True))
		plt.yticks(np.linspace(0,90,10,endpoint=True))
		plt.legend(loc='upper left',edgecolor='none',facec
		olor='none')

(d)		# 刪除右邊和頂部的繪圖區域邊框線
		# 也可以使用 sns.despine() 函數移除這兩個邊框線
		ax = plt.gca()
		ax.spines['right'].set_color('none')
		ax.spines['top'].set_color('none')
		
		# 刪除圖例名 variable
		handles, labels = ax.get_legend_handles_labels()
		ax.legend(handles=handles[1:],labels=labels[1:],
		loc='upper left',edgecolor='none',facecolor='none')

▲ 圖 3-2-1　使用 Seaborn 繪製帶標記的曲線圖（續）

3.2.3 圖表的分面繪製

相比 matplotlib，Seaborn 還有一個很好的優勢，即圖表的分面展示。Seaborn 常用的分面函數有 sns.FacetGrid()、sns. PairGrid() 等。

- FacetGrid：當需要在資料集的子集中分別視覺化變數的分佈或多個變數之間的關係時，sns.FacetGrid() 函數非常有用。FacetGrid 可以繪製多三個維度：row、col、hue（行、列、色調）。前兩個與獲得的軸陣列有明顯的對應關係；將色調變數視為沿深度軸的第三個維度，其中不同的等級用不同的顏色繪製。在大多數情況下，使用圖形等級功能，如 relplot() 或 catplot() 函數，比直接使用 FacetGrid 更好。

- PairGrid：它可以使用相同的繪圖類型快速繪製子圖的網格，以視覺化每個子圖中的資料。在一個 PairGrid 中，每個行和列都分配給不同的變數，因此結果圖顯示資料集中的每個成對關係。特別適用於散點圖矩陣，這是顯示每種關係的最常用方式，但 PairGrid 不限於散點圖。有時候，pairplot() 函數可以使繪圖更靈活，速度更快。

FacetGrid 與 PairGrid 的區別：在 FacetGrid 中，每個方面都表現出以不同等級的其他變數為條件的相同關係。在 PairGrid 中，每個圖顯示不同的關係（儘管上三角和下三角將具有映像檔圖）。使用 PairGrid 可以將資料集中的有趣關係非常快速、非常進階地展示。該類別的基本用法與 FacetGrid 十分類似。首先初始化網格，然後將繪圖函數傳遞給 map() 方法，並在每個子圖上呼叫它。圖 3-2-2 所示是使用 sns.FacetGrid() 函數實現的按 variable 分面的曲線圖。

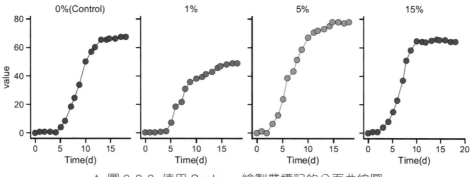

▲ 圖 3-2-2　使用 Seaborn 繪製帶標記的分面曲線圖

相比 Seaborn 的分面繪圖，plotnine 可以與繪圖函數結合，更加簡潔地實現分面繪圖。所以大部分情況下，推薦優先使用 plotnine 實現分面繪圖。圖 3-2-2 的實現程式如下所示。

```
01    g = sns.FacetGrid(df, col="variable", hue="variable",size=3,
      aspect=0.9,gridspec_kws={"wspace":0.1})
02    g.map(sns.lineplot, "Time", "value",marker='o',dashes=False, linewidth=1,
03                  markersize=8,markeredgewidth=0.5,markeredgecolor="k")
04    g.set_xlabels("Time(d)")
05    g.set_ylabels("value")
06    plt.xticks(np.linspace(0,20,5,endpoint=True))
07    plt.yticks(np.linspace(0,80,5,endpoint=True))
08
09    g.set_titles(row_template = '{row_name}', col_template = '{col_name}')
```

3.3　plotnine

R 語言資料視覺化的強大之處在於 ggplot2（見連結 3），它是一個功能強大且靈活的 R 套件，由 Hadley Wickham 撰寫，其用於產生優雅的圖形。ggplot2 中的 gg 表示圖形語法（grammar of graphics），這是一個透過使用「語法」來繪圖的圖形概念。

plotnine（見連結 4）就是 Python 版的 ggplot2，語法與 R 語言的 ggplot2 基本一致。plotnine 主張模組間的協調與分工，整個 plotnine 的語法架構如圖 3-3-1 所示，主要包含資料繪圖部分與美化細節部分。plotnine 與 R 語言 ggplot2 的圖形語法具有幾乎相同的特點。

（1）採用圖層的設計方式，有利於使用結構化思維實現資料視覺化。有明確的起始（ggplot() 開始）與終止，圖層之間的疊加是靠 "+" 實現的，越往後，其圖層越在上方。一般來說一個 geom_xxx() 函數或 stat_xxx() 函數可以繪製一個圖層。

（2）將代表資料和圖形細節分開，能快速將圖形表現出來，使創造性的繪
　　圖更加容易實現。而且可以透過 stat_xxx() 函數將常見的統計轉換融
　　入繪圖中。

對於 Plotnine 套件，可使用 "pip install plotnine" 敘述安裝，其他實際安裝
方法可見官方網站。在 Python 中預設的匯入敘述為：

```
from plotnine import *
```

如果要匯入 plotnine 套件附帶的資料集，則可以使用以下敘述：

```
from plotnine.data import *
```

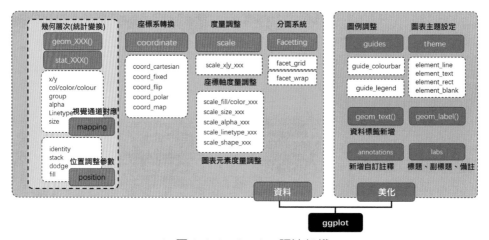

▲ 圖 3-3-1　plotnine 語法架構

plotnine 繪圖的基本語法結構與 R 語言的 ggplot2 基本一致，如圖 3-3-2 所
示。其中必需的圖表輸入資訊如下。

（1）ggplot()：底層繪圖函數。DATA 為資料集，主要是資料框（data.
　　frame）格式的資料集；MAPPING 表示變數的對映，用來表示變數 X
　　和 Y，還可以用來控制顏色（color）、大小（size）或形狀（shape）。

（2）geom_xxx() | stat_xxx()：幾何圖層或統計轉換，例如常見的散點圖

geom_point()、直條圖 geom_bar()、統計長條圖 geom_ histogram()、箱形圖 geom_ boxplot()、聚合線圖 geom_line() 等。我們通常使用 geom_xxx() 就可以繪製大部分圖表，有時候透過設定 stat 參數可以先實現統計轉換。

plotnine 中可選的圖表輸入資料封包含以下 5 個部分，主要用於實現對圖表的美化與轉換等。

(1) scale_xxx()：度量調整，調整實際的度量，包含顏色（color）、大小（size）或形狀（shape）等，跟 MAPPING 的對映變數相對應。

(2) coord_xxx()：笛卡兒座標系，plotnine 暫時還不能實現極座標系和地理空間座標系，這是它最大的一塊缺陷。

(3) facet_xxx()：分面系統，將某個變數進行分面轉換，包含按行、按列和按網格等形式分面繪圖。

(4) guides()：圖例調整，主要包含連續型和離散型兩種類型的圖例。

(5) theme()：主題設定，主要是調整圖表的細節，包含圖表背景顏色、格線的間隔與顏色等。

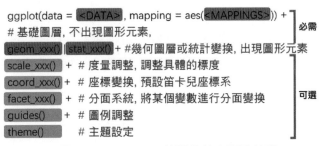

▲ 圖 3-3-2 plotnine 繪圖的基本語法結構

3.3.1 geom_xxx() 與 stat_xxx()

1. 幾何物件函數：geom_xxx()

plotnine 套件中包含幾十種不同的幾何物件函數 geom_xxx() 和統計轉換函

數 stat_xxx()。平時，我們主要是使用幾何物件函數 geom_xxx()，只有當繪製圖表有關統計轉換時，才會使用統計轉換函數 stat_xxx()，例如繪製帶誤差線的平均值散點圖或直條圖等。geom_point() 函數繪製的散點圖與氣泡圖如圖 3-3-3 所示，plotnine 預設使用直角座標系。

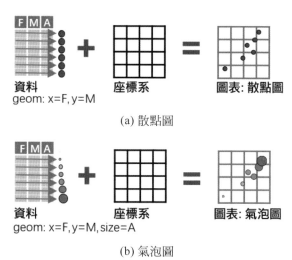

(a) 散點圖

(b) 氣泡圖

▲ 圖 3-3-3 geom_point() 函數的繪製過程

根據函數輸入的變數總數與資料類型（連續型或離散型），我們可以將大部分函數大致分成 3 個大類，6 個小類，如表 3-3-1 所示。每個 plotnine 函數的實際參數可以檢視 plotnine（見連結 5）或 ggplot2（見連結 6）的官方手冊。

表 3-3-1 plotnline 繪圖函數的分類

變數	類型	函數	常用圖表類型
1	連續型	**geom_histogram()**、**geom_density()**、geom_dotplot()、geom_freqpoly()、geom_qq()、geom_area()	統計長條圖、核心密度估計曲線圖
	離散型	**geom_bar()**	直條圖系列

變數	類型	函數	常用圖表類型
2	X- 連續型 Y- 連續型	**geom_point()**、**geom_area()**、**geom_line()**、**geom_jitter()**、**geom_smooth()**、**geom_label()**、**geom_text()**、**geom_bin2d()**、**geom_density2d()**、geom_step()、geom_quantile()、geom_rug()	散點圖系列、面積圖系列、聚合線圖系列；散點抖動圖、平滑曲線圖；文字、標籤、二維統計長條圖、二維核心密度估計圖
	X- 離散型 Y- 連續型	**geom_boxplot()**、**geom_violin()**、**geom_dotplot()**、**geom_col()**	箱形圖、小提琴圖、點陣圖、統計長條圖
	X- 離散型 Y- 離散型	**geom_count()**	二維統計長條圖
3	X, Y, Z- 連續型	**geom_tile()**	熱力圖

有兩種函數沒有囊括在表 3-3-1 中，如下。

（1）像素（graphical primitives）系列函數：geom_curve()、geom_path()、geom_polygon()、geom_rect()、geom_ribbon()、geom_linerange()、geom_abline()、geom_hline()、geom_vline()、geom_segment()、geom_spoke()，這些函數主要用於繪製基本的圖表元素，例如矩形方塊、多邊形、線段等，可以供使用者創造新的圖表類型。

（2）誤差（error）展示函數：geom_crossbar()、geom_errorbar()、geom_errorbarh、geom_pointrange() 可以分別繪製誤差框、垂直誤差線、水平誤差線、帶誤差棒的平均值點。這些函數需要先設定統計（stat）轉換參數，才能自動根據資料計算獲得平均值與標準差。

2. 統計轉換函數：stat_xxx()

統計轉換函數（stat_xxx()）在資料被繪製出來之前對資料進行聚合和其他計算。stat_xxx() 確定了資料的計算方法。不同方法的計算會產生不同的結果，所以一個 stat_xxx() 函數必須與一個 geom_xxx() 函數對應進行資料的計算，如圖 3-3-4 所示。在製作某些特殊類型的統計圖形時（例如直條圖、長條圖、平滑曲線圖、機率密度曲線、箱形圖等），資料物件在向幾何物件的視覺訊號對映過程中，會做特殊轉換，也稱統計轉換過程。為了讓作圖者更進一步地聚焦於統計轉換過程，將該圖層以同效果的 stat_xxx() 命名可以極佳地達到聚焦注意力的作用。

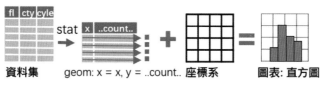

▲ 圖 3-3-4 stat_count() 函數的繪製過程

我們應將 geom_xxx()（幾何物件函數）和 stat_xxx()（統計轉換函數）都視作圖層。大多成對出現的 geom_xxx() 和 stat_xxx() 完成的繪圖效果是一樣的，但是並非全部都一樣。每一個圖層都包含一個幾何物件和一個統計轉換，亦即每一個 geom_xxx 開頭的幾何物件都含有一個 stat（統計轉換）參數，同時每一個 stat_xxx 開頭的幾何物件都擁有一個 geom（幾何物件）參數。但是為什麼要分開命名呢，難道不是多此一舉嗎？

- 以 stat_xxx()（統計轉換函數）開始的圖層，在製作這些特殊統計圖形時，我們無須設定統計轉換參數（因為函數開頭名稱已經宣告），但需指定集合物件名稱的圖表類型 geom，這樣能繪製與之對應的統計類型的圖表。轉換 geom_xxx() 函數，可以根據統計轉換結果繪製不同的圖表，使得作圖過程更加偏重統計轉換過程。

- geom_xxx（幾何物件函數）繪製的圖層，更加偏重圖表類型的繪製，而透過修改統計轉換參數（stat），也可以實現繪圖前資料的統計轉換，例如繪製平均值散點圖，下面敘述 (a1) 和敘述 (b1) 實現的效果都是一樣的，敘述 (a1) 是使用指定 geom="point"（散點）的 stat_summary() 敘述，而敘述 (b1) 是使用指定 stat="summary" 的 geom_point() 敘述。

(a1) (ggplot(mydata, aes(x='class',y="value",fill="class"))+

```
       stat_summary(fun_data="mean_sdl", fun_args = {'mult':1},geom="point",
fill="w",color = "black",size = 5))
(b1) (ggplot(mydata, aes(x='class',y="value",fill="class"))+
geom_point(stat="summary", fun_data="mean_sdl",fun_args = {'mult':1},
fill="w",color = "black",size = 5))
```

下面程式為繪製帶誤差線的散點圖，敘述 (a2) 和敘述 (b2) 實現的效果也是一樣的，敘述 (a2) 使用指定 geom="pointrange"（帶誤差線的散點）的 stat_summary() 敘述，敘述 (b2) 使用指定 stat="summary" 的 geom_pointrange () 敘述。

```
(a2) (ggplot(mydata, aes(x='class',y="value",fill="class"))+
        stat_summary(fun_data="mean_sdl", fun_args = {'mult':1},geom=
        " pointrange ", color = "black",size = 5))
(b2) (ggplot(mydata, aes(x='class',y="value",fill="class"))+
        geom_pointrange(s stat="summary", fun_data="mean_sdl",fun_args =
        {'mult':1},color = "black",size = 5))
```

其中，fun.data 表示指定完整的整理函數，輸入數字向量，輸出資料框，常見 4 種為 mean_cl_boot、mean_cl_normal、mean_sdl、median_hilow。fun.y 表示指定對 y 的整理函數，同樣是輸入數字向量，傳回單一數字 median 或 mean 等，這裡的 y 通常會被分組，整理後是每組傳回 1 個數字。

當繪製的圖表不涉及統計轉換時，我們可以直接使用 geom_xxx() 函數，也無須設定 stat 參數，因為會預設 stat="identity"（無數據轉換）。只有有關統計轉換處理時，才需要使用更改 stat 的參數，或直接使用 stat_xxx() 以強調資料的統計轉換。

3.3.2 美學參數對映

plotnine 可用作變數的美學對映參數主要包含 color/col/colour、fill、size、angle、linetype、shape、vjust 和 hjust，其實際説明如下所示。需要注意的

是，有些美學對映參數只適應於類型變數，例如 linetype、shape。

（1）color/col/colour、fill 和 alpha，屬性都是與顏色相關的美學參數。其中，color/col/colour 是指點（point）、線（line）和填充區域（region）輪廓的顏色；fill 是指定填充區域（region）的顏色；alpha 是指定顏色的透明度，數值範圍是從 0（完全透明）到 1（不透明）。

（2）size 是指點（point）的尺寸或線的（line）寬度，預設單位為 mm，可以在 geom_point() 函數繪製的散點圖基礎上，增加 size 的對映，進一步實現氣泡圖。

（3）angle 是指角度，只有部分幾何物件有，如 geom_text() 函數中文字的置放角度、geom_spoke() 函數中短棒的置放角度。

（4）vjust 和 hjust 都是與位置調整有關的美學參數。其中，vjust 是指垂直位置微調，在（0, 1）區間的數字或位置字串：0="buttom", 0.5="middle", 1="top"，區間外的數字微調比例控制不均；hjust 是指水平位置微調，在（0, 1）區間的數字或位置字串：0="left", 0.5="center", 1="right"，區間外的數字微調比例控制不均。

（5）linetype 是指定線條的類型，包含白線（0="blank"）、實線（1="solid"）、短虛線（2="dashed"）、點線（3="dotted"）、點橫線（4="dotdash"）、長虛線（5="longdash"）、短長虛線（6="twodash"）；

（6）shape 是指點（point）的形狀，為 [0, 25] 區間的 26 個整數，分別對應方形、圓形、三角形、菱形等 26 種不同的形狀，如圖 3-3-5 所示。只有 21 到 26 號點型有填充顏色（fill）的屬性，其他都只有輪廓顏色（color）的屬性。

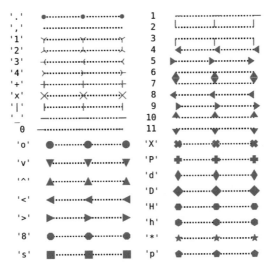

▲ 圖 3-3-5 Python 中 plotnine 和 matplotlib 可供選擇的形狀

plotnine 中的 geom_xxx() 系列函數，其基礎的展示元素可以分成 4 大類：點（point）、線（line）、多邊形（polygon）和文字（text），plotnine 常見函數的主要美學參數對映如表 3-3-2 所示。

表 3-3-2　plotnine 常見函數的主要美學對映參數

元素	geom_xxx() 函數	類型美學對映參數	數值型美學對映參數
點 （point）	geom_point()、geom_jitter()、geom_dotplot() 等	color、 fill、shape	color、fill、 alpha、size
線 （line）	geom_line()、geom_path()、geom_curve()、geom_density()、geom_linerange()、geom_step()、geom_abline()、geom_hline() 等	color、 linetype	color、size
多邊形 （polygon）	geom_polygon()、geom_rect()、geom_bar()、geom_ribbon()、geom_area()、geom_histogram()、geom_violin() 等	color、fill	color、fill、 alpha
文字 （text）	geom_label()、geom_text()	color	color、angle、 size、alpha

圖 3-3-7 所示為同一資料集的不同美學對映參數效果。使用 pd.read_csv() 函數：df=pd.read _csv("Facet_Data.csv")，可以讀取資料集 df。df 有 4 列：tau、SOD、age 和 Class（Control、Impaired 和 Uncertain），其資料框前 6 行如圖 3-3-6 所示。

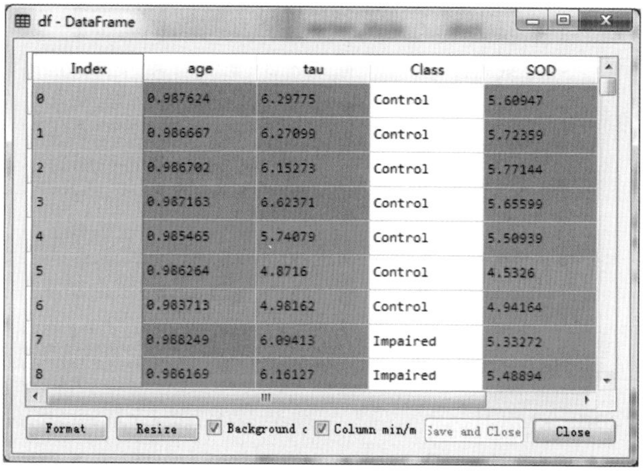
df - DataFrame

Index	age	tau	Class	SOD
0	0.987624	6.29775	Control	5.60947
1	0.986667	6.27099	Control	5.72359
2	0.986702	6.15273	Control	5.77144
3	0.987163	6.62371	Control	5.65599
4	0.985465	5.74079	Control	5.50939
5	0.986264	4.8716	Control	4.5326
6	0.983713	4.98162	Control	4.94164
7	0.988249	6.09413	Impaired	5.33272
8	0.986169	6.16127	Impaired	5.48894

Format　Resize　Background c　Column min/m　Save and Close　Close

▲ 圖 3-3-6

圖 3-3-7 都是使用 geom_point() 函數繪製的，其參數包含 x、y、alpha（透明度）、colour（輪廓顏色）、fill（填充顏色）、group（分組對映的變數）、shape（散點的形狀）、size（散點的大小）、stroke（輪廓粗細）。圖 3-3-7(a) 是將離散數值型變數 age 對映到散點的大小（size），然後散點圖轉換成氣泡圖，氣泡的大小對應 age 的數值；圖 3-3-7(b) 是將 age 對映到散點的大小（size）和填充顏色（fill），plotnine 會自動將填充顏色對映到顏色條（colorbar）；圖 3-3-7 (c) 是將離散類型變數 Class 對映到點的填充顏色（fill），plotnine 會自動將不同的填充顏色對應類別的資料點，進一步繪製多資料數列的散點圖；圖 3-3-7(d) 是將離散數值型變數 age 和離散類型變數 Class 分別對映到散點的大小（size）和填充顏色（fill）。

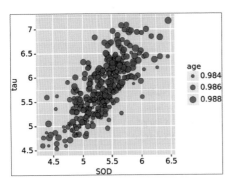

(ggplot(df, aes(x='SOD',y='tau',size='age')) +
 geom_point(shape='o',color="black",
 fill="#336A97",stroke=0.25,alpha=0.8))

(a) age 對映到散點的大小（size）

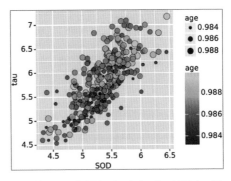

(ggplot(df, aes(x='SOD',y='tau',size='age',fill='age')) +
 geom_point(shape='o',color="black",stroke=0.25,
 alpha=0.8))

(b) age 對映到散點的大小（size）和填充顏色（fill）

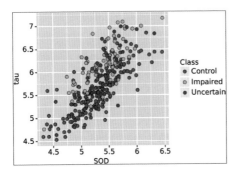

(ggplot(df, aes(x='SOD',y='tau',fill='Class')) +
 geom_ point(shape='o',size=3,colour="black",
 stroke=0.25))

(c) Class 對映到散點的填充顏色（fill）

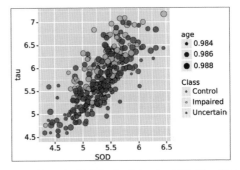

(ggplot(df, aes(x='SOD',y='tau',size='age',fill='Class')) +
 geom_point(shape='o',colour="black",stroke=0.25,
 alpha=0.8))

(d) age 和 Class 分別對映到點的大小（size）和填充顏色（fill）

▲ 圖 3-3-6 不同的美學參數對映效果

另外，還有不用作變數，但又比較重要的美學對映參數：字型（family）和字型（fontface）。其中，字型分為 plain（正常體）、bold（粗體）、italic（斜體）、bold.italic（粗斜體），常用於 geom_text 等文字物件。字型內建的只有 3 種：sans、serif、mono，不同的字型（family）和字型（fontface）組合如圖 3-3-8 所示。

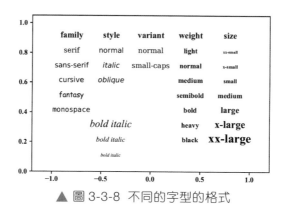

▲ 圖 3-3-8　不同的字型的格式

圖表中需要使用中文字元時，可以使用以下程式修改字型的顯示。不然繪製的圖表可能會出現文字亂碼。

```
import matplotlib.pyplot as plt
plt.rcParams['font.sans-serif']=['SimHei']      # 用來正常顯示中文標籤
plt.rcParams['axes.unicode_minus']=False        # 用來正常顯示負號
```

3.3.3　度量調整

度量用於控制變數對映到視覺物件的實際細節，例如：X 軸和 Y 軸、colour（輪廓顏色）、fill（填充顏色）、alpha（透明度）、linetype（線形狀）、shape（形狀）和 size（大小）等，它們都有對應的度量函數，如表 3-3-3 所示。根據美學對映參數的變數屬性，將度量調整函數分成數值型和類型兩大類。plotnine 的預設度量為 scale_xxx_identity()。需要注意的是：scale_*_manual() 表示手動自訂離散的度量，包含 color、fill、alpha、linetype、shape 和 size 等美學對映參數。

在表 3-3-3 plotnine 常見度量調整函數中，X 軸和 Y 軸度量用於控制座標軸的間隔與標籤的顯示等資訊。顏色作為資料視覺化中尤為重要的部分，輪廓色度量 color 和填充顏色度量 fill 會在說明 3.4 節進行詳細介紹。在實際的圖表繪製中，我們很少使用透明度度量 alpha，因為這很難觀察到透明度的對映變化。

表 3-3-3 plotnine 常見度量調整函數

度量（scale）	數值型	類型
x：X 軸度量 y：Y 軸度量	scale_x/y_continuous() scale_x/y_log10() scale_x/y_sqrt() scale_x/y_reverse() scale_x/y_date() scale_x/y_datetime() scale_x/y_time()	scale_x/y_discrete()
colour：輪廓顏色度量 fill：填充顏色度量	scale_fill_cmap() scale_color/ fill_continuous() scale_fill_distiller() scale_color/fill _gradient() scale_color/ fill _gradient2() scale_color/fill _gradientn()	scale_color/fill_hue() scale_ color/fill_discrete() scale_color/fill_brewer() scale_color/ fill_manual()
alpha：透明度度量	scale_alpha_continuous()	scale_alpha_discrete() scale_alpha_manual()
linetype：線形狀		scale_linetype_discrete() scale_linetype_manual()
shape：形狀度量		scale_shape() scale_shape_manual()
scale：大小度量	scale_size() scale_size_area()	scale_size_manual()

圖 3-3-9 所示為散點圖的不同度量的調整效果，圖 3-3-9(a) 是將數值離散型變數 age 對映到散點的大小（size），再使用 **scale_size(range=(a,b))** 調整散點大小（size）的度量，range 表示美學對映參數變數轉化後氣泡面積的對映顯示範圍。圖 3-3-9(b) 是在圖 3-3-9(a) 的基礎上增加了顏色的對映，使用 scale_fill_distiller(type='seq', palette='reds') 函數將數值離散型變數 age 對映到紅色漸層顏色條。圖 3-3-9(c) 是將類別離散型類別變數 Class 對映到不同的填充顏色（fill）和形狀（shape），使用 scale_*_manual() 手動自訂 fill 和 shape 的度量。圖 3-3-9(d) 是將數值離散型變數 age 和類別離散型變數 Class 分別對映到點的大小（size）和填充顏色（fill），然後 scale_

size() 和 scale_fill_manual() 分別調整散點大小（size）的對映範圍與填充
顏色（fill）的顏色數值。

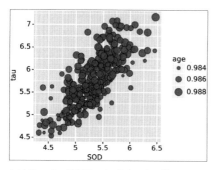

```
(ggplot(df, aes(x='SOD',y='tau',size='age')) +
  geom_point(shape='o',color="black",
        fill="#FF0000",stroke=0.25,alpha=0.8)+
  scale_size(range = (1, 8)))
```

(a) 散點大小（size）的度量調整

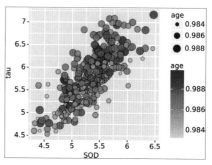

```
(ggplot(df, aes(x='SOD',y='tau',fill='age',size='age')) +
  geom_point(shape='o',color="black",stroke=0.25,
  alpha=0.8)+
  scale_size(range = (1, 8))+
  scale_fill_distiller(type='seq', palette='reds'))
```

(b) 散點大小（size）和填充顏色（fill）的
度量調整

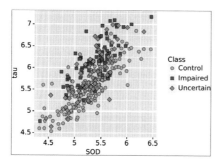

```
(ggplot(df, aes(x='SOD',y='tau',fill='Class',shape='Cla
ss')) +
  geom_point(size=3,colour="black",stroke=0.25)+
  scale_fill_manual(values=("#36BED9","#
FF0000",
"#FBAD01"))+
  scale_shape_manual(values=('o','s','D')))
```

(c) 填充顏色（fill）與形狀（shape）的度
量調整

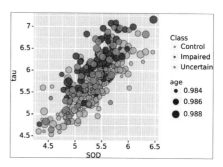

```
(ggplot(df, aes(x='SOD',y='tau',size='age',fill='Class')) +
  geom_point(shape='o',colour="black",stroke=0.25,
  alpha=0.8)+
  scale_fill_manual(values=("#36BED9","#FF0000",
"#FBAD01"))+
  scale_size(range = (1, 8)))
```

(d) 散點大小（size）和填充顏色（fill）的
度量調整

▲ 圖 3-3-9　散點圖的不同度量的調整效果

這裡關鍵是要學會合理地使用美學對映參數，並調整合適的度量。視覺化最基本的形式就是簡單地把資料對映成彩色圖形。它的工作原理就是大腦偏好尋找模式，你可以在圖形和它所代表的數字間來回切換。1985 年，AT&T 貝爾實驗室的統計學家威廉‧克里夫蘭（William Cleveland）和羅伯特‧麥吉爾（Robert McGill）發表了關於圖形感知和方法的論文 [1]。研究焦點是確定人們了解上述視覺暗示（不包含形狀）的精確程度，最後得出如圖 3-3-10 所示從最精確到最不精確的排序串列。圖 3-3-10 展示了數值類型資料使用不同視覺暗示的精確程度排序。

◀ 精確的　　　　　不精確的 ▶

▲ 圖 3-3-10　克里夫蘭和麥吉爾的視覺暗示排序 [1]

我們能用到的視覺暗示通常有長度、面積、體積、角度、位置、方向、形狀和顏色。所以是否可正確地選擇視覺暗示就取決於你對形狀、顏色、大小的了解，以及資料本身和目標。不同的圖表類型應該使用不同的視覺暗示，合理的視覺暗示組合能更進一步地促進讀者了解圖表的資料資訊。如圖 3-3-11 所示，相同的資料數列採用不同的視覺暗示組合共有 6 種，分析結果如表 3-3-4 所示。

表 3-3-4　圖 3-3-11 系列圖表的視覺暗示組合分析結果

圖表	視覺暗示組合	資料數列區分程度	美觀程度	印刷適合類型
(a)	位置 + 方向	無法	較美	黑白
(b)	位置 + 方向 + 飽和度	較易	較美	黑白
(c)	位置 + 方向 + 形狀	容易	較美	黑白
(d)	位置 + 方向 + 色相	容易	很美	彩色
(e)	位置 + 方向 + 飽和度 + 形狀	很容易	較美	黑白
(f)	位置 + 方向 + 色相 + 形狀	很容易	很美	彩色、黑白

根據表 3-3-4 可知，圖 3-3-11(f) 是最佳的視覺暗示組合結果，既能保障很容易區分資料數列，也能保障圖表美觀，同時也適應於彩色與黑白兩種印刷方式。當圖 3-3-11(f) 採用黑白印刷時，色相視覺暗示會消除，只保留位置 + 方向 + 形狀，如圖 3-3-11(c) 所示，但是這樣也能容易區分資料數列，保障讀者對資料資訊的正確、快讀了解。表 3-3-5 展示了圖 3-3-11 系列圖表的視覺暗示組合程式與說明。

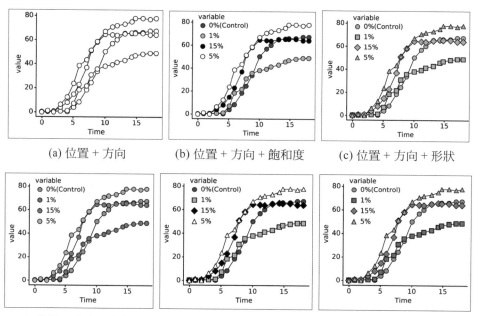

(a) 位置 + 方向　　(b) 位置 + 方向 + 飽和度　　(c) 位置 + 方向 + 形狀

(d) 位置 + 方向 + 色相　(e) 位置 + 方向 + 飽和度 + 形狀　(f) 位置 + 方向 + 色相 + 形狀

▲ 圖 3-3-11　不同視覺暗示的組合結果

表 3-3-5　圖 3-3-10 系列圖表的視覺暗示組合程式與說明

圖表	plotnine 程式	說明
(a)	(ggplot(df,aes(x='Time',y='value',group='variable')) + 　geom_line()+ 　geom_point(shape='o',size=4,colour="black",fill="white") + 　theme_classic())	group 表示根據類型變數 variable 分組繪製，並先後使用 geom_line() 和 geom_point() 增加聚合線和散點圖層

圖表	plotnine 程式	說明
(b)	(ggplot(df,aes(x='Time',y='value',fill='variable')) + geom_line()+ geom_point(shape='o',size=4,colour="black") + scale_fill_manual(values=("#595959","#BFBFBF","black","white"))+ theme_classic())	將類型變數 variable 對映到散點的填充顏色（fill），並使用 scale_fill_manual() 函數調整填充顏色度量為不同飽和度的顏色
(c)	(ggplot(df,aes(x='Time',y='value',shape='variable')) + geom_line()+ geom_point(size=4,colour="black",fill="#BFBFBF") + scale_shape_manual(values=('o','s','D','^'))+ theme_classic())	將類型變數 variable 對映到散點的形狀（shape），並使用 scale_shape_manual() 函數指定散點的形狀
(d)	(ggplot(df,aes(x='Time',y='value',fill='variable')) + geom_line()+ geom_point(shape='o',size=4,colour="black") + scale_fill_manual(values=("#FF9641","#FF5B4E","#B887C3","#38C25D"))+ theme_classic())	將類型變數 variable 對映到散點的填充顏色（fill），並使用 scale_fill_manual() 函數調整填充顏色度量為不同色相的顏色
(e)	(ggplot(df,aes(x='Time',y='value',shape='variable',fill='variable')) + geom_line()+ geom_point(size=4,colour="black") + scale_fill_manual(values=("#595959","#BFBFBF","black","white"))+ scale_shape_manual(values=('o','s','D','^'))+ theme_classic())	同時將類型變數 variable 對映到散點的填充顏色（fill）和形狀（shape），並使用 scale_fill_manual() 和 scale_shape_manual() 函數設定不同飽和度的填充顏色與形狀
(f)	(ggplot(df,aes(x='Time',y='value',shape='variable',fill='variable')) + geom_line()+ geom_point(size=4,colour="black") + scale_fill_manual(values=("#FF9641","#FF5B4E","#B887C3","#38C25D"))+ scale_shape_manual(values=('o','s','D','^'))+ theme_classic())	同時將類型變數 variable 對映到散點的填充顏色（fill）和形狀（shape），並使用 scale_fill_manual() 和 scale_shape_manual() 函數設定不同色相的顏色填充與形狀

在表 3-3-5 中，我們需要重點了解 fill、color、size、shape 等美學對映參數位置何時應該在 aes() 內部，何時應該在 aes() 外部：

● 當我們指定的美學對映參數需要進行個性化對映時（即一一對映），應該寫在 aes() 函數內部,即每一個觀測值都會按照指定的特定變數值進行個性化設定。典型情況是需要增加一個維度,將這個維度按照顏色、大小、線條等方式針對維度向量中的每一個記錄值進行一一設定。

- 當我們需要統一設定某些圖表元素物件(共通性、統一化)時,此時應該將其參數指定在 aes() 函數外部,即所有觀測值都會按照統一屬性進行對映,例如 size=5,linetype="dash",color="blue"。典型情況是需要統一所有的點大小、顏色、形狀、透明度或線條顏色、粗細、形狀等。這種情況下不會消耗資料來源中的任何一個維度或度量指標,僅是對已經呈現出來的圖形圖素的外觀屬性做了統一設定。

高手必備

特別強調的是,要想熟練使用 plotnine 繪製圖表,就必須深入了解 ggplot 與 geom 物件之間的關係。在實際繪圖敘述中存在如表 3-3-7 所示的 3 種情況。表中的案例為資料集使用向量排序函數 sort() 和正態分佈亂數產生函數 rnorm() 建置的 df1 和 df2,主要程式如下:

```
N=20
df1 =pd.DataFrame(dict(x=np.sort(np.random.randn(N)),y=np.sort(np.random.
randn(N))))
df2 =pd.DataFrame(dict(x=df1.x+0.3*np.sort(np.random.randn(N)),y=df1.y+0.1*np.
sort(np.random.randn(N))))
```

在 plotnine 中,ggplot 與 geom 物件之間的關係主要表現在以下兩點。

- ggplot(data=NULL,mapping = aes()):ggplot 內有 data、mapping 兩個參數,具有全域優先順序,可以被之後的所有 geom 物件繼承(前提是 geom 內未指定相關參數)。

- geom_xxx(data=NULL,mapping = aes()):geom 物件內同樣有 data 和 mapping 參數,但 geom 內的 data 和 mapping 參數屬於局部參數,僅作用於 geom 物件內部。

表 3-3-7 plotnine 中 ggplot 與 geom 物件之間的關係情況

	1	2	3
類型	所有圖層共用資料來源和美學對映參數	所有圖層僅共用資料來源	各圖層物件均使用獨立的資料來源與美學對映參數
圖例			
程式	(ggplot(**df1**,aes(**'x','y',colour='x+y'**))+ geom_line(size=1)+ geom_point(shape='o',size=5)+ scale_color_distiller(name="Line",palette="Blues")+ guides(color=guide_colorbar(title="Point\nLine")))	(ggplot(**df1**,aes(**'x','y'**))+ geom_line(aes(**colour='x+y'**), size=1)+ geom_point(aes(**fill='x+y'**), color="black", shape='o', size=5)+ scale_fill_distiller(name="Point",palette="YlOrRd")+ scale_color_distiller(name="Line",palette="Blues"))	(ggplot()+ geom_line(aes(**'x','y',colour='x+y'**),**df1**,size=1)+ geom_point(aes(**'x','y',fill='x+y'**),df2,color="black",shape='o', size=5)+ scale_fill_distiller(name="Point",palette="YlOrRd")+ scale_color_distiller(name="Line",palette="Blues"))
說明	所有 geom 物件都使用相同的 data 和 mapping (x、y、size、alpha、linetype、colour、fill、angle 等)，根據參數繼承規則，data 和 mapping 指定在 ggplot 函數內，無論之後有多少個圖層需要指定 data 和 mapping，都僅需在 ggplot 內指定一次即可，後續 geom 會自動繼承	根據參數繼承規則，將共用的資料來源（data）寫在 ggplot 內，將不同圖層單獨使用的美學對映參數指定在各自的 geom 內，在遇到多圖層時，data 參數僅需在 ggplot 內指定一次，之後的 geom 物件都會自動繼承，不必一一指定，但是那些 geom 內部使用的各自美學對映屬性則需一一指定	此為特殊情況，僅在有關進階製圖或複雜地理資訊多圖層圖表時才會接觸，此時因為各圖層沒有共用任何 data 和 mapping，假設有 N 個圖層需要對映，此時所有的 data 和 mapping 參數都需要在各自 geom 內進行一一指定，因為在 geom 內指定毫無意義
應用	簡單圖表	較為複雜的圖表	進階圖表與地理資訊圖表

3.3.4 座標系及其度量

直角座標系（rectangular coordinates/ cartesian coordinates），也叫作笛卡兒座標系，是最常用的座標系，如圖 3-3-12 所示。我們平時經常繪製的橫條圖、散點圖或氣泡圖，就是直角座標系。座標系所在平面叫作座標平面，兩座標軸的公共原點叫作直角座標系的原點。X 軸和 Y 軸把座標平面分成四個象限，右上方的叫作第一象限，其他三個部分按逆時針方向依次叫作第二象限、第三象限和第四象限。象限以數軸為界，橫軸、縱軸上的點不屬於任何象限。通常在直角座標系中的點可以記為 (x, y)，其中 x 表示 X 軸的數值，y 表示 Y 軸的數值。

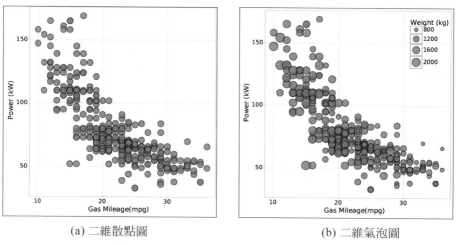

(a) 二維散點圖　　　　　　　　　　(b) 二維氣泡圖

▲ 圖 3-3-12　直角座標系下的散點圖和氣泡圖

plotnine 的 直 角 座 標 系 包 含 coord_cartesian()、coord_fixed()、coord_flip() 和 coord_trans() 四種類型。plotnine 預設為直角座標系 coord_cartesian()，其他座標系都是透過直角座標系畫圖，然後轉換過來的。在直角座標系中，可以使用 coord_fixed() 函數固定縱橫比笛卡兒座標系，在繪製鬆餅圖和複合型散點圓形圖時，需要使用縱橫比為 1 的笛卡兒座標系：coord_fixed(ratio = 1)；

在繪製橫條圖或水平箱形圖時，需要使用 coord_flip() 函數翻轉座標系。它會將 X 軸和 Y 軸對換，進一步可以將垂直的直條圖轉換成水平的橫條圖。

在原始的笛卡兒座標系上，座標軸上的刻度比例尺是不變的，而 coord_trans() 座標系的座標軸刻度比例尺是變化的，這種座標系應用很少，但不是沒用，可以將曲線變成直線顯示，如果資料點在某個軸方向的密集程度是變化的，則不便於觀察，可以透過改變比例尺來調節，使資料點集中顯示。

座標系指定了視覺化的維度，而座標軸的度量則指定了在每一個維度裡資料對映的範圍。座標軸的度量有很多種，你也可以用數學函數定義自己的座標軸度量，但是基本上都屬於圖 3-3-13 所示的座標軸度量。這些座標軸度量主要分為 3 大類，包含數字（偏重資料的對數變化）座標軸度量、分類座標軸度量和時間座標軸度量。其中，數字座標軸度量包含線性座標軸度量、對數座標軸度量、百分比座標軸度量，而分類座標軸度量包含分類座標軸度量和順序座標軸度量。

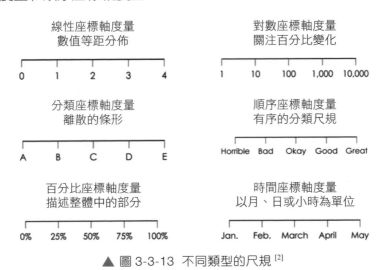

▲ 圖 3-3-13 不同類型的尺規 [2]

在 plotnine 的繪圖系統中，數字座標軸度量包含 scale_x/y_continuous()、scale_x/y_log10()、scale_x/y_sqrt()、scale_x/y_reverse()；分類座標軸度量包含 scale_x/y_discrete()；時間座標軸度量包含 scale_x/y_date()、scale_x/y_datetime()、scale_x/y_time()。這些度量的主要參數包含：① name 表示指定座標軸名稱，也將作為對應的圖例名；② breaks 表示指定座標軸刻度位置，即粗格線位置；③ labels 表示指定座標軸刻度標籤內容；④ limits 表示指定座標軸顯示範圍，支援反區間；⑤ expand 表示擴充座標軸顯示範圍；⑥ trans 表示指定座標軸轉換函數，附帶有 exp、log、log10 等，還支援 scales 套件內的其他轉換函數，如 scales::percent() 百分比刻度、自訂等。圖 3-3-14(b) 就是在圖 3-3-14(a) 的基礎上增加了 scale_x_continuous() 和 scale_y_continuous() 以調整 X 軸和 Y 軸的刻度與軸名。

```
X軸度量：scale_x_continuous(name="Time(d)",breaks=np.arange(0,21,2),
limits=(0,20))
Y軸度量：scale_y_continuous(breaks=np.arange(0,91,10),limits=(0,90),
expand =(0, 1))
```

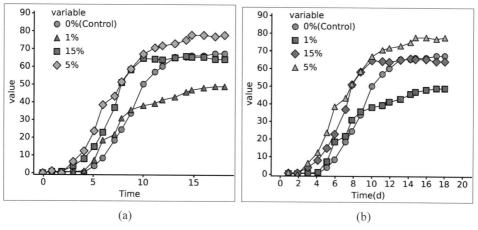

(a)   (b)

▲ 圖 3-3-14 直角座標系度量的調整

線性座標軸度量（linear scale）上的間距處處相等，無論其處於座標軸的什麼位置。因此，在尺度的低端測量兩點間的距離，和在尺度高階測量的結果是一樣的。然而，**對數座標軸度量**（logarithmic scale）是一個非線性的測量尺度，用在數量有較大範圍的差異時。像裡氏地震震級、聲學中的音量、光學中的光強度及溶液的 pH 值等。對數尺度以數量級為基礎，不是一般的線性尺度，因此每個刻度之間的商為一定值。若資料有以下特性時，用對數尺度來表示會比較方便：

（1）資料有數量級的差異時，使用對數尺度可以同時顯示很大和很小的資料資訊。

（2）資料有指數增長或冪定律的特性時，使用對數尺度可以將曲線變為直線表示。

圖 3-3-15(a) 的 X 軸和 Y 軸都為線性尺度，而圖 3-3-15(b) 的 X 軸仍為線性尺度，將 Y 軸轉變為對數尺度，可以極佳地展示很大和很小的資料資訊。

```
圖 3-3-15(a)：scale_y_continuous(breaks=np.arange(0,2.1,0.5),limits=(0,2))
圖 3-3-15(b)：scale_y_log10(name='log(value)',limits=(0.00001,10))
```

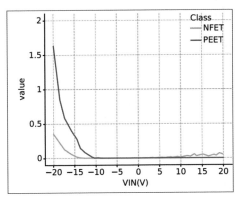
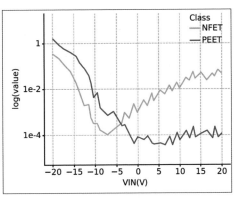

(a) 線性尺度   (b) 對數尺度

▲ 圖 3-3-15　座標尺規的轉換

分類座標軸度量（categorical scale）：資料不僅包含數值，有時候還包含類別，例如不同實驗條件、實驗樣品等測試獲得的資料。分類尺規通常和數字尺規一起使用，以表達資料資訊。橫條圖就是水平 X 軸為數字尺規、垂

直 Y 軸為分類尺規；而直條圖是水平 X 軸為分類尺規、垂直 Y 軸為數字尺規，如圖 3-3-16 所示。plotnine 使用敘述 coord_flip() 就可以對換 X 軸和 Y 軸。橫條圖和直條圖一個重要的視覺調整參數就是分類間隔，但是它和數值沒有關係（如果是多資料數列，則還包含一個視覺參數：系列重疊）。

> 注意對於直條圖、橫條圖和圓形圖，最好將資料先排序後再進行展示。對於直條圖和橫條圖，將資料從大到小排序，最大的位置放置在最左邊或最上面。而圓形圖的資料要從大到小排序，最大的從 12 點位置開始。

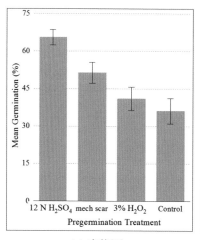

(a) 直條圖

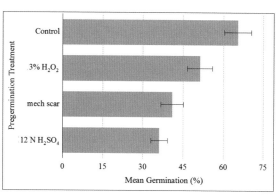

(b) 橫條圖

▲ 圖 3-3-16　分類尺規與數字尺規的組合使用

常見的相關係數圖的 X、Y 軸都為分類尺規，如圖 3-3-17 所示。相關係數圖一般都是三維及以上的資料，但是使用二維圖表顯示。其中，X、Y 列為都為類別資料，分別對應圖表的 X、Y 軸；Z 列為數值資訊，透過顏色飽和度、面積大小等視覺暗示表示。圖 3-3-17(a) 使用顏色飽和度和顏色色相綜合表示 Z 列資料；圖 3-3-17(b) 使用方塊的面積大小以及顏色綜合表示 Z 列資料，從圖中很容易觀察到哪兩組變數的相關性最好。

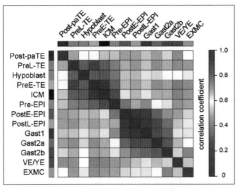

(a) 熱力相關係數圖 [3]

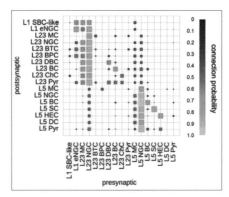

(b) 方塊相關係數圖 [4]

▲ 圖 3-3-17　分類尺規的使用

相關係數

相關係數（correlation coefficient）是用以反映變數之間相關關係密切程度的統計指標。它是一種非確定性的關係，相關係數是研究變數之間線性相關程度的量。由於研究物件的不同，相關係數有以下幾種定義方式。

（1）簡單相關係數：又叫相關係數或線性相關係數，一般用字母 r 表示，用來度量兩個變數間的線性關係。圖 3-3-17 中的相關係數圖就是研究多個變數兩兩之間的簡單相關關係的。

（2）複相關係數：又叫多重相關係數。複相關是指因變數與多個引數之間的相關關係。舉例來說，某種商品的季節性需求量與其價格水平、職工收入水平等現象之間呈現複相關關係。

（3）典型相關係數：是先對原來各組變數進行主成分分析，獲得新的線性關係的綜合指標，再透過綜合指標之間的線性相關係數來研究原各組變數間的相關關係。

時間座標軸度量（time scale）：時間是連續的變數，你可以把時間資料畫到線性度量上，也可以將其分成時刻、星期、月份、季節或年份，如圖 3-3-18 所示。時間是日常生活的一部分。隨著日出和日落，在時脈和日曆裡，我們每時每刻都在感受和體驗時間。所以我們會經常遇見時間序列的資料，時間序列的資料常用直條圖、聚合線圖或面積圖表示，有時候使用極座標圖也可以極佳地展示資料，因為時間通常存在週期性，以天（day）、周（week）、月（month）、季（season）或年（year）為一個週期。

plotnine 的 時 間 座 標 軸 度 量 函 數 主 要 有 scale_xxx_date()、scale_xxx_datetime() 和 scale_xxx_timedelta()。

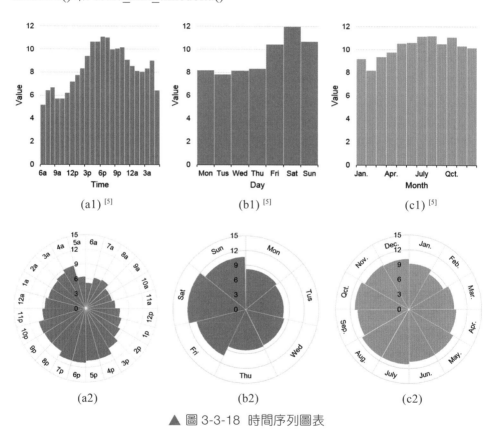

(a1) [5]   (b1) [5]   (c1) [5]

(a2)   (b2)   (c2)

▲ 圖 3-3-18 時間序列圖表

3.3.5 圖例

圖例作為圖表背景資訊的重要組成部分，對圖表的完整與正確表達尤為重要。plotnine 的 guide_colorbar()/guide_colourbar() 用於調整連續變數的圖例；guide_legend() 用於離散型變數的圖例，也可以用於連續型變數。

guides() 將 guide_colorbar 和 guide_legend 兩種圖例巢狀結構進去，方便對映與處理，如 guides(fill = guide_colorbar())，對多個圖例共同處理的時候尤為有效。另外，我們也可以在 scale_xxx() 度量中指定 guide 類型，guide = "colorbar" 或 guide = "legend"。

其中，尤為重要的部分是圖例位置的設定，plotnine 預設是將圖例放置在圖表的右邊（"right"），但是我們在最後增加的 theme() 函數中，legend.position 設定圖例的位置用。legend.position 可以設定為 "right"、"left"、"bottom" 和 "top"。

在使用 plotnine 繪圖網過程中，控制圖例在圖中的位置，利用 theme（legend.position）參數，該參數對應的設定為："none"（無圖例）、"left"（左邊）、"right"（右邊）、"bottom"（底部）、"top"（表頭），legend.position 也可以用兩個元素組成的數值向量來控制，如 (0.9, 0.7)，主要是設定圖例在圖表中間所在實際位置，而非圖片的週邊。數值大小一般在 0~1 之間，超出數值通常導致圖例隱藏。如果圖例透過數值向量設定在圖表的實際位置，那麼最好同時設定圖例背景（legend.background）為透明或無。如圖 3-3-19 所示，先使用 theme_classic() 內建的圖表系統主題，再使用 theme() 函數調整圖例的實際位置。圖 3-3-19(a) 圖例的預設設定敘述如下：

```
theme( legend_background = element_rect(fill="white"),
       legend_position="right")
```

上述敘述表示將圖例的背景設為白色填充的矩形，位置設定為圖表的右邊。圖 3-3-19(b) 將圖例的位置設定為圖表內部的左上角，並將圖例背景

（legend.background）設定為無。其中 (0.32, 0.75) 表示圖例的位置放置在圖表內部 X 軸方向 20%、Y 軸方向 80% 的相對位置。

```
theme(legend_background = element_blank(),
      legend_position=(0.32,0.75))
```

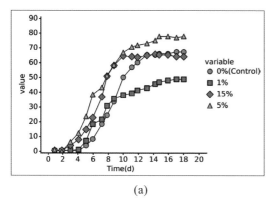 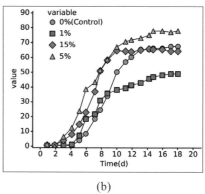

(a)　　　　　　　　　　　　　(b)

▲ 圖 3-3-19　圖例位置的調整

3.3.6　主題系統

主題系統包含繪圖區背景、格線、座標軸線條等圖表的細節部分，而圖表風格主要是指繪圖區背景、格線、座標軸線條等的格式設定所展現的效果。plotnine 圖表的主題系統主要物件包含文字（text）、矩形（rect）和線條（line）三大類，對應的函數包含 element_text()、element_rect()、element_line()，另外還有 element_blank() 表示該物件設定為無，實際如表 3-3-6 所示。其中，我們使用比較多的系統物件是座標軸的標籤（axis_text_x、axis_text_y）、圖例的位置與背景（legend_position 和 legend_background）。X 軸標籤（axis_text_x）在繪製極座標系直條圖和徑向圖時會用於調整 X 軸標籤的旋轉角度，Y 軸標籤（axis_text_y）也會用於時間序列峰巒圖的 Y 軸標籤的取代等，實際可見後面圖表案例的說明。

表 3-3-6 主題系統的主要物件

物件	函數	圖形物件整體	繪圖區（面板）	座標軸	圖例	分面系統
text	element_text() 參數：family、 face、Colour、 size、hjust、 vjust、angle, lineheight	plot_title plot_subtitle plot_caption		axis_title axis_title_x axis_title_y axis_text axis_text_x axis_text_y	legend_text legent_text_align legend_text_title legend_text_align	strip_text strip_text_x strip_text_y
rect	element_rect() 參數：colour、 size、type	plot_ background plot_sapcing plot_margin	panel_background panel_border panel_spacing		legend_background legend_margin legend_spacing legend_spacing_x legend_spacing_y	strip_ background
line	element_line() 參 數：fill、 colour、size、 type		panel_grid_major panel_grid_minor panel_grid_major_x panel_grid_major_x panel_grid_minor_x panel_grid_minor_y	axis_line axis_line_x axis_line_y axis_ticks axis_ticks_x axis_ticks_y axis_ticks_length axis_ticks_margin		

plotnine 附帶的主題範本也有多種，包含 theme_gray()、theme_minimal()、theme_bw()、theme_light()、theme_matplotlib()、theme_classic() 等。 相 同的資料及資料格式，可以結合不同的圖表風格，如圖 3-3-20 所示。下面挑選幾種具有代表性的圖表風格說明。

（1）圖 3-3-20（a）是 R ggplot2 風格的散點圖，使用 Set3 的顏色主題，繪圖區背景填充顏色為 RGB（229, 229, 229）的灰色，以及白色的格線〔主要格線的顏色為 RGB（255, 255, 255），次要格線的顏色為 RGB（242, 242, 242）〕。這種圖表風格給讀者清新脫俗的感覺，推薦在 PPT 示範中使用。

（2）圖 3-3-20(d) 的繪圖區背景填充顏色為 RGB（255, 255, 255）的白色，無主要和次要格線，沒有過多的背景資訊。當圖表尺寸較小時，仍然可以清晰地表達資料內容，不像圖 3-3-20(b) 會因為背景線條太多而顯得凌亂，常應用在學術期刊的論文中展示資料。

（3）圖 3-3-20(e) 在圖 3-3-20(d) 的基礎上，將繪圖區邊框設定為「無」，也沒有主要和次要格線，同樣常應用在學術期刊的論文中展示資料。

所以，總地來說，圖 3-3-20(a) 和圖 3-3-20(b) 的風格適合用於 PPT 示範，圖 3-3-20(d) 和圖 3-3-20(e) 適合用於學術論文展示。其實，不管使用 R 語言、Python，還是 Origin、Excel，都可以透過調整繪圖區背景、主要和次要格線、座標軸線條等的格式，實現如圖 3-3-20 所示的 6 種不同的圖表風格。

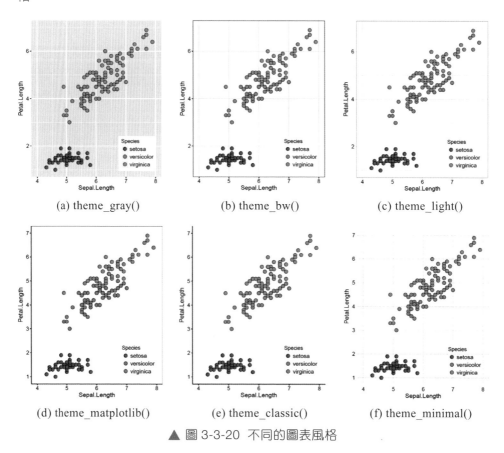

(a) theme_gray()　　　(b) theme_bw()　　　(c) theme_light()

(d) theme_matplotlib()　　　(e) theme_classic()　　　(f) theme_minimal()

▲ 圖 3-3-20 不同的圖表風格

3.3.7 分面系統

我們用三維圖表表示三維或四維資料時，可能不容易清晰地觀察資料規律
與展示資料資訊。所以，可以引用分面圖的形式展示資料。plotnine 有兩
個很有意思的函數：facet_wrap() 和 facet_grid()，這兩個函數可以根據類別
屬性繪製一些系列子圖，類似郵票圖（small multiples），大致可以分為：
矩陣分面圖（見圖 9-2-4 矩陣分面氣泡圖）、行分面圖（見圖 5-5-2 行分面
的帶填充的曲線圖）、列分面圖（見圖 9-2-2 列分面的散點圖和圖 9-2-3 列
分面的氣泡圖）。分面圖就是根據資料類別按行或列，使用散點圖、氣泡
圖、直條圖或曲線圖等基礎圖表展示資料，揭示資料之間的關係，可以適
應 4~5 種資料結構類型。分面函數 facet_grid() 和 facet_wrap() 的核心語法
如下所示。

```
facet_grid(rows = NULL, cols = NULL, scales = "fixed", labeller =
"label_value", facets)
facet_wrap(facets, nrow = NULL, labeller = "label_value",strip.position = "top")
```

上述程式中，rows 表示要進行行分面的變數，如 rows = vars(drv) 表示將
變數 drv 作為維度進行行分面，可以使用多個分類變數；cols 表示要進行
列分面的變數，如 cols = vars(drv) 表示將變數 drv 作為維度進行列分面，
可以使用多個分類變數；scales 表示分面後座標軸適應規則，其中，"free"
表示調整 X 軸和 Y 軸，"free_x" 表示調整 X 軸，"free_y" 表示調整 Y 軸，
"fixed" 表示 X 軸和 Y 軸的設定值範圍統一；facets 表示將哪些變數作為
維度進行分面，在網格分面中，儘量不使用，而使用 rows 和 cols 參數。
plotnine 分面系統的說明如表 3-3-8 所示，其中 t 的繪圖內容為 mpg 資料集
的多資料數列散點圖，實作程式如下所示。

```
from plotnine import *
from plotnine.data import mpg
t=(ggplot(mpg, aes('cty', 'hwy',fill='fl'))
+ geom_point(size=3,stroke=0.3,alpha=0.8,show_legend=False)
+ scale_fill_hue(s = 0.90, l = 0.65, h=0.0417,color_space='husl'))
```

表 3-3-8　plotnine 分面系統的說明

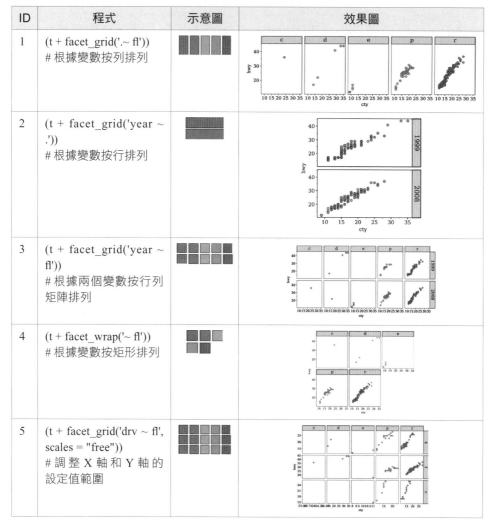

ID	程式	示意圖	效果圖
1	(t + facet_grid('.~ fl')) # 根據變數按列排列		
2	(t + facet_grid('year ~ .')) # 根據變數按行排列		
3	(t + facet_grid('year ~ fl')) # 根據兩個變數按行列矩陣排列		
4	(t + facet_wrap('~ fl')) # 根據變數按矩形排列		
5	(t + facet_grid('drv ~ fl', scales = "free")) # 調整 X 軸和 Y 軸的設定值範圍		

3.3.8　位置調整

在 geom_xxx() 函數中，參數 position 表示繪圖資料數列的位置調整，預設為 "identity"（無位置調整），這個參數在繪製直條圖和橫條圖系列時經常用到，以繪製簇狀直條圖、堆疊直條圖和百分比堆疊直條圖等。plotnine

的位置調整參數如表 3-3-9 所示。在直條圖和橫條圖系列中，position 的
參數有 4 種──① identity：不做任何位置的調整，該情況在多分類直條圖
中不可行，序列間會存在遮蓋問題，但是在多序列散點圖、聚合線圖中可
行，不存在遮蓋問題；② stack：垂直堆疊放置（堆疊直條圖）；③ dodge:
水平並列放置（簇狀直條圖，position=position_dodge()）；④ fill：百分比
填充（垂直堆疊放置，如百分比堆疊面積圖、百分比堆疊直條圖等）。

表 3-3-9 plotnine 繪圖語法中的位置調整參數

函數	功能	參數說明
position_dodge()	水平並列放置	position_dodge(width=NULL, preserve=("total","single"))，作用於簇狀直條圖、箱形圖等
position_identity()	位置不變	對於散點圖和聚合線圖，可行，預設為 identity，但對於多分類直條圖，序列間會存在遮蓋問題
position_stack()	垂直堆疊放置	position_stack(vjust=1, reverse=False) 直條圖和面積圖預設堆疊（stack）
position_fill()	百分比填充	position_fill(vjust=1, reverse=False) 垂直堆疊，但只能反映各組百分比
position_jitter()	擾動處理	position_jitter(width=NULL, height=NULL) 部分重疊，作用於散點圖
position_jitterdodge()	並列抖動	position_jitterdodge(jitter_width=NULL,jitter_height=0, dodge_width=0.75)，僅用於箱形圖和點圖在一起的情形，且有順序，必須箱子在前，點圖在後，抖動只能用在散點幾何物件中
position_nudge()	整體位置微調	position_nudge(x=0, y=0)，整體向 x 和 y 方向平移的距離，常用於 geom_text() 文字物件

圖 3-3-21 顯示了箱形圖和抖動散點圖的位置調整語法，主要調整參數：
position，有關的函數包含 position_dodge() 和 position_jitterdodge()。其資
料集的建置如下所示。

```
01    import pandas as pd
02    import numpy as np
03    N=100
```

```
04    df=pd.DataFrame(dict(group=np.repeat([1,2], N*2),
05                         y=np.append(np.append(np.random.normal(5,1,N),
                            np.random.normal(2,1,N)),
06                            np.append(np.random.normal(1,1,N),
                            np.random.normal(3,1,N))),
07                            x=np.tile(["A","B","A","B"], N)))
```

ID	語法	圖表
1	# 未調整箱形圖和抖動散點圖的間距 (ggplot(df, aes(x='x', y='y',fill='factor(group)')) +geom_boxplot(outlier_size = 0,colour='k') +geom_jitter(aes(group='factor(group)'), shape = 'o', alpha = 0.5))	
2	# 調整抖動散點圖的間距 (ggplot(df, aes(x='x', y='y',fill='factor(group)')) +geom_boxplot(outlier_size = 0,colour='k') +geom_jitter(aes(group='factor(group)'), shape = 'o', alpha = 0.5, position=position_jitterdodge()))	
3	# 同時調整箱形圖和抖動散點圖的間距 (ggplot(df, aes(x='x', y='y',fill='factor(group)')) +geom_boxplot(position = position_dodge(0.85), outlier_size = 0,colour='k') +geom_jitter(aes(group='factor(group)'), shape = 'o', alpha = 0.5, position=position_jitterdodge(dodge_width = 0.85)))	

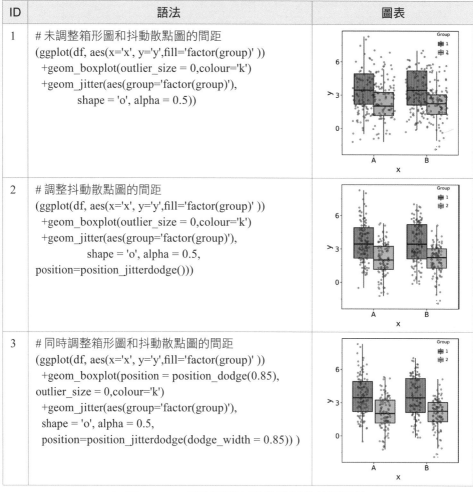

▲ 圖 3-3-21　箱形圖和抖動散點圖的位置調整

3.4 視覺化色彩的運用原理

3.4.1 RGB 顏色模式

我們先從顏色模式開始說明圖表的色彩運用原理。在影像處理中，最常用的顏色空間是 RGB 模式，常用於顏色顯示和影像處理。RGB 顏色模式使用了紅（red）、綠（green）和藍（blue）來定義所給顏色中紅色、綠色和藍色的光的量。在 24 位元影像中，每一種顏色成分都由 0 到 255 之間的數值表示。在位速率更高的影像中，如 48 位影像，值的範圍更大。這些顏色成分的組合就定義了一種單一的顏色。RGB 顏色模式採用三維座標的模型形式，非常容易被了解，如圖 3-4-1(a) 所示，原點到白色頂點的中軸線是灰階線，R、G、B 三分量相等，強度可以由三分量的向量表示。我們可以用 RGB 來了解色彩、深淺、明暗變化。

(a) RGB 顏色模式

(b) HSL 顏色模式

(c) HSV 顏色模式

▲ 圖 3-4-1 顏色模式比較

(1) 色彩變化：三個座標軸 RGB 最大分量頂點與黃（yellow）、紫（magenta）、青（cyan）色頂點的連線。

(2) 深淺變化：RGB 頂點和黃、紫、青頂點到原點和白色頂點的中軸線的距離。

(3) 明暗變化：中軸線的點的位置，到原點，就偏暗，到白色頂點就偏亮。

RGB 模式也被稱為加色法混色模式。它是以 RGB 三色光互相疊加來實現混色的方法，因而適合於顯示器等發光體的顯示。其混色規律是：以等量的紅、綠、藍基色光混合。我們平時在繪圖軟體中調整顏色主要就是透過修改 RGB 顏色的三個數值來實現，如圖 3-4-3(b) 所示的 Windows 系統附帶的選色器的右下角。

3.4.2　HSL 顏色模式

大家平時在顏色選擇中還會遇到一種顏色模式：HSL（色相、飽和度、亮度），如圖 3-4-1(b) 所示，在這裡也給大家做簡要的介紹。HSL 色彩模式是以人眼為基礎的一種顏色模式，是普及型設計軟體中常見的色彩模式，實際如下。

（1）色相 H（hue）：代表的是人眼所能感知的顏色範圍，這些顏色分佈在一個平面的色相環上，設定值範圍是 0° 到 360° 的圓心角，每個角度可以代表一種顏色，如圖 3-4-2(a) 所示。色相值的意義在於，當不改變光感時，可以透過旋轉色相環來改變顏色。在實際應用中，可用作基本參照的色相環的六大主色為：360°/0° 紅、60° 黃、120° 綠、180° 青、240° 藍、300° 洋紅，它們在色相環上按照 60° 圓心角的間隔排列。

（2）飽和度 S（saturation）：是指色彩的飽和度，它用 0 至 100% 的值描述了相同色相、明度下色彩純度的變化。數值越大，顏色中的灰色越少，顏色越鮮豔，呈現一種從理性（灰階）到感性（純色）的變化，如圖 3-4-2(b) 所示。

（3）亮度 L（lightness）：是色彩的明度，作用是控制色彩的明暗變化。通常是從 0（黑）~100%（白）的百分比來度量的，數值越小，色彩越暗，越接近於黑色；數值越大，色彩越亮，越接近於白色，如圖 3-4-2(c) 所示。

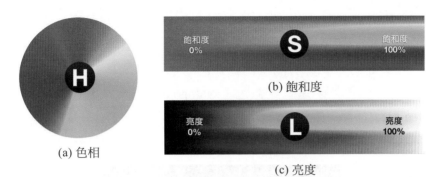

(a) 色相

(b) 飽和度

(c) 亮度

▲ 圖 3-4-2 HSL 顏色模式分量的實際範例

與 HSL 顏色模式類似的還有：HSB〔色相（hue）、飽和度（saturation）、亮度（brightness）〕，有時也被稱作 HSV〔色相（hue）、飽和度（saturation）、色調（value）〕，如圖 3-4-1(c) 所示。比起 RGB 系統，HSL 使用了更接近人類感官直覺的方式來描述色彩，可以指導設計者更進一步地搭配色彩，在色彩搭配中經常被用到，如圖 3-4-3 所示。

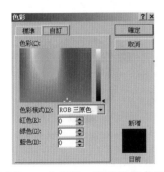

(a) Microsoft Office 預設的選色器

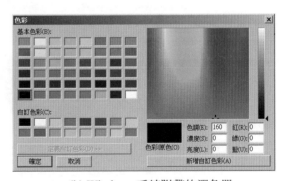

(b) Windows 系統附帶的選色器

▲ 圖 3-4-3 HSL 顏色模式的應用場景

我們使用顏色時參考的色輪（色相輪）就是來自 HSB、HSL 顏色模式或 LUV 顏色模式。配色網就是基於 HSL 顏色空間模型自動產生進階配色方案的線上網站，如圖 3-4-4 所示。HSL 色彩空間可以更加直觀地表達顏色。HSL 是色相、飽和度和亮度這三個顏色屬性的簡稱。色相是色彩的基本屬性，就是人們平常所説的顏色名稱，如紫色、青色、品紅等。我們可以在一個圓環上表示出所有的色相。它不僅以常用的場景為基礎列出合適的配色方案，而且還允許使用者使用配色工具自行設定出極具個人風格又不失美觀的方案，功能完備且實用。色彩搭配基本理論方法除了圖3-4-5 所說的三種外，還有類似色（analogous）搭配、分裂互補色（split complement）搭配、矩形（rectangle）搭配和正方形（square）搭配等（見連結 7）。

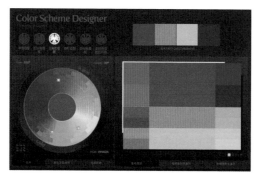

▲ 圖 3-4-4　配色網推出的進階配色工具（見連結 8）

 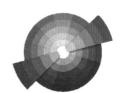 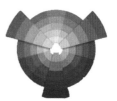

(a) 單色搭配　　　　　(b) 互補色搭配　　　　　(c) 三角形搭配

▲ 圖 3-4-5　三種不同顏色選擇的色相環

色環又稱作色輪，是一種按照色相將色彩排列的呈現方式。當我們開始進行色環排列時，需要把原色按照等距關係排列，如圖 3-4-5 所示為 12 色 5 輪色輪。

（1）**單色（monochromatic）搭配**：色相由暗、中、明 3 種色調組成的單色。單色搭配並沒有形成顏色的層次，但形成了明暗的層次。這種搭配在設計中應用時，效果永遠不錯，其重要性也可見一斑。

（2）**互補色（complement）搭配**：如果顏色方案只包含兩種顏色，就會選擇色環上對立的兩種顏色（在色輪上直線相對的兩種顏色稱為互補色，例如紅色和綠色），如圖 3-4-5(b) 所示。互補色搭配在正式的設計中比較少見，主要是因為色彩之間強烈比較所產生的特殊性和不穩定，但是很顯然的是，在各種色相搭配中，互補色搭配無疑是一種最突出的搭配，所以如果你想讓你的作品特別引人注目，那互補色搭配或許是一種最佳選擇。

（3）**三角形（triad）搭配**：如果顏色方案只包含 3 種顏色，那麼就會以 120° 的間隔選擇 3 種顏色，如圖 3-4-5(c) 所示。三角形搭配是一種能使畫面生動的搭配方式，即使使用了低飽和度的色彩也是如此。在使用三角形搭配時一定要選出一種顏色作為主色，另外兩種顏色作為輔助色。

3.4.3 LUV 顏色模式

LUV 色彩空間全稱為 CIE 1976（L*,u*,v*）（也稱作 CIELUV）色彩空間，L* 表示物體亮度，u* 和 v* 是色度，如圖 3-4-6(a) 所示。1976 年由國際照明委員會（International Commission on Illumination）提出，由 CIE XYZ 顏色空間經簡單轉換獲得，具有視覺統一性。對於一般的影像，u* 和 v* 的設定值範圍為 −100 到 +100，亮度為 0 到 100。類似的色彩空間有 CIELAB，如圖 3-4-6(b) 所示。

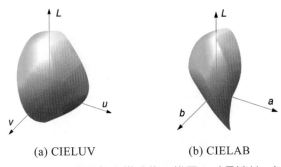

(a) CIELUV   (b) CIELAB

▲ 圖 3-4-6 不同顏色模式的三維展示（見連結 9）

R 語言 ggplot2 套件繪圖預設的顏色主題方案如圖 3-4-7 所示，色輪為 HSLuv 顏色模式。HSLuv 是相對於 HSL 顏色空間模式更加人性化的選擇。當把 CIELUV 顏色空間轉換到極座標系時，就類似 HSL 顏色空間模式。它擴充了 CIELUV 顏色模式，進一步新的飽和度（saturation）分量可以允許使用者間隔選擇色度（chroma）（見連結 10）。

但是，HSLuv 顏色模式又不同於 CIELUV LCh 顏色模式。CIELUV LCh 顏色模式有一部分顏色不能顯示，例如飽和度高的深黃色（見連結 11）。圖 3-4-7 離散的顏色主題（Hex 顏色碼）也可以透過 seaborn.husl_palette(n_colors=6, h=0.01, s=0.9, l=0.65) 函數取得，其中 n_colors 表示輸出的顏色總數，h 表示起始的顏色色相（hue），s 表示顏色的飽和度（saturation），l 表示顏色的亮度（lightness），程式如下：

```
import seaborn as sns
pal_husl = sns.husl_palette(n_colors,h=15/360, l=.65, s=1).as_hex()
```

這種類型的顏色主題是由一個圓環狀的顏色分析出來的，所以在 matplotlib 裡這種顏色主題屬於環狀循環型顏色主題（cyclic colormaps）。Seaborn 裡有還有 1 個環狀循環型顏色主題函數：seaborn.hls_palette(n_colors=6, h=0.01, l=0.6, s=0.65)，這個函數基於 HSL〔色相（hue）、飽和度（saturation）、L（lightness）〕色彩模型。另外，matplotlib 還有 3 種環狀循環型顏色主題：'twilight', 'twilight_shifted', 'hsv'。

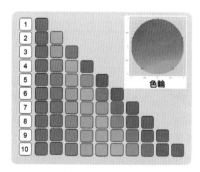

▲ 圖 3-4-7　R 語言 ggplot2 套件預設顏色主題（HSLuv 顏色空間）

3.4.4 顏色主題的搭配原理

我們對相同的資料圖表比較不同的顏色效果，如圖 3-4-8 所示的帶散點分佈的箱形圖。圖 3-4-8(a)~ 圖 3-4-8(c) 的顏色主題方案分別對應的軟體為 Excel、Origin 和 R ggplot2，圖 3-4-8(c) 使用的就是圖 3-4-7 所示的 4 種顏色的顏色主題方案。所謂「人靠衣裝，佛靠金裝」，符合美學規律設計的顏色主題方案通常能在快速地加強圖表的美觀程度，如圖 3-4-8(c) 所示。所以，我們很有必要研究與説明顏色主題方案的搭配。

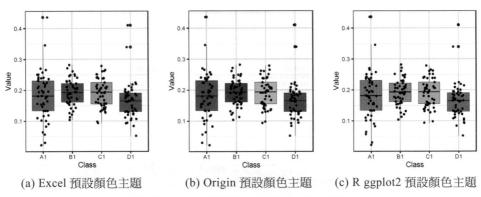

(a) Excel 預設顏色主題　　(b) Origin 預設顏色主題　　(c) R ggplot2 預設顏色主題

▲ 圖 3-4-8　不同顏色主題的圖表效果

Seaborn 和 plotnine 的顏色主題方案基本都是以 matplotlib 為基礎的顏色主題方案。matplotlib 除了環狀循環型顏色主題外，還有三種常見的顏色主題：單色系、多色系和雙色漸層系（見連結 13），如圖 3-4-9 所示（見連結 12）。或許你不知道，其實 R ColorBrewer 套件的顏色主題方案系列來自一個顏色主題方案搭配網站：ColorBrewer 2.0（見連結 14），如圖 3-4-10 所示。該網站提供了大量的顏色搭配主題方案，可以供使用者學習與使用。強烈建議大家登入這個網站，自己操作與觀看這裡面的配色方案，由於版面有限不能全面地介紹 ColorBrewer 2.0 配色的各個系列與功能。從另一個角度説，可以將圖 3-4-10 看成 ColorBrewer 2.0 網頁顏色主題系列方案的精華版。

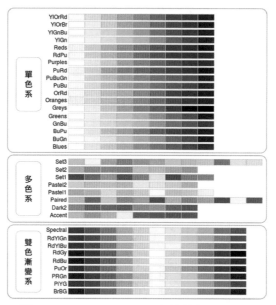

▲ 圖 3-4-9 RColorBrewer 套件的顏色主題方案

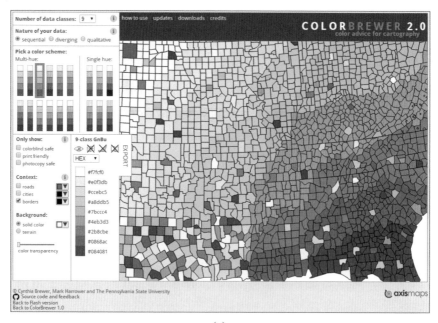

(a)

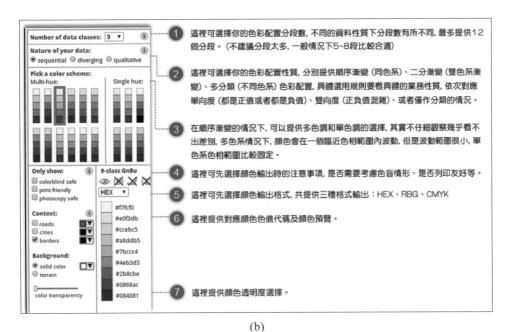

1 這裡可選擇你的色彩配置分段數，不同的資料性質下分段數有所不同，最多提供12個分段。（不建議分段太多，一般情況下5~8段比較合適）

2 這裡可選擇你的色彩配置性質，分別提供順序漸變（同色系）、二分漸變（雙色系漸變）、多分類（不同色系）色彩配置，具體選用規則要看具體的業務性質，依次對應單向度（都是正值或者都是負值）、雙向度（正負值混雜）、或者僅作分類的情況。

3 在順序漸變的情況下，可以提供多色調和單色調的選擇，其實不仔細觀察幾乎看不出差別，多色系情況下，顏色會在一個臨近色範圍內波動，但是波動範圍很小，單色系色相範圍比較固定。

4 這裡可先選擇顏色輸出時的注意事項，是否需要考慮色盲情形、是否列印友好等。

5 這裡可先選擇顏色輸出格式，共提供三種格式輸出：HEX、RBG、CMYK

6 這裡提供對應顏色色值代碼及顏色預覽。

7 這裡提供顏色透明度選擇。

(b)

▲ 圖 3-4-10 ColorBrewer 2.0 網頁介面（見連結 15）

ColorBrewer 2.0 的配色功能如此強大，它的顏色搭配原理又是什麼呢？如圖 3-4-11 所示，透過排列組合實現二值色系、單色系、雙色漸層系和多色系等顏色主題方案。其中，最為常用的 3 種顏色搭配方法如圖 3-4-12 所示。圓形分佈的多色系（circular color system）是一種特殊的多色系配色方案，

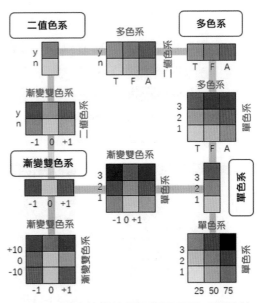

▲ 圖 3-4-11 圖表繪製的顏色搭配原理（見連結 16）

如 Python Seabron 的 HLS 顏色主題方案。這種顏色主題方案適合時間類的週期性資料，如小時、天、月、年等有關的時序資料。

單色系 （sequential）	雙色漸層系 （dsiverging）	多色系 （qualitative）
色相大致相同，飽和度呈單調遞增的變化。有序數據一般從大到小排列，對應的顏色亮度也逐漸增加。小數值通常使用較亮的顏色表示，而大數值通常使用較暗的顏色表示。單色系顏色搭配方案中可能存在顏色的色相不同的情況，但它的主要特徵還是顏色從亮到暗的亮度變化。例如地區的人口密度等通常使用單色系搭配方案	兩個不同的色系使用於不同的兩種情況，如正值與負值。雙色漸層系搭配方案主要強調資料以一個關鍵中間數值（midpoint）為基礎的級數分佈情況。把關鍵的中間數值作為中間點，使用一個較亮的顏色表示，然後兩端逐步變化到兩個不同色相的顏色。例如某疾病平均死亡率的分佈情況，就可以使用雙色漸層系搭配方案	資料為非數值情況，不同色系的顏色用於表示不同類別，尤其是使用色相最輕或最暗的顏色強調關鍵的類別。多色系顏色搭配方案使用不同色相值的顏色，表示不同類別或數值的差異。這些顏色的亮度不一定要完全相等，但是要差不多。多色系還包含圓形分佈的多色系
[-A, 0], [0, A], 或 [A, B]	[A, 0, B] 或 [A, C, B] （C 為 mean、medium 等）	類別、特徵、 時間類別的週期性資料

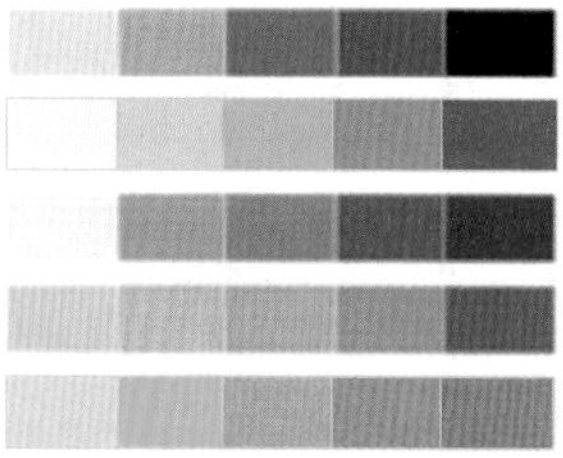

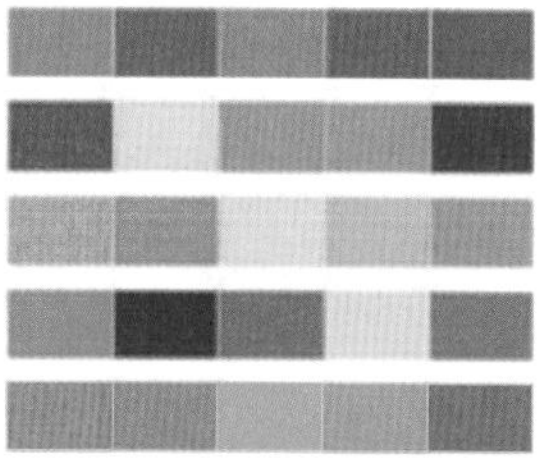

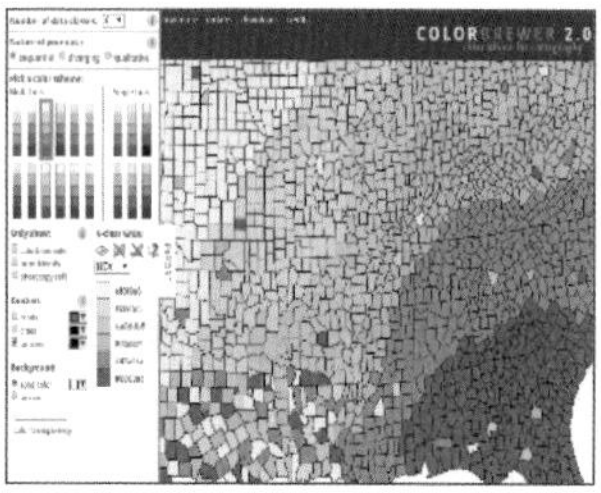

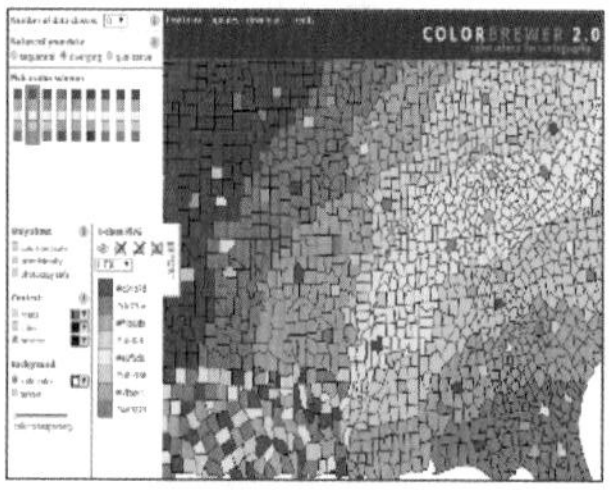

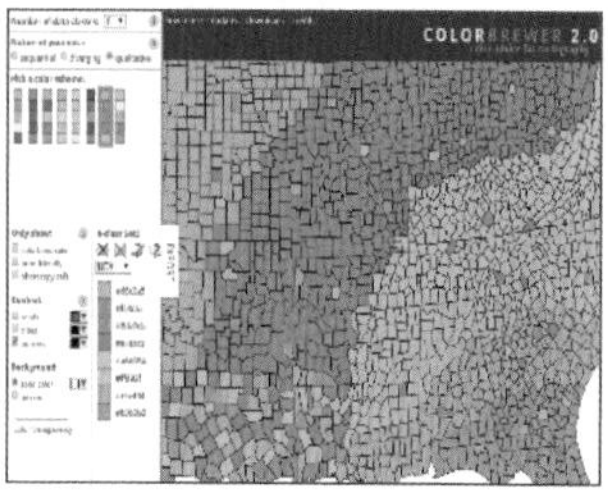

▲ 圖 3-4-12　圖表繪製的顏色搭配三原則

3.4.5 顏色主題方案的拾取使用

1. 使用 plotnine 取得顏色主題方案

結合以上顏色主題方案的取得方法：我們可以使用 matplotlib 和 plotnine 的顏色套件取得顏色主題方案，或使用顏色拾取軟體獲得顏色值。根據資料對映變數的類型，可以將顏色度量調整 scale_color/fill_*() 函數的應用主要分成離散型和連續型，實際如圖 3-4-13 和圖 3-4-14 所示。

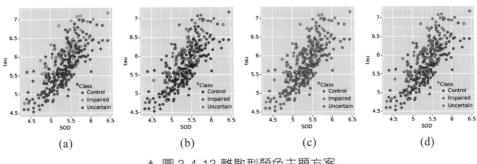

▲ 圖 3-4-13 離散型顏色主題方案

圖 3-4-13 的資料集是 df，df 是總共有 4 列的資料集：tau、SOD、age 和 Class（Control、Impaired 和 Uncertain），其資料對映程式如下所示。

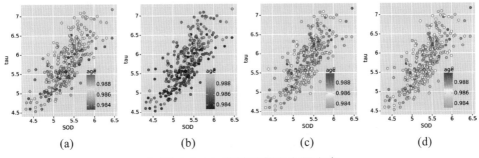

▲ 圖 3-4-14 連續型顏色主題方案

```
p =(ggplot(df, aes(x='SOD',y='tau',fill='Class'))
   +geom_point(shape='o',color="black",size=3, stroke=0.25,alpha=1))
```

將離散型的類型變數 Class 對映的資料點到填充顏色（fill），實際的圖 3-4-
13 離散型顏色主題方案的程式如表 3-4-1 所示。

表 3-4-1　圖 3-4-13 離散型顏色主題方案程式

圖	顏色度量敘述	說明
3-4-13 (a)	(p+scale_fill_discrete())	plotnine 預設配色方案
3-4-13 (b)	(p+scale_fill_brewer(type='qualitative', palette='Set1'))	使用 Set1 的多色系顏色主題方案
3-4-13 (c)	(p+scale_fill_hue(s = 1, l = 0.65, h=0.0417,color_space='husl'))	使用 HSLuv 的離散型顏色主題方案
3-4-13 (d)	(p+scale_fill_manual(values=("#E7298A","#66A61E","#E6AB02")))	使用 Hex 顏色碼自訂填充顏色

圖 3-4-14 的資料集 df，其資料對映程式如下所示。

```
p=(ggplot(df, aes(x='SOD',y='tau',fill='age'))
  +geom_point(shape='o',color="black",size=3, stroke=0.25,alpha=1))
```

將連續型的數值型變數 age 對映到資料點的填充顏色（fill），實際的圖
3-4-14 離散型顏色主題方案的程式如表 3-4-2 所示。

表 3-4-2　圖 3-4-14 連續型顏色主題方案程式

圖	顏色度量敘述	說明
3-4-14 (a)	(p+scale_fill_distiller(type='div',palette="RdYlBu"))	使用雙色漸層系 "RdYlBu" 顏色主題方案
3-4-14 (b)	(p+scale_fill_cmap(name='viridis'))	使用 'viridis' 顏色主題方案
3-4-14 (c)	(p+scale_fill_gradient2(low="#00A08A", mid="white", high="#FF0000", midpoint = np.mean(df.age)))	自訂連續的顏色條，np.mean (df.age)) 表示 age 平均值對應中間色 "white"
3-4-14 (d)	(p++scale_fill_gradientn(colors=("#82C143","white","#CB1B81")))	使用 Hex 顏色碼自訂填充顏色

2. 使用 Seaborn 取得顏色主題方案

Seaborn 的顏色主題也是以 matplotlib 為基礎的顏色主題（見連結 17），使用 Seaborn 繪製圖表時，如果需要修改圖表的顏色主題，則可以透過以下敘述完成：

```
sns.set_palette("color_ palette")
```

如果想獲得顏色主題的 Hex 顏色碼，則可以使用 sns.color_palette() 函數或 sns.husl_palette() 函數，n_colors 為想取得的顏色數目：

```
pal_Set1 = sns.color_palette("Set1, n_colors).as_hex()
```

當 n_colors=3，pal_Set1 = ['#e41a1c', '#377eb8', '#4daf4a'] 時，實際顏色為：

```
pal_husl = sns.husl_palette(n_colors,h=15/360, l=.65, s=1).as_hex()
```

當 n_colors=3，pal_Set1 = ['#fe6e63', '#0ab450', '#639bfe'] 時，實際顏色為：

或使用 matplotlib 的函數也可以獲得不同顏色主題的 Hex 顏色編碼：

```
from matplotlib import cm,colors
pal_Set1=[colors.rgb2hex(x) for x in cm.get_cmap( 'Set1',n_colors)
(np.linspace(0, 1, n_colors))]
```

當 n_colors=3，pal_Set1 = ['#e41a1c', '#377eb8', '#4daf4a'] 時，實際顏色為：

3. 顏色的拾取

有時我們需要取得顏色主題方案中每個顏色的 RGB 數值或 Hex 顏色碼，例如在 Excel、AI 等其他軟體中使用這些顏色主題方案，可以透過圖 3-4-15 所示的幾種方式獲得相關顏色數值。

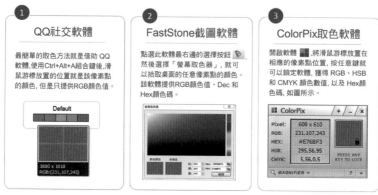

▲ 圖 3-4-15 不同顏色拾取方案

手動調整資料數列的 RGB 顏色值有時會很麻煩，其實還有一種利用取色器的便捷方法，如 PowerPoint 和 Illustrator 軟體都有取色器，但是 Excel、GraphPad Prism、Origin 等繪圖軟體沒有取色器。對於 Excel 的圖表，可以複製到 PowerPoint 中，使用 PowerPoint 的取色器修改圖表的顏色。對於 GraphPad Prism、Origin 等繪圖軟體的圖表，可以匯出 SVG、EPS 等向量格式的圖片，然後使用 Illustrator 軟體開啟：①選擇圖片，選擇「物件（O）」→「剪下遮色片（M）」→「釋放（R）」；②再選擇圖片「物件（O）」→「複合路徑（O）」→「釋放（R）」；③選擇要修改的圖表元素，然後使用取色器調整「填充」和「描邊（邊框）」顏色；④匯出對應的純量格式的圖片，同時設定好圖片的解析度。

Hex 十六進位顏色碼

在軟體中設定顏色值的程式通常使用十六進位顏色碼（Hex color code）（見連結 18）。顏色一般可以使用 RGB 三個數值表示。十六進位顏色程式指定顏色的組成方式：前兩位表示紅色（red），中間兩位表示綠色（green），最後兩位表示藍色（blue）。把三個數值依次並列起來，以 # 開頭，就是我們平時使用的十六進位顏色碼。如純紅：#FF0000，其中 FF 即十進位的 R（紅）＝255，00 和 00 即 G（綠）＝0 和 B（藍）＝0；同樣的原理，純綠：#00FF00，即 R＝0，G＝255，B＝0。

3.4.6 顏色主題的應用案例

關於顏色的基礎知識說明了這麼多,下面帶大家一起來應用各個顏色主題方案,以提升圖表的美觀性。對於多色系顏色主題方案的應用,大家很容易使用:直接選擇一個顏色主題方案,然後修改資料數列的顏色即可。但是對於單色系和雙色漸層系的顏色主題方案的應用,大家可能不是那麼容易適應。所以,現在重點說明單色系和雙色漸層系的顏色主題方案的應用。

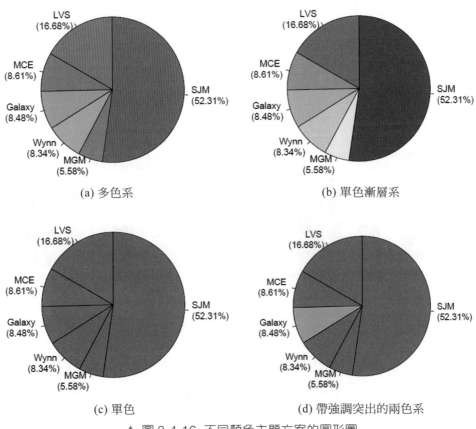

▲ 圖 3-4-16 不同顏色主題方案的圓形圖

圖 3-4-16 展示了不同顏色主題的圓形圖。不要使用多種陰影或多種色相的圓形圖（見圖 3-4-16(a)），因為這樣會分散讀者直接比較各部分的注意力。可以使用相同的顏色代表同一變數（見圖 3-4-16(c)），或使用單色漸層顏色主題（見圖 3-4-16(b)），這樣讀者可以更進一步地集中注意力去比較資料。如果需要特別強調某個部分的資料，則並不建議使用將其從整個圓形圖中分離出來的方法，而推薦使用較深的色彩或不同的顏色強調焦點，如圖 3-4-16(d) 所示。

圖 3-4-17(a) 是多色系顏色主題方案的帶誤差線直條圖，圖 3-4-17(b) 是使用單色系顏色主題方案（藍色系列：▨ ▦ ▨ ▪）改進的 *Science* 期刊上的圖表。不要使用多種陰影或多種色素的直條圖和圓形圖，因為這樣會分散讀者直接比較各部分的注意力。可以使用相同的顏色代表同一變數，或使用單色漸層系顏色主題，但是可以使用較深的色彩或不同的顏色強調焦點。

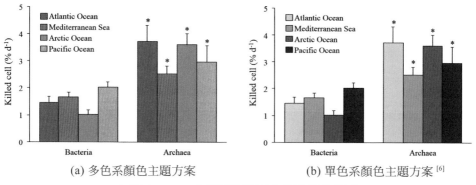

(a) 多色系顏色主題方案　　　　　(b) 單色系顏色主題方案 [6]

▲ 圖 3-4-17　直條圖的顏色主題方案的應用

圖 3-4-18(a) 是多色系顏色主題方案的曲線散點圖，圖 3-4-18(b) 是使用單色系顏色主題方案（橙色系列：▨ ▦ ▨ ▪）改進的曲線散點圖，單色系顏色主題方案是根據資料數列的數值類別設定的，亮度隨數值從低到高。圖 3-4-18(c) 是使用單色系顏色主題方案再改進的曲線圖，省去散點數據標記，只留下曲線以展示資料數列的規律。

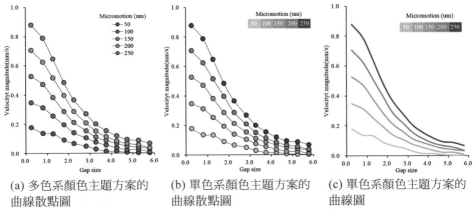

(a) 多色系顏色主題方案的
曲線散點圖

(b) 單色系顏色主題方案的
曲線散點圖

(c) 單色系顏色主題方案的
曲線圖

▲ 圖 3-4-18 曲線散點圖的顏色主題方案的應用

圖 3-4-19(a) 使用紅色和藍色兩種不同顏色表示相關係數的數值，藍色表示負值，圓圈越大表示負相關越大，紅色表示正值，圓圈越大表示正相關越大。用雙色漸層系顏色主題方案（ ▬▬▬▬ ）改進圖表，如圖 3-4-19(b) 所示：借助圓圈填充顏色的深淺和圓圈的大小兩個視覺暗示，更加清晰地表達了資料，更便於讀者觀察資料之間的關係。中間白色對應的數值就是相關係數的分界點 0。

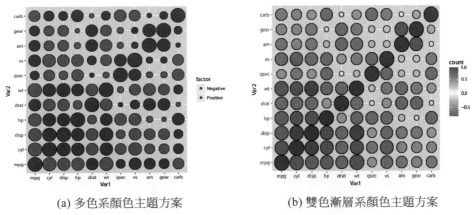

(a) 多色系顏色主題方案

(b) 雙色漸層系顏色主題方案

▲ 圖 3-4-19 相關係數圖的顏色主題方案的應用

圖 3-4-20 為時間序列的直條圖，圖 3-4-20(a) 使用藍色填充柱形資料

數列，僅使用長度視覺暗示表達資料。用雙色漸層系顏色主題方案
（■■■■■■■）改進圖表，如圖 3-4-20(b) 所示：中間白色對應的數值就
是分界點的溫度值 0，當溫度越高時，紅色更深；當溫度越低時，藍色更
深。借助柱形顏色的深淺和長度兩個視覺暗示，更加清晰地表達了資料，
更便於讀者觀察時序資料的變化規律。

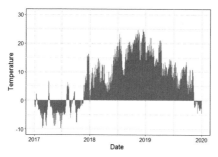 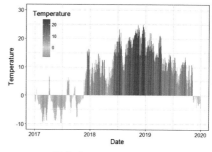

(a) 預設顏色主題方案　　　　　　(b) 雙色漸層系顏色主題方案

▲ 圖 3-4-20　時間序列直條圖的雙色漸層系顏色主題方案的應用

我們平時繪製圖表除了要注意顏色主題，還要注意顏色的透明度
（transparency）。顏色的透明度也是一個重要的設定參數，尤其在處理資料
數列之間的遮擋問題時特別有效，如圖 3-4-21 所示。繪圖軟體中基本都有
顏色透明度的設定參數。顏色透明度的設定還適合用於高密度散點圖的繪
製，透過顏色深淺可以觀察資料的分佈情況。

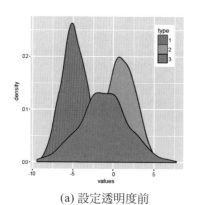 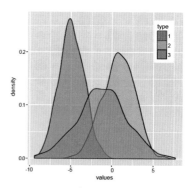

(a) 設定透明度前　　　　　　　　(b) 設定透明度後

▲ 圖 3-4-21　顏色透明度的應用

3.5 圖表的基本類型

國外專家 Nathan Yau 歸納了資料視覺化的過程中一般要經歷的 4 個過程，如圖 3-5-1 所示 [2]。不論是商業圖表還是學術圖表，要想得到完美的圖表，在這 4 個過程中都要反覆進行思索。

- 你擁有什麼樣的資料（What data do you have）？
- 你想表達什麼樣的資料資訊（What do you want to know about your data）？
- 你應該採用什麼樣的資料視覺化方法（What visualization methods should you use）？
- 你從圖表中能獲得什麼樣的資料資訊（What do you see and does it makes sense）？

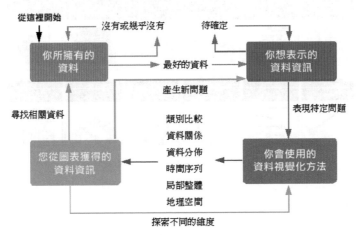

▲ 圖 3-5-1 資料視覺化的探索過程 [2]

其中，你應該採用什麼樣的資料視覺化方法尤為關鍵，所以我們需要了解有哪些圖表類型。下面根據資料想偏重表達的內容，將圖表類型分為 6 大類：類別比較、資料關係、資料分佈、時間序列、局部整體和地理空間。注意：有些圖表也可以歸類於兩種或多種圖表類型。

3.5.1　類別比較

類別比較型圖表的資料一般包含數值型和類型兩種資料類型（見圖 3-5-2），例如在直條圖中，X 軸為類別類型資料，Y 軸為數值類型資料，採用位置＋長度兩種視覺元素。類別類型資料主要包含直條圖、橫條圖、雷達圖、坡度圖、詞雲圖等，通常用來比較資料的規模。有可能是比較相對規模（顯示出哪一個比較大），也有可能是比較絕對規模（需要顯示出精確的差異）。直條圖是用來比較規模的標準圖表（注意：直條圖軸線的起始值必須為 0）。

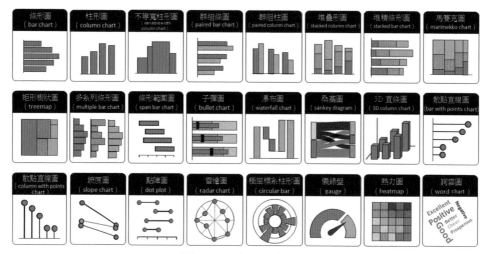

▲ 圖 3-5-2　類別比較型圖表

3.5.2　資料關係

資料關聯式圖表分為數值關聯式、層次關聯式和網路關聯式三種圖表類型（見圖 3-5-3）。

數值關聯式圖表主要展示兩個或多個變數之間的關係，包含最常見的散點圖、氣泡圖、曲面圖、矩陣散點圖等。該圖表的變數一般都為數值型，當變數為 1~3 個時，可以採用散點圖、氣泡圖、曲面圖等；當變數多於 3 個時，可以採用高維資料視覺化方法，如平行座標系、矩陣散點圖、徑向座標圖、星形圖和切爾諾夫臉譜圖等。

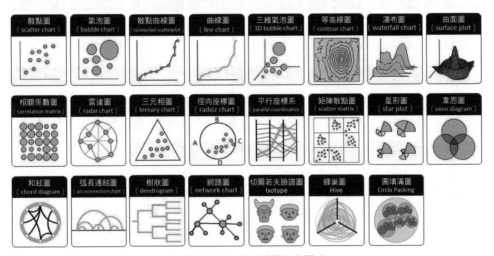

▲ 圖 3-5-3 資料關聯式圖表

層次關聯式圖表注重表達資料個體之間的層次關係，主要包含包含和從屬兩種，例如公司不同部門的組織結構，不同洲的國家包含關係等，包含節點連結圖、樹狀圖、冰柱圖、旭日圖、圓填充圖、矩形樹狀圖等。

網路關聯式圖表是指那些不具備層次結構的關聯資料的視覺化。與層次關係類型資料不同，網路關係類型資料並不具備自底向上或自頂向下的層次結構，表達的資料關係更加自由和複雜，其視覺化的方法常包含：桑基圖、和絃圖、節點連結圖、弧長連結圖、蜂箱圖等。

3.5.3 資料分佈

資料分佈型圖表主要顯示資料集中的數值及其出現的頻率或分佈規律，包含統計長條圖、核心密度曲線圖、箱形圖、小提琴圖等（見圖 3-5-4）。其中，統計長條圖最為簡單與常見，又稱品質分佈圖，由一系列高度不等的垂直條紋或線段表示資料分佈的情況。一般用橫軸表示資料類型，縱軸表示分佈情況。

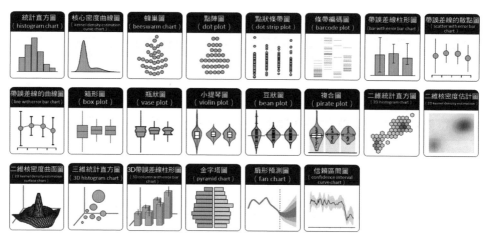

▲ 圖 3-5-4　資料分佈型圖表

3.5.4　時間序列

時間序列型圖表強調資料隨時間的變化規律或趨勢，X 軸一般為時序資料，Y 軸為數值類型資料，包含聚合線圖、面積圖、雷達圖、日曆圖、直條圖等（見圖 3-5-5）。其中，聚合線圖是用來顯示時間序列變化趨勢的標準方式，非常適用於顯示在相等時間間隔下資料的趨勢。

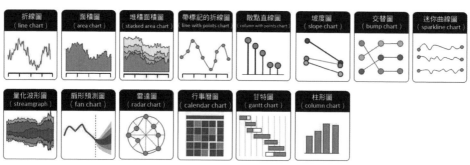

▲ 圖 3-5-5　時間序列型圖表

3.5.5 局部整體

局部整體型圖表能顯示出局部組成成分與整體的百分比資訊，主要包含圓形圖、圓環圖、旭日圖、鬆餅圖、矩形樹狀圖等（見圖 3-5-6）。圓形圖是用來呈現部分和整體關係的常見方式，在圓形圖中，每個磁區的弧長（以及圓心角和面積）大小為其所表示的數量的比例。但要注意的是，這種別圖很難去精確比較不同組成的大小。

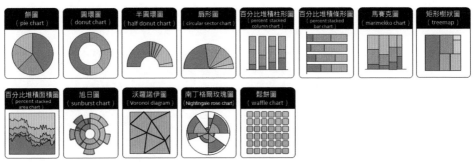

▲ 圖 3-5-6 局部整體型圖表

3.5.6 地理空間

地理空間型圖表主要展示資料中的精確位置和地理分佈規律，包含相等區間地圖、帶氣泡的地圖、帶散點的地圖等。地圖用地理座標系可以對映位置資料。位置資料的形式有許多種，包含經度、緯度、郵遞區號等。但通常都是用緯度和經度來描述的。Python 的 GeoPandas 套件可以讀取 SHP 和 GEOJSON 等格式的地理空間資料，使用 plot() 函數或 ggplot() 函數可以繪製地理空間型圖表。

繪製這些不同類型的圖表，主要使用 matplotlib、plotnine、Seaborn 等套件。對於二維直角座標系下的圖表，主要使用 plotnine 和 Seaborn；對於極座標系和三維直角座標系下的圖表，則需要使用 matplotlib 繪製以上不同類別的圖表。這些圖表的繪製方法在後面的章節都會進行詳細的說明。

類別比較型圖表

4.1　直條圖系列

直條圖用於顯示一段時間內的資料變化或顯示各項之間的比較情況。在直條圖中，類型或序數型變數對映到橫軸的位置，數值型變數對映到矩形的高度。控制直條圖的兩個重要參數是：「系列重疊」和「分類間距」。「分類間距」控制同一資料數列的柱形寬度，數值範圍為 [0.0, 1.0]；「系列重疊」控制不同資料數列之間的距離，數值範圍為 [-1.0, 1.0]。圖 4-1-1 為使用 plotnine 的 geom_bar() 函數直接繪製的直條圖系列，包含單資料數列直條圖、多資料數列直條圖、堆疊直條圖和百分比堆疊直條圖共 4 種常見類型。但是，繪製直條圖和橫條圖系列的最大潛在問題就是排序。

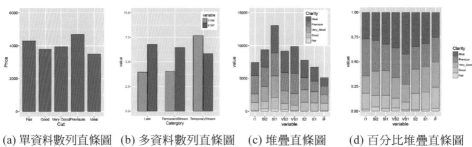

(a) 單資料數列直條圖　(b) 多資料數列直條圖　(c) 堆疊直條圖　(d) 百分比堆疊直條圖

▲ 圖 4-1-1　直條圖系列

用 plotnine 繪製的直條圖，X 軸變數預設會按照輸入的資料順序繪製，Y 軸變數和圖例變數預設按照字母順序繪製。所以使用 Python 繪製直條圖系列圖表時要注意：繪製圖表前要對資料進行排序處理（見圖 4-1-2）。在使用 geom_bar() 函數繪製直條圖系列時，position 的參數有 4 種：① identity: 不做任何位置調整，該情況在多分類直條圖中不可行，各序列會互相遮蓋，但是在多序列散點圖、聚合線圖中可行，不會存在遮蓋問題；② stack: 垂直堆疊放置（堆疊直條圖）；③ dodge: 水平抖動放置（簇狀直條圖，position= position_dodge()）；④ fill：百分比化（垂直堆疊放置，如百分比堆疊面積圖、百分比堆疊直條圖等）。

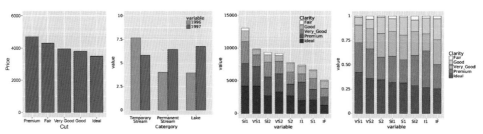

(a) 單資料數列直條圖　(b) 多資料數列直條圖　(c) 堆疊直條圖　(d) 百分比堆疊直條圖

▲ 圖 4-1-2　排序調整後的直條圖系列

4.1.1 單資料數列直條圖

圖 4-1-1(a) 和圖 4-1-2(a) 分別對應排序調整前和調整後的單資料數列直條圖。如前面所説，資料類型大致可以分為：類型、序數型和數值型。直條圖的 X 軸變數一般為類型和序數型，Y 軸變數為數值型。對於 X 軸變數為序數型的情況，直接按順序繪製直條圖，圖 4-1-1(a) 的 X 軸為 Fair、Good、Very Good、Premium 和 Ideal（一般、好、非常好、超級好、完美）的順序。最常見的序數類型資料還包含時序資料，如年、月（"January"、"February"、"March"、"April"、"May"、"June"、"July"、"August"、"September"、"October"、"November"、"December"）、日期等。

但是，如果 X 軸變數為類別類型資料，則一般推薦先對資料進行降冪處理，再展示圖表，如圖 4-1-2(a) 所示（假設圖 4-1-2(a) 的 X 軸變數為類型）。這樣，更加方便觀察資料規律，確定某個類別對應的數值在整個資料範圍的位置。

對於 X 軸變數為類型的資料，在使用 plotnine 套件的函數繪圖時，會預設把 X 軸類別按照字母順序繪製柱形，如圖 4-1-1(a) 所示。這是因為繪圖不是根據 X 軸變數的分類資料順序排列展示的，而是根據分類資料的類別（categories）按順序展示。分類資料封包含串列和類別（categories）兩個部分，例如：

```
Cut=pd.Categorical(["Fair","Good","Very Good","Premium","Ideal"])
```

最後的輸出結果 Cut 為：串列部分 [Premium, Fair, Very Good, Good, Ideal]；類別部分 [Fair, Good, Ideal, Premium, Very Good]，其中類別部分會根據字母順序自動排序。

需要注意，只排序資料框，而不改變 X 軸分類資料的類別（categories），並不會改變直條圖的繪製順序。Python 的 dataframe.sort_values() 函數可以對資料框（data.frame）根據某列資料排序，實際敘述如下：

```
Sort_data=mydata.sort_values(by='Price', ascending=False)
```

透過上述敘述可以獲得圖 4-1-3(b) 所示的新表格，雖然對表格資料重新排序，但是並沒有改變分類資料的類別（categories）。我們在使用 geom_bar() 函數繪製時，還是根據類別的原有順序繪製的直條圖，如圖 4-1-1(a) 所示。

在 plotnine 套件中，要實現 X 軸變數的降冪展示（見圖 4-1-2(a)），需要透過控制並改變分類資料的類別實現。我們一定要先對表格或分類資料排序後，再改變其類別，才會使 X 軸的類別順序根據 Y 軸變數的數值降冪展示，實際敘述如下：

```
Sort_data['Cut']=pd.Categorical(Sort_data['Cut'], categories=Sort_data['Cut'] ,
ordered=True)
```

其中，Sort_data['Cut'].values.categories 為 Index(['Premium', 'Fair', 'Very Good', 'Good', 'Ideal'], dtype='object', name='Cut')；Sort_data['Cut'].values.codes 為 array([0, 1, 2, 3, 4], dtype=int8)。在這裡，Sort_data['Cut'] 中原來的 categories 為 [Fair, Good, Ideal, Premium, Very Good]，而使用上面的敘述處理後，新的 categories 為 [Premium < Fair < Very Good < Good < Ideal]，繪製圖表時會根據 Sort_data['Cut'] 中水平（level）的順序繪製柱形資料數列，如圖 4-1-2(a) 所示。

Index	Cut	Price
0	Fair	4300
1	Good	3800
2	Very Good	3950
3	Premium	4700
4	Ideal	3500

Index	Cut	Price
3	Premium	4700
0	Fair	4300
2	Very Good	3950
1	Good	3800
4	Ideal	3500

(a) 匯入 Python 的原始資料　　　　　　(b) 直接進行排序後的表格

▲ 圖 4-1-3 Python 中原始資料的展示

技能 繪製單資料數列直條圖

plotnine 套件提供了繪製直條圖系列圖表的函數：geom_bar()。其中 stat 和 position 的參數都為 identity，width 控制柱形的寬度，範圍為 (0, 1)。直條圖中最重要的美學參數就是柱形的寬度。圖 4-1-2(a) 單資料數列直條圖的實現程式如下所示。

```
01   import pandas as pd
02   from plotnine import *
03   mydata=pd.DataFrame({'Cut':["Fair","Good","Very Good","Premium","Ideal"],
     'Price':[4300,3800,3950,4700,3500]})
04   Sort_data=mydata.sort_values(by='Price', ascending=False)
05   Sort_data['Cut']=pd.Categorical(Sort_data['Cut'],ordered=True,
     categories=Sort_data['Cut'])
06   base_plot=(ggplot(Sort_data,aes('Cut','Price'))
07   +geom_bar(stat = "identity", width = 0.8,colour="black",size=0.25,fill=
     "#FC4E07",alpha=1))
08   print(base_plot)
```

使用 matplotlib 套件繪製直條圖時，會直接按照表格中的資料數列順序繪製，並不涉及分類資料的類別（categories）的處理，其實際程式如下所示。

```
01   import pandas as pd
02   import matplotlib.pyplot as plt
03   mydata=pd.DataFrame({'Cut':["Fair","Good","Very Good","Premium","Ideal"],
     'Price':[4300,3800,3950,4700,3500]})
04   Sort_data=mydata.sort_values(by='Price', ascending=False)
05   fig=plt.figure(figsize=(6,7),dpi=70)
06   plt.bar(Sort_data['Cut'], Sort_data['Price'],width=0.6,align="center",
     label="Cut")
07   plt.show()
```

由於 plotnine 套件不能實現極座標系，所以 matplotlib 套件的直條圖繪製方法還是需要掌握的，在後面說明極座標系下的直條圖系列圖表的繪製時需要使用。

4.1.2 多資料數列直條圖

對於圖 4-1-1(b) 和圖 4-1-2(b) 所示的多資料數列直條圖,圖表繪製的關鍵在於將原始資料的二維度資料表(見圖 4-1-4(a))轉換成一維度資料表(見圖 4-1-4(b))。對於多資料數列直條圖,最好先將表格根據第 1 個資料數列的數值進行降冪處理,再進行展示。在圖 4-1-4(b) 中,根據資料第 1 個系列 "1996" 降冪展示表格,所以要使用 sort_values() 函數和 melt() 函數處理表格。

Index	Catergory	1996	1997
0	Temporary Stream	7.67	5.84
1	Permanent Stream	4.02	6.45
2	Lake	3.95	6.76

Index	Catergory	variable	value
0	Temporary Stream	1996	7.67
1	Permanent Stream	1996	4.02
2	Lake	1996	3.95
3	Temporary Stream	1997	5.84
4	Permanent Stream	1997	6.45
5	Lake	1997	6.76

(a) 原始二維度資料表　　　　　　(b) 資料處理後的二維度資料表

▲ 圖 4-1-4　表格類型的轉換

技能 繪製多資料數列直條圖

plotnine 套件提供了繪製直條圖系列的函數 geom_bar(),其中 width 控制柱形的寬度;position 設定為 'dodge',表示柱形並排展示;也可以透過設定 position_dodge(width =0.7),改變兩個資料數列的間隔。圖 4-1-2(b) 多資料數列直條圖的實作程式如下所示。

```
01   df=pd.read_csv('MultiColumn_Data.csv')
02   df=df.sort_values(by='1996', ascending=False)
03   mydata=pd.melt(df, id_vars='Catergory')
04   mydata['Catergory']=pd.Categorical(mydata['Catergory'],ordered=True,
     categories=df['Catergory'])
05   base_plot=(ggplot(mydata,aes(x='Catergory',y='value',fill='variable'))
```

```
06   +geom_bar(stat="identity", color="black", position='dodge',width=0.7,
     size=0.25)
07   +scale_fill_manual(values=["#00AFBB", "#FC4E07", "#E7B800"]))
08   print(base_plot)
```

在 matplotlib 套件中可以使用 plt.bar() 函數繪製多資料數列直條圖。相比
plotnine 需要使用一維度資料表資料繪製圖表，matplotlib 則需要使用二維
度資料表資料繪製圖表，所以需要依次使用 plt.bar() 函數繪製多個資料數
列的柱形。由於 matplotlib 的二維圖表使用數值型座標軸，所以需要先根
據數值型座標軸設定每個資料數列的位置，然後使用 plt.xticks() 函數將數
值型座標軸的標籤取代成類別文字型，進一步建置類型座標軸。因此，在
繪製多資料數列直條圖時，matplotlib 的語法就顯得比 plotnine 容錯很多，
實作程式如下所示。

```
01   df=pd.read_csv('MultiColumn_Data.csv')
02   df=df.sort_values(by='1996', ascending=False)
03   x_label=np.array(df["Catergory"])
04   x=np.arange(len(x_label))
05   y1=np.array(df["1996"])
06   y2=np.array(df["1997"])
07   fig=plt.figure(figsize=(5,5))
08   # 調整 y1 軸位置、顏色，label 為圖例名稱，與下方 legend 結合使用
09   plt.bar(x,y1,width=0.3,color='#00AFBB',label='1996',edgecolor='k',
     linewidth=0.25)
10   # 調整 y2 軸位置、顏色，label 為圖例名稱，與下方 legend 結合使用
11   plt.bar(x+0.3,y2,width=0.3,color='#FC4E07',label='1997',edgecolor='k',
     linewidth=0.25)
12   plt.xticks(x+0.15,x_label,size=12)        # 設定 X 軸刻度、位置、大小
13   # 顯示圖例，loc 設定圖例顯示位置（可以用座標方法顯示），ncol 設定圖例顯示幾列
     （預設為 1 列），frameon 設定圖形邊框
14   plt.legend(loc=(1,0.5),ncol=1,frameon=False)
```

4.1.3 堆疊直條圖

堆疊直條圖顯示單一專案與整體之間的關係,它比較各個類別的每個數值所佔總數值的大小。堆疊直條圖以二維垂直堆疊矩形顯示數值。在圖 4-1-2(c) 中,要注意以下三點:

(1) 直條圖的 X 軸變數一般為類型,Y 軸變數為數值型。所以要先求和獲得每個類別的總和數值,然後對資料進行降冪處理。

(2) 如果圖例的變數屬於序數型,如 Fair、Good、Very Good、Premium 和 Ideal(一般、好、非常好、超級好、完美)屬於有序型,則需要按順序顯示圖例。

(3) 如果圖例的變數屬於無序型,則最好根據其平均值排序,使數值最大的類別放置在最下面,最接近 X 軸,這樣很容易觀察每個堆疊柱形內部的變數比例。

技能 繪製堆疊直條圖

將 plotnine 中的直條圖系列圖表繪製函數 geom_bar() 的參數 position 設定為 "stack",就可以繪製堆疊直條圖。圖 4-1-2(c) 堆疊直條圖的實作程式如下所示。

```
01   df=pd.read_csv('StackedColumn_Data.csv')
02   Sum_df=df.iloc[:,1:].apply(lambda x: x.sum(), axis=0).sort_values
     (ascending=False)
03   meanRow_df=df.iloc[:,1:].apply(lambda x: x.mean(), axis=1)
04   Sing_df=df['Clarity'][meanRow_df.sort_values(ascending=True).index]
05   mydata=pd.melt(df,id_vars='Clarity')
06   mydata['variable']=mydata['variable'].astype(CategoricalDtype
     (categories= Sum_df.index,ordered=True))
07   mydata['Clarity']=mydata['Clarity'].astype(CategoricalDtype (categories=
     Sing_df,ordered=True))
08   base_plot=(ggplot(mydata,aes(x='variable',y='value',fill='Clarity'))
```

```
09    +geom_bar(stat="identity", color="black", position='stack',width=0.7,
      size=0.25)
10    +scale_fill_brewer(palette="YlOrRd"))
11    print(base_plot)
```

在 matplotlib 中可以使用 plt.bar() 函數繪製堆疊直條圖。在繪製堆疊直條圖時，matplotlib 的語法依舊顯得比 plotnine 容錯很多，需要依次使用 plt.bar() 函數繪製每個資料數列，而且需要設定 bottom 參數（前幾個資料數列的累加數值），語法極其麻煩，實際程式如下所示。

```
01    df=pd.read_csv('StackedColumn_Data.csv')
02    df=df.set_index("Clarity")
03    Sum_df=df.apply(lambda x: x.sum(), axis=0).sort_values(ascending=False)
04    df=df.loc[:,Sum_df.index]
05    meanRow_df=df.apply(lambda x: x.mean(), axis=1)
06    Sing_df=meanRow_df.sort_values(ascending=False).index
07    n_row,n_col=df.shape
08    x_value=np.arange(n_col)
09    cmap=cm.get_cmap('YlOrRd_r',n_row)
10    color=[colors.rgb2hex(cmap(i)[:3]) for i in range(cmap.N)]
11    bottom_y=np.zeros(n_col)
12    fig=plt.figure(figsize=(5,5))
13    for i in range(n_row):
14        label=Sing_df[i]
15        plt.bar(x_value,df.loc[label,:],bottom=bottom_y,width=0.5,
          color=color[i],label=label,edgecolor='k', linewidth=0.25)
16        bottom_y=bottom_y+df.loc[label,:].values
17    plt.xticks(x_value,df.columns,size=10)    # 設定 X 軸刻度
18    plt.legend(loc=(1,0.3),ncol=1,frameon=False)
```

4.1.4 百分比堆疊直條圖

百分比堆疊直條圖和三維百分比堆疊直條圖表達相同的圖表資訊。這些類型的直條圖比較各個類別的每一個數值所佔總數值的百分比大小。百分比

堆疊直條圖以二維垂直百分比堆疊矩形顯示數值。在圖 4-1-2(d) 中，要注意以下三點：

（1）直條圖的 X 軸變數一般為類型，Y 軸變數為數值型。所以要先求出重點想展示類別的百分比（如 Ideal 資料數列，一般推薦為百分比最大的資料數列），然後對資料進行降冪處理。

（2）如果圖例的變數屬於序數型，如 Fair、Good、Very Good、Premium 和 Ideal（一般、好、非常好、超級好、完美）即為有序型，則需要按順序顯示圖例。

（3）如果圖例的變數屬於無序型，則最好根據其平均百分比排序，使百分比最大的類別放置在最下面，最接近 X 軸，這樣很容易觀察每個類別間的變數百分比變化。

技能 繪製百分比堆疊直條圖

將 plotnine 套件中的直條圖系列圖表繪製函數 geom_bar() 的參數 position 設定為 "fill"，就可以繪製百分比堆疊直條圖。圖 4-1-2(d) 百分比堆疊直條圖的實作程式如下所示。

```
01    df=pd.read_csv('StackedColumn_Data.csv')
02    SumCol_df=df.iloc[:,1:].apply(lambda x: x.sum(), axis=0)
03    df.iloc[:,1:]=df.iloc[:,1:].apply(lambda x: x/SumCol_df, axis=1)
04    meanRow_df=df.iloc[:,1:].apply(lambda x: x.mean(), axis=1)
05    Per_df=df.iloc[meanRow_df.idxmax(),1:].sort_values(ascending=False)
06    Sing_df=df['Clarity'][meanRow_df.sort_values(ascending=True).index]
07    mydata=pd.melt(df,id_vars='Clarity')
08    mydata['Clarity']=mydata['Clarity'].astype(CategoricalDtype
      (categories=Sing_df,ordered=True))
09    mydata['variable']=mydata['variable'].astype(CategoricalDtype
      (categories= Per_df.index,ordered=True))
10    base_plot=(ggplot(mydata,aes(x='variable',y='value',fill='Clarity'))
11    +geom_bar(stat="identity", color="black", position='fill',width=0.7,
      size=0.25)
```

```
12    +scale_fill_brewer(palette="GnBu"))
13    print(base_plot)
```

在 matplotlib 套件中可以使用 plt.bar() 函數繪製百分比堆疊直條圖。在繪製百分比堆疊直條圖時，matplotlib 的語法依舊顯得比 plotnine 容錯很多，需要先計算多資料數列的資料，轉換成每個類別的百分比資料，然後依次使用 plt.bar() 函數繪製每個資料數列，而且需要設定 bottom 參數（前幾個資料數列的累加數值）。最後還需要設定 Y 軸的標籤格式為百分比形式，語法極其麻煩，實際程式如下所示。

```
01    df=pd.read_csv('StackedColumn_Data.csv')
02    df=df.set_index("Clarity")
03    SumCol_df=df.apply(lambda x: x.sum(), axis=0)
04    df=df.apply(lambda x: x/SumCol_df, axis=1)
05    meanRow_df=df.apply(lambda x: x.mean(), axis=1)
06    Per_df=df.loc[meanRow_df.idxmax(),:].sort_values(ascending=False)
07    Sing_df=meanRow_df.sort_values(ascending=False).index
08    df=df.loc[:,Per_df.index]
09    n_row,n_col=df.shape
10    x_value=np.arange(n_col)
11    cmap=cm.get_cmap('YlOrRd_r',n_row)
12    color=[colors.rgb2hex(cmap(i)[:3]) for i in range(cmap.N) ]
13    bottom_y=np.zeros(n_col)
14    fig=plt.figure(figsize=(5,5))
15    for i in range(n_row):
16        label=Sing_df[i]
17        plt.bar(x_value,df.loc[label,:],bottom=bottom_y,width=0.5,color=
          color[i],label=label,edgecolor='k', linewidth=0.25)
18        bottom_y=bottom_y+df.loc[label,:].values
19    plt.xticks(x_value,df.columns,size=10)    #設定 X 軸刻度
20    plt.gca().set_yticklabels(['{:.0f}%'.format(x*100) for x in plt.gca().
      get_yticks()])
21    plt.legend(loc=(1,0.3),ncol=1,frameon=False)
```

4.2　橫條圖系列

橫條圖與直條圖類似，幾乎可以表達一樣多的資料資訊。在橫條圖中，類型或序數型變數對映到縱軸的位置，數值型變數對映到矩形的寬度。橫條圖的柱形變為水平，進一步導致與直條圖相比，橫條圖更加強調專案之間的大小比較。尤其在專案名稱較長以及數量較多時，採用條形圖型視覺化資料會更加美觀、清晰，如圖 4-2-1 所示。

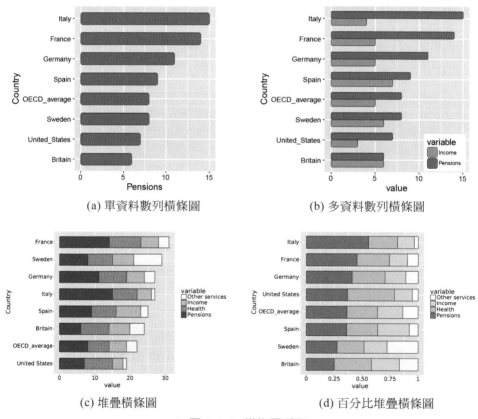

(a) 單資料數列橫條圖　　　　　(b) 多資料數列橫條圖

(c) 堆疊橫條圖　　　　　(d) 百分比堆疊橫條圖

▲ 圖 4-2-1　橫條圖系列

技能 繪製堆疊橫條圖

在用 plotnine 套件繪製的橫條圖中，*Y* 軸變數和圖例變數預設按照字母順序繪製，可以參照 4.1 節繪製直條圖系列的程式實現。只需要增加 plotnine 的 coord_flip() 敘述，就可以將 *X-Y* 軸旋轉，進一步將直條圖轉換成橫條圖，語法簡單而易操作。其中，圖 4-2-1(c) 堆疊橫條圖的程式如下所示。

```
01  df=pd.read_csv('Stackedbar_Data.csv')
02  Sum_df=df.iloc[:,1:].apply(lambda x: x.sum(), axis=0).sort_values
    (ascending=True)
03  meanRow_df=df.iloc[:,1:].apply(lambda x: x.mean(), axis=1)
04  Sing_df=df['Country'][meanRow_df.sort_values(ascending=True).index]
05  mydata=pd.melt(df,id_vars='Country')
06  mydata['variable']=mydata['variable'].astype(CategoricalDtype
    (categories= Sum_df.index,ordered=True))
07  mydata['Country']=mydata['Country'].astype(CategoricalDtype (categories=
    Sing_df,ordered=True))
08  base_plot=(ggplot(mydata,aes('Country','value',fill='variable'))+
09    geom_bar(stat="identity", color="black", position='stack',width=0.65,
      size=0.25)+
10    scale_fill_brewer(palette="YlOrRd")+
11    coord_flip()+
12    theme(axis_title=element_text(size=18,face="plain",color="black"),
13        axis_text=element_text(size=16,face="plain",color="black"),
14        legend_title=element_text(size=18,face="plain",color="black"),
15        legend_text=element_text(size=16,face="plain",color="black"),
16        legend_background  =element_blank(),
17        legend_position = 'right',
18      aspect_ratio =1.15,
19      figure_size = (6.5, 6.5),
20      dpi = 50))
21  print(base_plot)
```

用 matplotlib 套件繪製的橫條圖中，使用 plt.barh() 函數替代直條圖繪製函數 plt.bar()，其他語法與直條圖的繪製基本一致，只是 *X* 軸變成數值型座標，而 *Y* 軸變成類型座標。

4.3 不等寬直條圖

有時，我們需要在直條圖中同時表達兩個維度的資料，除了每個柱形的高度表達了某個物件的數值大小（Y軸垂直座標），還希望柱形的寬度也能表達該物件的另外一個數值大小（X軸水平座標），以便直觀地比較這兩個維度。這時可以使用不等寬直條圖（variable width column chart）來展示資料，如圖 4-3-1 所示。不等寬直條圖是正常直條圖的一種變化形式，它用柱形的高度反映一個數值的大小，同時用柱形的寬度反映另一個數值的大小，多用在市場調查研究、維度分析等方面。

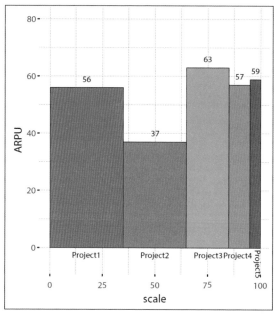

▲ 圖 4-3-1　不等寬直條圖

技能 繪製不等寬直條圖

plotnine 套件提供了繪製矩形的函數：geom_rect()。geom_rect() 函數可以根據右下角座標 (xmin, ymin) 和左上角座標 (xmax, ymax) 繪製矩形，矩形

的寬度（width）為 xmax ～ xmin 對應 *X* 軸變數的數值大小，矩形的高度
（height）為 ymax ～ ymin 對應 *Y* 軸變數的數值大小。圖 4-3-1 不等寬直條
圖的實作程式如下所示。

```
01   import pandas as pd
02   import numpy as np
03   from plotnine import *
04   mydata=pd.DataFrame(dict(Name=['A','B','C','D','E'], Scale=[35,30,20,10,5],
     ARPU=[56,37,63,57,59]))
05
06   # 建置矩形 X 軸的起點（最小點）
07   mydata['xmin']=0
08   for i in range(1,5):
09       mydata['xmin'][i]=np.sum(mydata['Scale'][0:i])
10
11   # 建置矩形 X 軸的終點（最大點）
12   mydata['xmax']=0
13   for i in range(0,5):
14       mydata['xmax'][i]=np.sum(mydata['Scale'][0:i+1])
15
16   mydata['label']=0
17   for i in range(0,5):
18       mydata['label'][i]=np.sum(mydata['Scale'][0:i+1])-mydata['Scale']
         [i]/2
19
20   base_plot=(ggplot(mydata)+
21     geom_rect(aes(xmin='xmin',xmax='xmax',ymin=0,ymax='ARPU',fill='Name'),
       colour="black",size=0.25)+
22     geom_text(aes(x='label',y='ARPU+3',label='ARPU'),size=14,color=
       "black")+
23     geom_text(aes(x='label',y=-4,label='Name'),size=14,color="black")+
24     scale_fill_hue(s = 0.90, l = 0.65, h=0.0417,color_space='husl'))
25   print(base_plot)
```

4.4　克里夫蘭點圖

圖 4-4-1 所示的 3 種不同類型的圖表，在本質上都可以看成是克里夫蘭點圖，所以此處就歸納為同一種別。

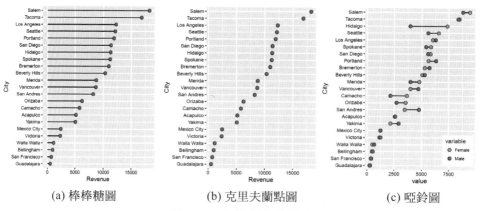

(a) 棒棒糖圖　　　　　(b) 克里夫蘭點圖　　　　　(c) 啞鈴圖

▲ 圖 4-4-1 克里夫蘭點圖系列

棒棒糖圖（lollipop chart）：棒棒糖圖傳達了與直條圖或橫條圖相同的資訊，只是將矩形轉變成線條，這樣可以減少展示空間，重點放在資料點上，進一步看起來更加簡潔與美觀。相對於直條圖與橫條圖，棒棒糖圖更加適合資料量比較多的情況。圖 4-4-1(a) 為水平棒棒糖圖，對應橫條圖；而如果是垂直棒棒糖圖，則對應於直條圖。

克里夫蘭點圖（Cleveland's dot plot）：也就是我們常用的滑珠散點圖，非常類似棒棒糖圖，只是沒有連接的線條，重點強調資料的排序展示以及互相之間的差距，如圖 4-4-1(b) 所示。克里夫蘭點圖一般都是水平展示，所以 Y 軸變數一般為類型變數。

啞鈴圖（dumbbell plot）：可以看作多資料數列的克里夫蘭點圖，只是使用直線連接了兩個資料數列的資料點。啞鈴圖主要用於：①展示在同一時間段兩個資料點的相對位置（增加或減少）；②比較兩個類別之間的資料值差別。如圖 4-4-1(c) 所示，展示了男性（male）和女性（female）兩個類別的數值差別，以女性（female）資料數列的數值排序顯示。

技能 繪製棒棒糖圖

plotnine 套件提供了散點繪製函數 geom_point() 及連接線函數 geom_ segment()。其中，geom_ segment() 函數根據起點座標 (*x, y*) 和終點座標 (xend, yend) 繪製兩者之間的連接線。棒棒糖圖的連接線為平行於 *X* 軸水平繪製，其長度（length）對應於 *X* 軸變數的數值。圖 4-4-1(a) 棒棒糖圖的實作程式如下所示。圖 4-4-1(b) 克里夫蘭點圖就是在棒棒糖圖的基礎上只保留散點。

```
01   df=pd.read_csv('DotPlots_Data.csv')
02   df['sum']=df.iloc[:,1:3].apply(np.sum,axis=1)
03   df=df.sort_values(by='sum', ascending=True)
04   df['City']=df['City'].astype(CategoricalDtype (categories=
     df['City'],ordered=True))
05
06   base_plot=(ggplot(df, aes('sum', 'City')) +
07     geom_segment(aes(x=0, xend='sum',y='City',yend='City'))+
08     geom_point(shape='o',size=3,colour="black",fill="#FC4E07"))
09   print(base_plot)
```

技能 繪製啞鈴圖

plotnine 套件提供了散點繪製函數 geom_point() 及連接線函數 geom_ segment()。其中，geom_ segment() 的起點和終點分別對應資料數列 1 資料點 P(x,y) 和資料數列 2 資料點 Q(x,y)。圖 4-4-1(c) 所示啞鈴圖的實現程式如下所示。

```
01   df=pd.read_csv('DotPlots_Data.csv')
02   df=df.sort_values(by='Female', ascending=True)
03   df['City']=df['City'].astype(CategoricalDtype (categories=
     df['City'],ordered=True))
```

```
04    mydata=pd.melt(df,id_vars='City')
05
06    base_plot=(ggplot(mydata, aes('value','City',fill='variable')) +
07      geom_line(aes(group = 'City')) +
08       geom_point(shape='o',size=3,colour="black")+
09      scale_fill_manual(values=("#00AFBB", "#FC4E07","#36BED9")))
10    print(base_plot)
```

4.5 坡度圖

坡度圖（slope chart）可以看作一種多資料數列的聚合線圖，可以極佳地用
於比較在兩個不同時間或兩個不同實驗條件下，某些類別變數的資料變化
關係。

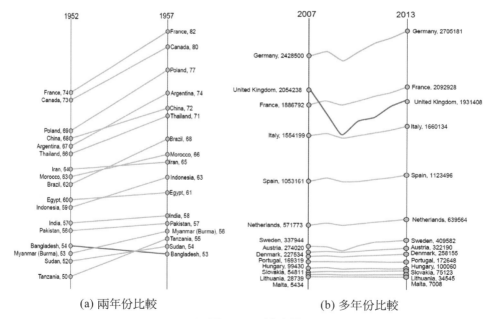

(a) 兩年份比較　　　　　　　　　(b) 多年份比較

▲ 圖 4-5-1　坡度圖

圖 4-5-1(a) 展示了 1952 年和 1957 年兩年的資料變化，直接使用直線連接這兩個年份不同國家或地區的資料點，同時用綠色和紅色標記增長和減少的資料，這樣可以很清晰地比較不同國家或地區的數值變化情況。

圖 4-5-1(b) 展示了 2007 年到 2013 年總共 7 年的變化資料，使用曲線將每個國家或地區 7 年的資料連接，但是重點展示第一年（2007）和最後一年（2013）的資料點，同時用綠色和紅色標記增長和減少的資料，這樣可以很清晰地比較不同國家或地區的數值變化情況。

技能 繪製坡度圖

plotnine 套件提供了 geom_segment() 函數，可以繪製兩點之間的直線，geom_point() 函數可以繪製兩根直線上的資料點。圖 4-5-1(a) 所示圖表的實作程式如下所示。

```
01   import pandas as pd
02   from plotnine import *
03   df=pd.read_csv('Slopecharts_Data1.csv')
04   left_label=df.apply(lambda x: x['Contry']+','+ str(x['1970']),axis=1)
05   right_label=df.apply(lambda x: x['Contry']+','+ str(x['1979']),axis=1)
06   df['class']=df.apply(lambda x: "red" if x['1979']-x['1970']<0 else
     "green",axis=1)
07
08   base_plot=(ggplot(df) +
09     geom_segment(aes(x=1, xend=2, y='1970', yend='1979', color='class'),
       size=.75, show_legend=False) + #連接線
10     geom_vline(xintercept=1, linetype="solid", size=.1) + #1952 年的垂直直線
11     geom_vline(xintercept=2, linetype="solid", size=.1) + #1957 年的垂直直線
12     geom_point(aes(x=1, y='1970'), size=3,shape='o',fill="grey",color=
       "black") + # 1952 年的資料點
13     geom_point(aes(x=2, y='1979'), size=3,shape='o',fill="grey",color=
       "black") + # 1957 年的資料點
14     scale_color_manual(labels=("Up", "Down"), values=("#A6D854","#FC4E07"))+
15     xlim(.5, 2.5) )
```

```
16    # 增加文字資訊
17    base_plot=( base_plot + geom_text(label=left_label, y=df['1970'], x=0.95,
      size=10,ha='right')
18    + geom_text(label=right_label, y=df['1979'], x=2.05, size=10,ha='left')
19    + geom_text(label="1970", x=1, y=1.02*(np.max(np.max(df[['1970',
      '1979']])))), size=12)
20    + geom_text(label="1979", x=2, y=1.02*(np.max(np.max(df[['1970',
      '1979']])))), size=12)
21    +theme_void())
22    print(base_plot)
```

圖 4-5-1(b) 與圖 4-5-1(a) 所示圖表的程式的主要區別有兩個：①先把讀取的資料框 df，使用 melt() 函數根據 "continent" 列融合，再計算左標籤（left_label）、右標籤（right_label）和類別（class）；②兩點之間的多個數據點使用 geom_line() 函數實現聚合線連接。圖 4-5-1(b) 所示圖表的實作程式如下所示。

```
01    df=pd.read_csv('Slopecharts_Data2.csv')
02    df['group']=df.apply(lambda x: "green" if x['2007']>x['2013'] else
      "red",axis=1)
03    df2=pd.melt(df, id_vars=["continent",'group'])
04    df2.value=df2.value.astype(int)
05    df2.variable=df2.variable.astype(int)
06    left_label =df2.apply(lambda x:  x['continent']+','+ str(x['value']) if
      x['variable']==2007 else "",axis=1)
07    right_label=df2.apply(lambda x:  x['continent']+','+ str(x['value']) if
      x['variable']==2013 else "",axis=1)
08    left_point=df2.apply(lambda x: x['value'] if x['variable']==2007 else
      np.nan,axis=1)
09    right_point=df2.apply(lambda x: x['value'] if x['variable']==2013 else
      np.nan,axis=1)
10
11    base_plot=( ggplot(df2) +
12      geom_line(aes(x='variable', y='value',group='continent',
      color='group'),size=.75) +
```

```
13    geom_vline(xintercept=2007, linetype="solid", size=.1) +
14    geom_vline(xintercept=2013, linetype="solid", size=.1) +
15    geom_point(aes(x='variable', y=left_point), size=3,shape='o',fill=
      "grey",color="black") +
16    geom_point(aes(x='variable', y=right_point), size=3,shape='o',fill=
      "grey",color="black") +
17    scale_color_manual(labels = ("Up", "Down"), values = ("#FC4E07",
      "#A6D854")) +
18    xlim(2001, 2018) )
19
20    base_plot=( base_plot + geom_text(label=left_label, y=df2['value'],
      x=2007,  size=9,ha='right')
21    + geom_text(label=right_label, y=df2['value'], x=2013, size=9,ha='left')
22    + geom_text(label="2007", x=2007, y=1.05*(np.max(df2.value)),  size=12)
23    + geom_text(label="2013", x=2013, y=1.05*(np.max(df2.value)),  size=12)
24    +theme_void())
25    print(base_plot)
```

4.6 南丁格爾玫瑰圖

南丁格爾玫瑰圖（Nightingale rose chart，coxcomb chart，polar area diagram）即極座標直條圖，是一種圓形的直條圖。由弗羅倫斯·南丁格爾所發明。普通直條圖的座標系是直角座標系，而極座標直條圖的座標系是極座標系。南丁格爾玫瑰圖是在極座標下繪製的直條圖，使用圓弧的半徑長短表示資料的大小（數量的多少）。每個資料類別或間隔在徑向圖上劃分為相等分段，每個分段從中心延伸多遠（與其所代表的數值成正比）取決於極座標軸值。因此，從極座標中心延伸出來的每一環可以當作尺規使用，用來表示分段大小並代表較高的數值，如圖 4-6-1 所示。

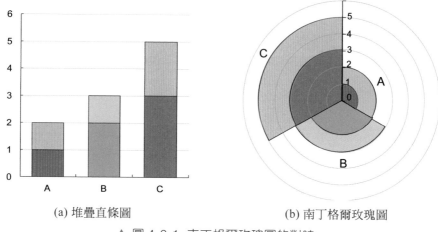

(a) 堆疊直條圖   (b) 南丁格爾玫瑰圖

▲ 圖 4-6-1　南丁格爾玫瑰圖的對映

（1）由於半徑和面積的關係是平方的關係，南丁格爾玫瑰圖會將資料的比例大小放大，所以適合比較大小相近的數值。

（2）由於圓形有週期的特性，所以南丁格爾玫瑰圖特別適用於 X 軸變數是環狀週期型序數的情況，例如月份、星期、日期等，這些都是具有週期性的序數類型資料。

（3）南丁格爾玫瑰圖是將資料以圓形排列展示的，而直條圖是將資料水平排列展示的。所以在資料量比較多時，使用南丁格爾玫瑰圖更能節省繪圖空間。

南丁格爾玫瑰圖的主要缺點在於面積較大的週邊部分會更加引人注目，這與數值的增量成反比。

技能　繪製南丁格爾玫瑰圖系列

單資料數列：plotnine 暫不支援極座標系的繪製，所以只能使用 matplotlib。當 ax = fig.add_ axes(polar=True) 時，就可以把圖表從二維直角座標系轉換成極座標系。但是由於 matplotlib 預設的極座標系的 X 軸起始位置、Y 軸標籤位置等不符合正常視覺習慣，所以需要使用 ax.set_theta_ offset(radian)、ax.set_theta_direction(-1)、ax.set_rlabel_position(angle)，其中 radian、angle 分別表示弧度制（0~2π）和角度制（0°~360°）下的數值。然後使用 plt.bar() 函數實現柱形的繪製，最後還需要使用 plt.xticks() 函數調整座標軸的標籤。圖 4-6-2(b) 的 X 軸座標為時間序列型，所以是根據 X 軸時間順序展示資料的，其實作程式如下所示。

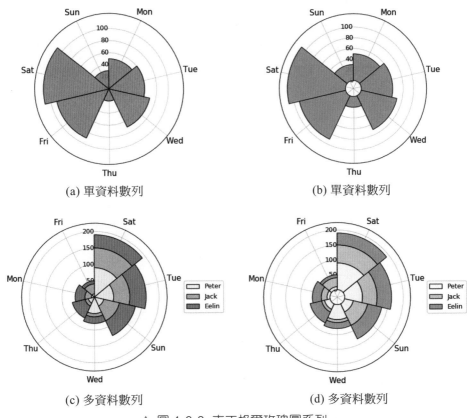

(a) 單資料數列　　　　　　　　　(b) 單資料數列

(c) 多資料數列　　　　　　　　　(d) 多資料數列

▲ 圖 4-6-2　南丁格爾玫瑰圖系列

```
01    import numpy as np
02    from matplotlib import cm,colors
03    from matplotlib import pyplot as plt
04    from matplotlib.pyplot import figure, show, rc
```

```
05    import pandas as pd
06    plt.rcParams["patch.force_edgecolor"] = True
07    plt.rc('axes',axisbelow=True)
08    mydata=pd.DataFrame(dict(day=["Mon","Tue","Wed","Thu","Fri","Sat","Sun"],
      Price=[50, 60, 70, 20,90,110,30]))
09    n_row= mydata.shape[0]
10    angle = np.arange(0,2*np.pi,2*np.pi/n_row)
11    radius = np.array(mydata.Price)
12    fig = figure(figsize=(4,4),dpi =90)
13    ax = fig.add_axes([0.1, 0.1, 0.8, 0.8], polar=True)
      # 極座標橫條圖，polar 為 True
14    ax.set_theta_offset(np.pi/2-np.pi/n_row)
      # 方法用於設定角度偏離，參數值為弧度數值
15    # 當 set_theta_direction 的參數值為 1、'counterclockwise' 或 'anticlockwise'
      時，正方向為逆時針
16    # 當 set_theta_direction 的參數值為 -1 或 'clockwise' 時，正方向為順時針
17    ax.set_theta_direction(-1)
18    ax.set_rlabel_position(360-180/n_row)    # 方法用於設定極徑標籤顯示位置，
      參數為標籤所要顯示在的角度數值
19    plt.bar(angle,radius, color='#70A6FF',edgecolor="k",width=0.90,alpha=0.9)
20    plt.xticks(angle,labels=mydata.day)       #X 軸座標軸標籤
21    plt.ylim(-15,125)
22    plt.yticks(np.arange(0,120,20),verticalalignment='center',
      horizontalalignment='right')
23    plt.grid(which='major',axis ="x", linestyle='-', linewidth='0.5',
      color='gray',alpha=0.5)
24    plt.grid(which='major',axis ="y", linestyle='-', linewidth='0.5',
      color='gray',alpha=0.5)
25    plt.show()
```

多資料數列：圖 4-6-2(c) 多資料數列南丁格爾玫瑰圖的 X 軸座標（實際上是時間序列型變數）可以看作類型變數，所以需要根據 Y 軸數值排序後展示資料，這個原理與堆疊直條圖類似。根據處理後的資料繪製極座標系下

的堆疊直條圖後，實際程式如下所示。

```
01   mydata=pd.DataFrame(dict(day=["Mon","Tue","Wed","Thu","Fri","Sat","Sun"],
02                   Peter=[10, 60, 50, 20,10,90,30], Jack=[20,50, 10,
                     10,30,60,50], Eelin=[30, 50, 20, 40,10,40,50]))
03   mydata['sum']=mydata.iloc[:,1:4].apply(np.sum,axis=1)
04   mydata=mydata.sort_values(by='sum', ascending=False)
05   n_row = mydata.shape[0]
06   n_col = mydata.shape[1]
07   angle = np.arange(0,2*np.pi,2*np.pi/n_row)
08   # 繪製的資料
09   radius1 = np.array(mydata.Peter)
10   radius2 = np.array(mydata.Jack)
11   radius3 = np.array(mydata.Eelin)
12   cmap=cm.get_cmap('Reds',n_col)    # 取得顏色主題 Reds 的 Hex 顏色編碼
13   color=[colors.rgb2hex(cmap(i)[:3]) for i in range(cmap.N) ]
14   fig = figure(figsize=(4,4),dpi=90) # 極座標橫條圖，polar 為 True
15   ax = fig.add_axes([0.1, 0.1, 0.8, 0.8], polar=True)
16   ax.set_theta_offset(np.pi/2-np.pi/n_row)
     # 方法用於設定角度偏離，參數值為弧度值數值
17   ax.set_theta_direction(-1)
18   ax.set_rlabel_position(360-180/n_row)
     # 方法用於設定極徑標籤顯示位置，參數為標籤所要顯示的角度
19   p1 = plt.bar(angle,radius1, color=color[0],edgecolor="k",width=0.90,
     alpha=0.9,label="Peter")
20   p2 = plt.bar(angle,radius2, color=color[1],edgecolor="k",width=0.90,
     bottom=radius1,alpha=0.9, label="Jack")
21   p3 = plt.bar(angle,radius3, color=color[2],edgecolor="k",width=0.90,
     bottom=radius1+radius2,alpha=0.9,
     label="Eelin")
22   plt.legend(loc="center",bbox_to_anchor=(1.25, 0, 0, 1))
23   plt.ylim(0,225)
24   plt.xticks(angle,labels=mydata.day)
```

```
25  plt.yticks(np.arange(0,201,50),verticalalignment='center',
    horizontalalignment='right')
26  plt.grid(which='major',axis ="x", linestyle='-', linewidth='0.5',
    color='gray',alpha=0.5)
27  plt.grid(which='major',axis ="y", linestyle='-', linewidth='0.5',
    color='gray',alpha=0.5)
```

4.7 徑向柱圖

徑向柱圖也稱為圓形柱圖或星圖。這種圖表使用同心圓網格來繪製橫條圖，如圖 4-7-1 所示。每個圓圈表示一個數值刻度，而徑向分隔線（從中心延伸出來的線）則用於區分不同類別或間隔（如果是長條圖）。刻度上較低的數值通常由中心點開始，然後數值會隨著每個圓形往外增加，但也可以把任何外圓設為零值，這樣裡面的內圓就可用來顯示負值。條形通常從中心點開始向外延伸，但也可以以別處為起點，顯示數值範圍（如跨度圖）。此外，條形也可以如堆疊式橫條圖般堆疊起來（見圖 4-7-2）。

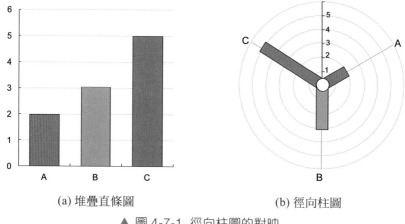

(a) 堆疊直條圖   (b) 徑向柱圖

▲ 圖 4-7-1 徑向柱圖的對映

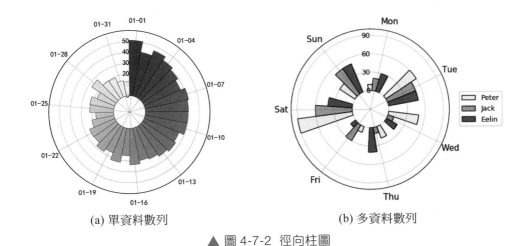

(a) 單資料數列　　　　　　　　(b) 多資料數列

▲ 圖 4-7-2　徑向柱圖

技能 繪製徑向柱圖

徑向柱圖的繪製其實與用 matplotlib 繪製極座標直條圖的方法類似，也是將直角座標系轉換成極座標系，只是使 Y 軸座標不從 0 開始，關鍵的敘述在於設定 Y 軸的座標範圍 ylim(ymin, ymax)，ymin 和 ymax 分別表示 Y 軸的最小值和最大值。圖 4-7-2(b) 多資料數列的徑向柱圖就是將直角座標系下的多資料數列直條圖，轉換成極座標系，然後將 Y 軸設定從負值開始，實作程式如下所示。

```
01    import numpy as np
02    from matplotlib import cm,colors
03    from matplotlib import pyplot as plt
04    from matplotlib.pyplot import figure, show, rc
05    import pandas as pd
06    plt.rcParams["patch.force_edgecolor"] = True
07    mydata=pd.DataFrame(dict(day=["Mon","Tue","Wed","Thu","Fri","Sat","Sun"],
08                      Peter=[10, 60, 50, 20,10,90,30], Jack=[20,50, 10,
                        10,30,60,50], Eelin=[30, 50, 20, 40,10,40,50]))
09    n_row = mydata.shape[0]
10    n_col= mydata.shape[1]
```

```
11   angle = np.arange(0,2*np.pi,2*np.pi/n_row)
12   cmap=cm.get_cmap('Reds',n_col)
13   color=[colors.rgb2hex(cmap(i)[:3]) for i in range(cmap.N) ]
14   radius1 = np.array(mydata.Peter)
15   radius2 = np.array(mydata.Jack)
16   radius3 = np.array(mydata.Eelin)
17   fig = figure(figsize=(4,4),dpi =90)
18   ax = fig.add_axes([0.1, 0.1, 0.8, 0.8], polar=True)
     # 方法用於設定角度偏離，參數值為弧度值數值
19   ax.set_theta_offset(np.pi/2)
20   ax.set_theta_direction(-1)
     # 方法用於設定極徑標籤顯示位置，參數為標籤所要顯示的角度
21
22   ax.set_rlabel_position(360)
23   barwidth1=0.2
24   barwidth2=0.2
25   plt.bar(angle,radius1,width=barwidth2, align="center",color=color[0],
     edgecolor="k",alpha=1,label="Peter")
26   plt.bar(angle+barwidth1,radius2,width=barwidth2,align="center",
     color=color[1],edgecolor="k",alpha=1,label = "Jack")
27   plt.bar(angle+barwidth1*2,radius3,width=barwidth2,align="center",
     color=color[2],edgecolor="k",alpha=
     1,label="Eelin")
28   plt.legend(loc="center",bbox_to_anchor=(1.2, 0, 0, 1))
29   plt.ylim(-30,100)
30   plt.xticks(angle+2*np.pi/n_row/4,labels=mydata.day)
31   plt.yticks(np.arange(0,101,30),verticalalignment='center',
     horizontalalignment='right')
32   plt.grid(which='major',axis ="x", linestyle='-', linewidth='0.5',
     color='gray',alpha=0.5)
33   plt.grid(which='major',axis ="y", linestyle='-', linewidth='0.5',
     color='gray',alpha=0.5)
```

極座標跨度圖：極座標跨度圖是一種常用的時間序列的波動範圍圖表，可以用於表示價格、溫度等隨時間的變化產生的波動，如圖 4-7-3 所示。

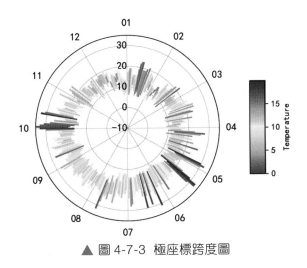

▲ 圖 4-7-3 極座標跨度圖

技能 繪製極座標跨度圖

極座標跨度圖其實是一種特殊的堆疊直條圖，只是將最底下的柱形填充設定為無──"none"，可以使用 plt.bar() 函數實現。其中柱形長度數值使用顏色漸層條的顏色對映，更加便於觀察資料規律。圖 4-7-3 極座標跨度圖的實作程式如下所示。

```
01    import numpy as np
02    from matplotlib import cm
03    from matplotlib import pyplot as plt
04    from matplotlib.pyplot import figure, show, rc
05    import pandas as pd
06    import matplotlib as mpl
07    df=pd.read_csv('PloarRange_Data.csv')
08    fig = figure(figsize=(5,5),dpi =90)
09    ax = fig.add_axes([0.1, 0.1, 0.6, 0.6], polar=True)
10    ax.set_theta_offset(np.pi / 2)
11    ax.set_theta_direction(-1)
12    ax.set_rlabel_position(0)
13    plt.xticks(np.arange(0,359,30)/180*np.pi,["%.2d" % i for i in
```

```
     np.arange(1,13,1)], color="black", size=12)
14   plt.ylim(-10,35)
15   plt.yticks(np.arange(-10,40,10),color="black", size=12,verticalalignment
     ='center',horizontalalignment='right')
16   plt.grid(which='major',axis ="x", linestyle='-', linewidth='0.5',
     color='gray',alpha=0.5)
17   plt.grid(which='major',axis ="y", linestyle='-', linewidth='0.5',
     color='gray',alpha=0.5)
18
19   N = df.shape[0]
20   x_angles = [n / float(N) * 2 * np.pi for n in range(N)]
21   upperlimits =(df['max.temperaturec']-df['min.temperaturec']).values
22   lowerlimits = df['min.temperaturec'].values
23   colors = cm.Spectral_r(upperlimits / float(max(upperlimits)))
24   ax.bar(x_angles,lowerlimits, color='none',edgecolor='none',width=0.01,
     alpha=1)
25   ax.bar(x_angles,upperlimits, color=colors,edgecolor='none',width=0.02,
     bottom=lowerlimits,alpha=1)
26   ax2 = fig.add_axes([0.8, 0.25, 0.05, 0.3])
27   cmap = mpl.cm.Spectral_r
28   norm = mpl.colors.Normalize(vmin=0, vmax=20)
29   bounds = np.arange(0,20,0.1)
30   norm = mpl.colors.BoundaryNorm(bounds, cmap.N)
31   cb2 = mpl.colorbar.ColorbarBase(ax2, cmap=cmap,norm=norm,boundaries=bounds,
32   ticks=np.arange(0,20,5),spacing='proportional',label='Temperature')
33   plt.show()
```

4.8　雷達圖

雷達圖（radar chart），又稱為蜘蛛圖、極地圖或星圖，如圖 4-8-1 所示。雷達圖是用來比較多個定量變數的方法，可用於檢視哪些變數具有相似數值，或每個變數中有沒有例外值。此外，雷達圖也可用於檢視資料集中哪些變數得分較高 / 低，是顯示效能表現的理想之選。

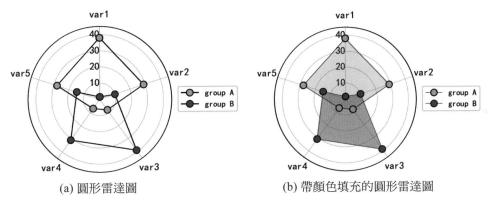

(a) 圓形雷達圖　　　　　　　　(b) 帶顏色填充的圓形雷達圖

▲ 圖 4-8-1　多資料數列雷達圖

每個變數都具有自己的軸（從中心開始）。所有的軸都以徑向排列，彼此之間的距離相等，所有軸都有相同的刻度。軸與軸之間的格線通常只是作為指引用途。每個變數值會畫在其所屬軸線之上，資料集內的所有變數將連在一起形成一個多邊形。

然而，雷達圖有一些重大缺點：①在一個雷達圖中使用多個多邊形，會令圖表難以閱讀，而且相當混亂。特別是如果用顏色填滿多邊形，那麼表面的多邊形會覆蓋下面的其他多邊形。②過多變數也會導致出現太多的軸線，使圖表難以閱讀和變得複雜，故雷達圖只能保持簡單，因而限制了可用變數的數量。③它未能很有效地比較每個變數的數值，即使借助蜘蛛網般的網格指引，也沒有直線軸上比較數值容易。

技能　繪製雷達圖系列

在使用 matplotlib 繪製雷達圖時，其實就是在極座標系下繪製閉合的聚合線和面積圖。由於要實現資料的閉合，所以會對 X 軸資料 angles 和 Y 軸資料 values 分別進行資料閉合處理：angles += angles[:1]、values += values[:1]，然後使用 ax.fill() 和 ax.plot() 函數繪製帶填充顏色的聚合線圖。圖 4-8-1 所示的帶填充顏色的圓形雷達圖的實作程式如下所示。

```
01   import numpy as np
02   import matplotlib.pyplot as plt
03   import pandas as pd
04   from math import pi
05   from matplotlib.pyplot import figure, show, rc
06   plt.rcParams["patch.force_edgecolor"] = True
07   df = pd.DataFrame(dict(categories=['var1', 'var2', 'var3', 'var4',
     'var5'], group_A=[38.0, 29, 8, 7, 28], group_B=[1.5, 10,
     39, 31, 15]))
08   N = df.shape[0]
09   angles = [n / float(N) * 2 * pi for n in range(N)]
10   angles += angles[:1]
11
12   fig = figure(figsize=(4,4),dpi =90)
13   ax = fig.add_axes([0.1, 0.1, 0.6, 0.6], polar=True)
14   ax.set_theta_offset(pi / 2)
15   ax.set_theta_direction(-1)
16   ax.set_rlabel_position(0)
17   plt.xticks(angles[:-1], df['categories'], color="black", size=12)
18   plt.ylim(0,45)
19   plt.yticks(np.arange(10,50,10),color="black", size=12,verticalalignment=
     'center',horizontalalignment='right')
20   plt.grid(which='major',axis ="x", linestyle='-', linewidth='0.5',
     color='gray',alpha=0.5)
21   plt.grid(which='major',axis ="y", linestyle='-', linewidth='0.5',
     color='gray',alpha=0.5)
22
23   values=df['group_A'].values.flatten().tolist()
24   values += values[:1]
25   ax.fill(angles, values, '#7FBC41', alpha=0.3)
26   ax.plot(angles, values, marker='o', markerfacecolor='#7FBC41',
     markersize=8, color='k', linewidth=0.25,label="group A")
27
28   values=df['group_B'].values.flatten().tolist()
29   values += values[:1]
```

```
30    ax.fill(angles, values, '#C51B7D', alpha=0.3)
31    ax.plot(angles, values, marker='o', markerfacecolor='#C51B7D',
      markersize=8, color='k', linewidth=0.25,label="group B")
32    plt.legend(loc="center",bbox_to_anchor=(1.25, 0, 0, 1))
```

4.9 詞雲圖

詞雲圖（word cloud chart）是透過使每個字的大小與其出現頻率成正比，顯示不同單字在指定文字中的出現頻率，然後將所有的字詞排在一起，形成雲狀圖案，也可以任何格式排列：水平線、垂直列或其他形狀，如圖 4-9-1 所示，也可用於顯示獲分配中繼資料的單字。在詞雲圖上使用顏色通常都是毫無意義的，主要是為了美觀，但我們可以用顏色對單字進行分類或顯示另一個資料變數。詞雲圖通常用於網站或部落格上，用於描述關鍵字或標籤，也可用來比較兩個不同的文字。

詞雲圖雖然簡單容易，但具有一些重大缺點：①較長的字詞會更引人注意；②字母含有很多升部 / 降部的單字可能會更受人關注；③分析精度不足，較多時候是為了美觀。

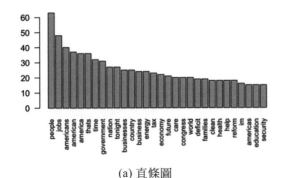
(a) 直條圖

(b) 詞雲圖

▲ 圖 4-9-1 詞雲圖的對映

技能 繪製詞雲圖

詞雲圖可以透過 wordcloud 套件的 WordCloud() 函數實現，不僅可以實現方形的詞雲圖，還能借助 PIL 套件的 Image() 函數匯入二值化的影像，進一步實現不同形狀的詞雲圖。在做中文文字分析時，可以借助 jieba 套件做分詞處理，然後使用 WordCloud() 函數做文字的統計分析。其中，圖 4-9-2(a) 白色背景的方形詞雲圖的實作程式如下所示。

```
01    import chardet
02    import jieba
03    import numpy as np
04    from PIL import Image
05    import os
06    from os import path
07    from wordcloud import WordCloud,STOPWORDS,ImageColorGenerator
08    from matplotlib import pyplot as plt
09    from matplotlib.pyplot import figure, show, rc
10    d = path.dirname(__file__) if "__file__" in locals() else os.getcwd()
      # 取得目前檔案路徑
11    text = open(path.join(d,'WordCloud.txt')).read()# 取得文字（text）
12    # 產生詞雲
13    wc=WordCloud(font_path=None,
      # 字型路徑，英文不用設定路徑，中文需要，否則無法正確顯示圖形
14        width=400,              # 預設寬度
15        height=400,             # 預設高度
16        margin=2,               # 邊緣
17        ranks_only=None,
18        prefer_horizontal=0.9,
19        mask=None,              # 背景圖形，如果想根據圖片繪製，則需要設定
20        scale=2,
21        color_func=None,
22        max_words=100,          # 最多顯示的詞彙量
23        min_font_size=4,        # 最小字型大小
```

```
24      stopwords=None,          # 停止詞設定，修正詞雲圖時需要設定
25      random_state=None,
26      background_color='white',
        # 背景顏色設定，可以為實際顏色，例如 white 或十六進位數值
27      max_font_size=None,      # 最大字型大小
28      font_step=1,
29      mode='RGB',
30      relative_scaling='auto',
31      regexp=None,
32      collocations=True,
33      colormap='Reds',         # matplotlib 顏色主題，可更改名稱，進而更改整體風格
34      normalize_plurals=True,
35      contour_width=0,
36      contour_color='black',
37      repeat=False)
38  wc.generate_from_text(text)
39  fig = figure(figsize=(4,4),dpi =300)
40  plt.imshow(wc,interpolation='bilinear')
41  plt.axis('off')
42  plt.tight_layout()
43  plt.show()
```

(a) 白色背景的方形詞雲圖

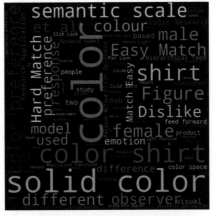

(b) 黑色背景的方形詞雲圖

(c) 白色背景的圓形詞雲圖

(d) 黑色背景的圓形詞雲圖

▲ 圖 4-9-2　不同效果的詞雲圖

資料關聯式圖表

5.1 散點圖系列

5.1.1 趨勢顯示的二維散點圖

散點圖（scatter graph，point graph，*X-Y* plot，scatter chart 或 scattergram）是比較常見的圖表類型之一，通常用於顯示和比較數值。散點圖使用一系列的散點在直角座標系中展示變數的數值分佈。在二維散點圖中，可以透過觀察兩個變數的資料分析，發現兩者的關係與相關性，如圖 5-1-1 所示。散點圖可以提供 3 大類關鍵資訊：①變數之間是否存在數量連結趨勢；②如果存在連結趨勢，那麼是線性還是非線性的；③觀察是否存在離群值，進一步分析這些離群值對建模分析的影響。

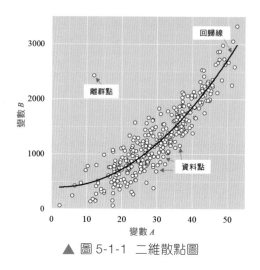

▲ 圖 5-1-1 二維散點圖

透過觀察散點圖上資料點的分佈情況，我們可以推斷出變數間的相關性。
如果變數之間不存在相互關係，那麼在散點圖上就會表現為隨機分佈的
離散的點，如果存在某種相關性，那麼大部分的資料點就會相對密集並
以某種趨勢呈現。資料的相關關係主要分為：正相關（兩個變數值同時增
長）、負相關（一個變數值增加、另一個變數值下降）、不相關、線性相
關、指數相關等，表現在散點圖上的大致分佈如圖 5-1-2 所示。那些離點
叢集較遠的點我們稱為離群點或異數（outliers）。

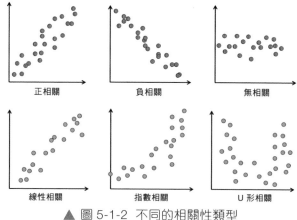

▲ 圖 5-1-2 不同的相關性類型

作為引數的因素與作為因變數的預測物件是否有關，相關程度如何，以及
判斷這種相關程度的把握性多大，就成為進行回歸分析必須要解決的問
題。進行相關分析，一般要求出相關關係，以相關係數的大小來判斷引數
和因變數的相關程度：強相關、弱相關和無相關等（見圖 5-1-3）。

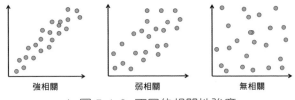

強相關　　　　弱相關　　　　無相關

▲ 圖 5-1-3　不同的相關性強度

$$\rho_{xy} = \frac{\text{Cov}(X,Y)}{\sqrt{D(X)} \cdot \sqrt{D(Y)}} = \frac{\sum_{i=1}^{n}\left(x_i - \overline{x}\right)\left(y_i - \overline{y}\right)}{\sqrt{\sum_{i=1}^{n}\left(x_i - \overline{x}\right)^2 \cdot \sum_{i=1}^{n}\left(y_i - \overline{y}\right)^2}}$$

上式中，$\text{Cov}(X, Y)$ 為 X，Y 的協方差，$D(X)$、$D(Y)$ 分別為 X、Y 的方差。
散點圖經常與回歸線（line of best fit，就是最準確地貫穿所有點的線）結
合使用，歸納分析現有資料實現曲線擬合，以進行預測分析。對於那些變
數之間存在密切關係，但是這些關係又不像數學公式和物理公式那樣能
夠精確表達的，散點圖是一種很好的圖形工具。但是在分析過程中需要注
意，這兩個變數之間的相關性並不等於確定的因果關係，也可能需要考慮
其他的影響因素。

回歸分析建置檢驗因變數與一個或多個引數的關係的數學模型。這些模
型可以用於預測引數的未觀察值和／或未來值的回應。在簡單情況下，從
屬變數 y 和獨立變數 x 都是純量變數，指定對於 $i = 1,2,\cdots, n$ 的觀察值 (x_i, y_i)，f 是回歸函數，e_i 具有共同方差，σ^2 的零平均值獨立隨機誤差。回歸
分析的目的是建置 f 的模型，並基於雜訊資料進行估計。

1. 參數回歸模型

參數回歸模型假設 f 的形式是已知的。曲線擬合（curve fitting）是指選擇

適當的曲線類型來擬合觀測資料，並用擬合的曲線方程式分析兩變數間的關係。繪圖軟體一般使用最小平方法（least square method）實現擬合曲線的計算求取。回歸分析（regression analysis）是對具有因果關係的影響因素（引數）和預測物件（因變數）所進行的數理統計分析處理。只有當變數與因變數確實存在某種關係時，建立的回歸方程式才有意義。按照引數的多少，可分為一元回歸分析和多元回歸分析；按照引數和因變數之間的關係類型，可分為線性回歸分析和非線性回歸分析。比較常用的是多項式回歸、線性回歸和指數回歸模型：

（1）指數回歸模型：$y=ae^{bx}$，如圖 5-1-4(a) 所示。

（2）線性回歸模型：$y=ax+b$，如圖 5-1-4(b) 所示。

（3）對數回歸模型：$y=\ln x+b$，如圖 5-1-4(c) 所示。

（4）冪回歸模型：$y=ax^b$，如圖 5-1-4(d) 所示。

（5）多項式回歸模型：$y=a_1x+a_2x^2+\cdots+a_nx^n+b$，其中 n 表示多項式的最高次項。回歸曲線函數為：$y = 0.0447x^2 + 2.091x + 6.7531$，$R^2= 0.8831$，如圖 5-1-4(e) 所示。

2. 非參數回歸模型

非參數回歸模型不採用預先定義形式。相反，它對 f 的定性性質做出假設。舉例來說，可以假設 f 是「平滑的」，其不會減少到具有有限數量的參數的特定形式。因此，非參數方法通常更靈活，可以揭示資料中可能被遺漏的結構。資料平滑（data smooth）透過建立近似函數嘗試抓住資料中的主要模式，去除雜訊資料、結構細節或暫態現象，來平滑一個資料集。在平滑過程中，訊號資料點被修改，由雜訊資料產生的單獨資料點被降低，低於毗鄰資料點的點被提升，進一步獲得一個更平滑的訊號。平滑有兩種重要形式用於資料分析：①若平滑的假設是合理的，則可以從資料中獲得更多資訊；②提供靈活而且穩健的分析。

資料平滑的方法主要有：LOESS 局部加權回歸（Locally Weighted Scatterplot

Smoothing，LOWESS 或 LOESS）、廣義可加模型（Generalised Additive Model，GAM）、Savitzky-Golay 平滑、樣條（spline）資料平滑。

① LOESS 資料平滑，主要思想是取一定比例的局部資料，在這部分子集中擬合多項式回歸曲線，這樣就可以觀察到資料在局部展現出來的規律和趨勢。曲線的光滑程度與選取的資料比例有關：比例越小，擬合越不平滑，反之越平滑，如圖 5-1-4(f) 所示。

② GAM 資料平滑，其擬合透過一個反覆運算過程（向後擬合算法）對每個預測變數進行樣條平滑，其演算法要在擬合誤差和自由度之間進行權衡，最後達到最佳，如圖 5-1-4(g) 所示。

③ 樣筆資料平滑，回歸樣條法是最重要的非線性回歸方法之一，為了克服多項式回歸的缺點，它把資料集劃分成多個連續的區間，並用單獨的模型來擬合，如圖 5-1-4(h) 所示。

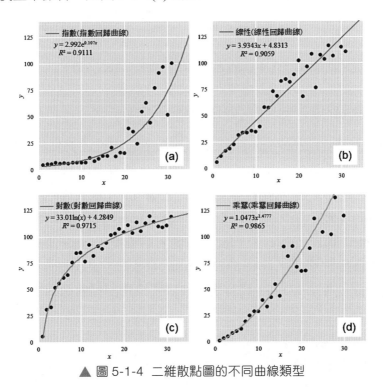

▲ 圖 5-1-4　二維散點圖的不同曲線類型

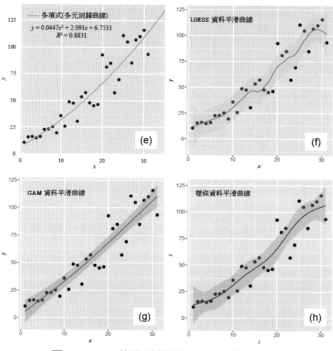

▲ 圖 5-1-4　二維散點圖的不同曲線類型（續）

技能　帶趨勢曲線的二維散點圖的繪製方法

plotnine 套件中的 geom_smooth() 函數可以實現線性回歸曲線、LOESS 資料平滑曲線等的繪製，基本能滿足平時的實驗資料處理要求，其核心參數資料平滑方法 method 的參數選擇包含 'lm'（Levenberg-Marquardt 演算法）、'ols'（最小平方法，ordinary least squares）、'wls'（加權最小平方法，weighted least squares）、'rlm'（穩健回歸模型，robust linear model）、'glm'（廣義線性模型，generalized linear model）、'gls'、'lowess'、'loess'、'mavg'、'gpr'，其中 LOESS 資料平滑曲線和線性回歸曲線的核心程式如下所示。

```
01    import pandas as pd
02    import numpy as np
```

```
03    from plotnine import *
04    import skmisc # 提供 loess smoothing
05    df=pd.read_csv('Scatter_Data.csv')
06    # 圖 5-1-4(f)LOESS 資料平滑曲線
07    plot_loess=(ggplot( df, aes('x','y')) +
08      geom_point(fill="black",colour="black",size=3,shape='o') +
09      geom_smooth(method = 'loess',span=0.4,se=True,colour="#00A5FF",
          fill="#00A5FF",alpha=0.2)+
10      scale_y_continuous(breaks = np.arange(0, 150, 25)))
11    print(plot_loess)
12
13    # 圖 5-1-4(b) 線性回歸曲線
14    plot_lm=(ggplot( df, aes('x','y')) +
15      geom_point(fill="black",colour="black",size=3,shape='o') +
16      geom_smooth(method="lm",se=True,colour="red"))
17    print(plot_lm)
```

在 matplotlib 套件中，可以借助 skmisc 套件的 loess() 函數和 np 套件的 polyfit() 函數實現 LOESS 資料平滑曲線和線性或多元回歸曲線的繪製，實際程式如下所示。

```
01    import matplotlib.pyplot as plt
02    import pandas as pd
03    import numpy as np
04    from plotnine import *
05    from skmisc.loess import loess # 提供 LOESS 資料平滑
06    df=pd.read_csv('Scatter_Data.csv')
07    # 圖 5-1-4(f)LOESS 資料平滑曲線
08    l = loess(df['x'], df['y'])
09    l.fit()
10    pred = l.predict(df['x'], stderror=True)
11    conf = pred.confidence()
12    y_fit = pred.values
13    ll = conf.lower
14    ul = conf.upper
```

```
15    fig=plt.figure(figsize=(5,5))
16    plt.scatter(df['x'], df['y'],s=30,c='black')
17    plt.plot(df['x'], y_fit, color='r',linewidth=2,label='polyfit values')
18    plt.fill_between(df['x'],ll,ul, facecolor='r', edgecolor='none',
      interpolate=True,alpha=.33)
19    plt.show()
20    #圖5-1-4(b) 線性回歸曲線
21    fun = np.polyfit(df['x'], df['y'], 1)
22    poly= np.poly1d(fun)  #print(poly): 列印出擬合函數
23    y_fit =poly(df['x'])
24    fig=plt.figure(figsize=(5,5))
25    plt.scatter(df['x'], df['y'],s=30,c='black')
26    plt.plot(df['x'], y_fit, color='r',linewidth=2,label='polyfit values')
27    plt.show()
```

回歸方程式擬合的數值和實際數值的差值就是殘差。殘差分析（residual analysis）就是透過殘差所提供的資訊，分析出資料的可用性、週期性或其他干擾，是用於分析模型的假設正確與否的方法。所謂殘差，是指觀測值與預測值（擬合值）之間的差，即實際觀測值與回歸估計值的差。

在回歸分析中，測定值與按回歸方程式預測的值之差，用 δ 表示。殘差 δ 遵從正態分佈 $N(0, \sigma^2)$。（δ − 殘差的平均值）/ 殘差的標準差，稱為標準化殘差，用 δ^* 表示。δ^* 遵從標準正態分佈 $N(0, 1)$。實驗點的標準化殘差落在 (-2, 2) 區間以外的機率≤ 0.05。若某一實驗點的標準化殘差落在 (-2, 2) 區間以外，則可在 95% 可靠度將其判為例外實驗點，不參與回歸線擬合。

圖 5-1-5 為使用 Python 繪製的殘差圖，分別對應圖 5-1-4(b) 線性回歸曲線和圖 5-1-4(e) 多元回歸曲線。採用黑色到紅色漸層顏色和氣泡面積大小兩個視覺暗示對應殘差的絕對值大小，用於實際資料點的表示；而擬合資料點則用小空心圓圈表示，並放置在灰色的擬合曲線上；用直線連接實際資料點和擬合資料點。殘差的絕對值越大，顏色越紅、氣泡也越大，連接直線越長，這樣可以很清晰地觀察資料的擬合效果。

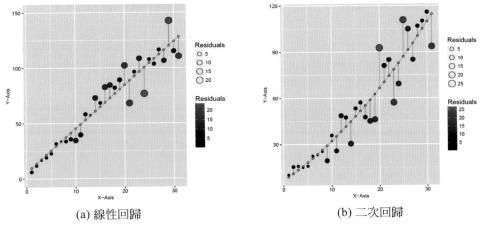

(a) 線性回歸　　　　　　　　　　　(b) 二次回歸

▲ 圖 5-1-5　殘差分析圖

技能 殘差分析圖的繪製方法

先根據擬合曲線計算預測值和殘差，再使用實際值與預測值繪製散點圖，最後使用殘差作為實際值的誤差線長度，增加誤差線。這樣就可以實現實際值與預測值的連接，同時將實際值的氣泡面積大小與顏色對映到該點的殘差數值。Statsmodels 套件的 sm.OLS() 函數可以實現線性或多項式回歸擬合方程式的求解，根據方程式，可以求取預測值。圖 5-1-5(a) 線性回歸的殘差分析圖的核心程式如下所示。

```
01  import statsmodels.api as sm
02  df=pd.read_csv('Residual_Analysis_Data.csv')
03  results = sm.OLS(df.y2, df.x).fit()
04  df['predicted']=results.predict()          # 儲存預測值
05  df['residuals']=df.predicted-df.y2         # 儲存殘差 (有正有負)
06  df['Abs_Residuals']=np.abs(df.residuals)   # 儲存殘差的絕對值
07  #myData 封包含 x、y2、predicted、residuals、Abs_Residuals 共 5 列數值
08  base_Residuals=(ggplot(df, aes(x = 'x', y = 'y2')) +
09    geom_point(aes(fill ='Abs_Residuals', size = 'Abs_Residuals'),
    shape='o',colour="black") +
10  # 使用實際值繪製氣泡圖，並將氣泡的顏色和面積對映到殘差的絕對值 Abs_Residuals
```

```
11    geom_line(aes(y = 'predicted'), color = "lightgrey") +
      # 增加空心圓圈的預測值
12    geom_point(aes(y = 'predicted'), shape = 'o') + # 增加空心圓圈的預測值
13    geom_segment(aes(xend = 'x', yend = 'predicted'), alpha = .2) +
      # 增加實際值和預測值的連接線
14    scale_fill_gradientn(colors = ["black", "red"]) +
      # 填充顏色對映到 red 單色漸層系
15    guides(fill = guide_legend(title="Rresidual"),
16           size = guide_legend(title="Rresidual")))
17  print(base_Residuals)
```

圖片類型散點圖：就是使用圖片置換資料點，有時候可以更加形象化地表達資料內容。一般來說，資料資訊為 (x, y, image) 或 (x, y, z, image)，其中 image 為資料點對應的圖片，x 和 y 分別定義直角座標系中的資料點位置，z 也可以定義資料點所展示的圖片面積大小，類似氣泡圖，如圖 5-1-6 所示。

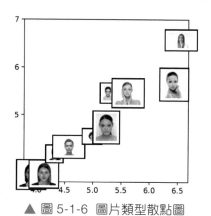

▲ 圖 5-1-6 圖片類型散點圖

技能 繪製圖片類型散點圖

其實，圖片類型散點圖就是使用圖片替代資料點的標示，可以使用 PIL 套件的 Image() 函數讀取圖片，然後轉換成 matplotlib 套件的 OffsetImage 格式的圖片，最後使用 ax.add_artist() 指令可以將圖片增加到對應的位置 (x,y)。圖 5-1-6 所示圖表的實際程式如下所示。

```
01   import numpy as np
02   import matplotlib.pyplot as plt
03   from matplotlib.offsetbox import OffsetImage, AnnotationBbox
04   from PIL import Image
05   def getImage(path,zoom=0.07):
06       img = Image.open(path)
07       img.thumbnail((512, 512), Image.ANTIALIAS)
         # thumbnail() 將圖片按比例縮小，規定修改後的最大值圖片
         尺寸為 512 像素 ×512 像素
08       return OffsetImage(img,zoom=zoom)
09   paths =np.arange(1,11,1)
10   N=10
11   x = np.sort(np.random.randn(N))+5
12   y = np.sort(np.random.randn(N))+5
13   fig, ax = plt.subplots(figsize=(4,4),dpi =600)
14   ax.scatter(x, y)
15   plt.xlabel("X Axis",fontsize=12)
16   plt.ylabel("Y Axis",fontsize=12)
17   plt.yticks(ticks=np.arange(5,8,1))
18   for x0, y0, path in zip(x, y,paths):
19       image=getImage(' 圖片散點圖 /'+str(path)+'.jpg')
20       ab = AnnotationBbox(image, (x0, y0), frameon=True)
21       ax.add_artist(ab)
22   #fig.savefig(" 圖片散點圖 .pdf")
```

梅莉‧史翠普是史上獲得奧斯卡獎項提名次數最多的演員，從 1929 年到
2017 年，達到了難以置信的 17 次，更是 3 次捧得小金人，僅次於凱薩琳‧
赫本，和傑克‧尼克遜、英格麗‧褒曼等並駕齊驅。在她多年的電影生涯
中演過的角色不計其數，而且跨度很大。vulture 網站把這些角色按照從冷
酷（cold）到溫情（warm）、從嚴肅（serious）和隨性（frivolous）分類，
繪製成了圖片類型散點圖，如圖 5-1-7 所示。29 個角色盡收眼底，看起來
溫情的比較多，嚴肅的也稍稍多過隨性的。

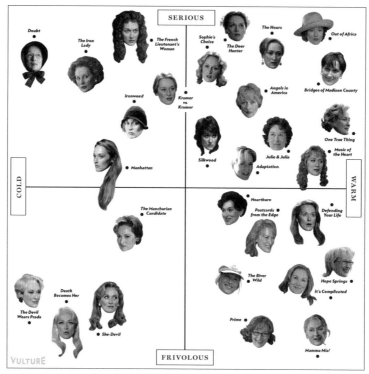

▲ 圖 5-1-7 梅莉·史翠普的藝術人生（圖片來源：vulture 網站）

5.1.2 分佈顯示的二維散點圖

1. 單資料數列

（1）Q-Q 圖和 P-P 圖

關於統計分佈的檢驗方法有很多種，例如 KS 檢驗、卡方檢定等，從圖形的角度來説，我們也可以使用 Q-Q 圖或 P-P 圖來檢查資料是否服從某種分佈。P-P 圖（或 Q-Q 圖）可檢驗的分佈包含：貝塔（beta）分佈、t（Student）分佈、卡方（chi-square）分佈、伽馬（gamma）分佈、常態（normal）分佈、均勻（uniform）分佈、帕雷托（pareto）分佈、Logistic 分佈等。

- Q-Q 圖（Quantile-Quantile plot）是一種透過畫出分位數來比較兩個機率分佈的圖形方法。首先選定區間長度，點 (x, y) 對應於第一個分佈（X 軸）的分位數和第二個分佈（Y 軸）相同的分位數。因此畫出的是一條含參數的曲線，參數為區間個數。對應於正態分佈的 Q-Q 圖，就是以標準正態分佈的分位數為水平座標，樣本值為垂直座標的散點圖。要利用 Q-Q 圖鑑別樣本資料是否近似於正態分佈，只需看 Q-Q 圖上的點是否近似地在一條直線附近，而且該直線的斜率為標準差，截距為平均值，如圖 5-1-8(b2) 所示。原始資料服從正態分佈如圖 5-1-8(a2) 所示，且標準差為 1.0，平均值為 10.0。

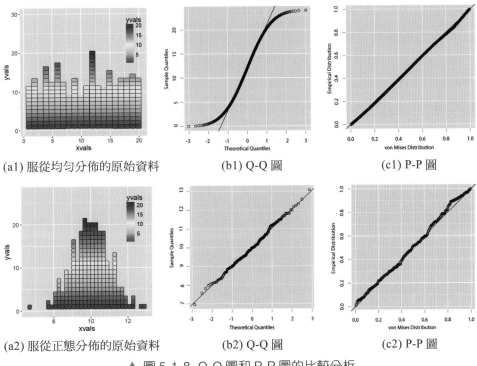

(a1) 服從均勻分佈的原始資料   (b1) Q-Q 圖   (c1) P-P 圖

(a2) 服從正態分佈的原始資料   (b2) Q-Q 圖   (c2) P-P 圖

▲ 圖 5-1-8 Q-Q 圖和 P-P 圖的比較分析

- Q-Q 圖的用途不僅在於檢查資料是否服從某種特定理論分佈，還可以推廣到檢查資料是否來自某個位置的參數分佈族。如果被比較的兩個分佈比較相似，則其 Q-Q 圖近似地位於 $y = x$ 上。如果兩個分佈線性相關，則 Q-Q 圖上的點近似地落在一條直線上，但並不一定是 $y = x$ 這條線。Q-Q 圖可以比較機率分佈的形狀，從圖形上顯示兩個分佈的位置，尺度和偏度等性質是否相似或不同。一般來説，當比較兩組樣本時，Q-Q 圖是一種比長條圖更加有效的方法，但是了解 Q-Q 圖需要更多的背景知識。

- P-P 圖（Probability-Probability plot 或 Percent-Percent plot）是根據變數的累積比例與指定分佈的累積比例之間的關係所繪製的圖形。透過 P-P 圖可以檢驗資料是否符合指定的分佈。當資料符合指定分佈時，P-P 圖中各點近似呈一條直線。如果 P-P 圖中各點不呈直線，但有一定規律，則可以對變數資料進行轉換，使轉換後的資料更接近指定分佈。P-P 圖和 Q-Q 圖的用途完全相同，只是檢驗方法存在差異 [7]。

技能　Q-Q 圖的繪製方法

plotnine 套件中的 geom_qq() 函數和 geom_qq_line() 函數結合使用可以繪製 Q-Q 圖，圖 5-1-8 所示 Q-Q 圖的核心程式如下所示。

```
01    import pandas as pd
02    from plotnine import *
03    df=pd.DataFrame(dict(x=np.random.normal(loc=10,scale=1,size=250)))
04    base_plot=(ggplot(df, aes(sample = 'x'))+
05      geom_qq(shape='o',fill="none")+
06      geom_qq_line())
07    print(base_plot)
```

（2）分類圖

散點圖通常用於顯示和比較數值，不僅可以顯示趨勢，還能顯示資料集群的形狀，以及在資料雲團中各資料點的關係。這種散點圖很適合用於分群分析，根據二維特徵對資料進行類別區分。常用的分群分析方法包含 k-means、FCM、KFCM、DBSCAN、MeanShift 等 [8]。Python 的 scikit-learn 套件中專門對多種分群演算法（clustering）進行實現與比較（見連結 19）。對於高密度的散點圖可以利用資料點的透明度觀察資料的形狀和密度，如圖 5-1-9 所示。

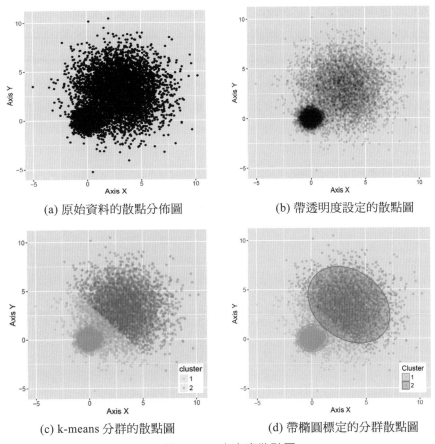

(a) 原始資料的散點分佈圖   (b) 帶透明度設定的散點圖

(c) k-means 分群的散點圖   (d) 帶橢圓標定的分群散點圖

▲ 圖 5-1-9 高密度散點圖

技能 繪製高密度散點圖

使用 plotnine 套件中的 geom_point() 函數可以繪製散點圖：先根據資料 (x, y) 對映到散點，如圖 5-1-9(a) 所示，然後設定資料點的透明度，就可以實現如圖 5-1-9(b) 所示的效果。

演算法的實現：k-means（k- 平均值分群）演算法是一種以距離為基礎的分群演算法，屬於非監督學習方法，是一種很常見的分群演算法 [10]。它用質心（centroid）到屬於該質心的點距離這個度量來實現分群，通常可以用於 N 維空間的物件。k-means 演算法接受輸入量 k，然後將 n 個資料物件劃分為 k 個分群以便使所獲得的分群滿足：同一分群中的物件相似度較高，而不同分群中的物件相似度較小。分群相似度是利用各分群中物件的平均值所獲得的「中心物件」（引力中心）來進行計算的。使用 Python 語言的 scikit-learn（簡稱 sklearn）套件實現 k-means 演算法的核心程式如下所示。

```
01   import pandas as pd
02   from plotnine import *
03   from sklearn.cluster import KMeans
04   df=pd.read_csv('HighDensity_Scatter_Data.csv')
05   estimator = KMeans(n_clusters=2)            # 建置分群器
06   estimator.fit(df)                           # 分群
07   df['label_pred'] = estimator.labels_        # 取得分群標籤
08   centroids = estimator.cluster_centers_      # 取得分群中心
09   inertia = estimator.inertia_                # 取得分群準則的總和
10   # mydata 為 x 和 y 兩列資料組成，k-means 分群演算法
11   # 將分類結果轉變成類別變數（categorical variables）
12   base_plot=(ggplot(df, aes('x','y',color='factor(label_pred)')) +
13    geom_point (alpha=0.2)+
14    # 繪製透明度為 0.2 的散點圖
15    stat_ellipse(aes(x='x',y='y',fill= 'factor(label_pred)'),
     geom="polygon", level=0.95, alpha=0.2) +
16    # 繪製橢圓標定不同類別，如果省略該敘述，則繪製圖 5-1-9(c)
17    scale_color_manual(values=("#00AFBB","#FC4E07")) +
     # 使用不同顏色標定不同資料類別
18    scale_fill_manual(values=("#00AFBB","#FC4E07")))# 使用不同顏色標定不同的類別
19   print(base_plot)
```

2. 多資料數列

多資料數列的散點圖需要使用不同的填充顏色（fill）和資料點形狀（shape）這兩個視覺特徵來表示資料數列。圖 5-1-10(a) 使用不同的填充顏色區分資料數列，圖 5-1-10(b) 使用不同填充顏色和不同形狀兩個視覺特徵，同時區分資料數列，即使在黑白印刷時也能保障讀者清晰地區分資料數列。matplotlib 中可供選擇的形狀（shape）如圖 3-3-5 所示，總共有 20 多種不同類型，最常用的是圓形○、菱形◇、方形□、三角形△等。

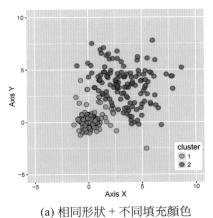
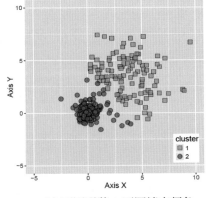

(a) 相同形狀 + 不同填充顏色　　　　　(b) 不同形狀 + 不同填充顏色

▲ 圖 5-1-10　多資料數列散點圖

技能 繪製多資料數列散點圖

多資料數列散點圖就是在單資料數列上增加新的資料數列，使用不同的填充顏色或形狀區分資料數列，plotnine 套件中的 geom_point() 函數可以根據資料類別對映到不同的填充顏色（fill）與形狀（shape），以及邊框顏色（color）。實現圖 5-1-10(b) 所示的多資料數列散點圖的核心程式如下所示。

```
01    import pandas as pd
02    from plotnine import *
03    df=pd.read_csv('MultiSeries_Scatter_Data.csv')
```

```
04    base_plot=(ggplot(df, aes('x','y',shape='factor(label_pred)',
      fill='factor(label_pred)')) +
05        geom_point(size=4,colour="black",alpha=0.7)+
06      scale_shape_manual(values=('s','o'))+
07      scale_fill_manual(values=("#00AFBB",  "#FC4E07"))+
08       labs(x = "Axis X",y="Axis Y")+
09      scale_y_continuous(limits = (-5, 10))+
10      scale_x_continuous(limits = (-5, 10)))
11    print(base_plot)
```

plotnine 繪圖基於一維度資料表，而 matplotlib 繪圖基於二維度資料表，依次使用 plt.scatter() 函數繪製每個資料數列的散點。有匯入的資料是二維度資料表，所以需要使用 for 循環依次求取每個資料數列，然後逐一設定資料數列的格式，繪製語法較為煩瑣。使用 matplotlib 繪製圖 5-1-10(b) 所示多資料數列散點圖的核心程式如下所示。

```
01    import numpy as np
02    import matplotlib.pyplot as plt
03    import pandas as pd
04    df=pd.read_csv('MultiSeries_Scatter_Data.csv')
05    group=np.unique(df.label_pred)
06    markers=['o','s']
07    colors=["#00AFBB",  "#FC4E07"]
08    fig =plt.figure(figsize=(4,4), dpi=100)
09    for i in range(0,len(group)):
10        temp_df=df[df.label_pred==group[i]]
11        plt.scatter(temp_df.x, temp_df.y,
12                    s=40, linewidths=0.5, edgecolors="k",alpha=0.8,
13                    marker=markers[i], c=colors[i],label=group[i])
14    plt.xlim(-5,10)
14    plt.ylim(-5,10)
16    plt.legend(title='group',loc='lower right',edgecolor='none',facecolor=
      'none')
17    plt.show()
```

5.1.3 氣泡圖

氣泡圖是一種多變數圖表，是散點圖的變形，也可以認為是散點圖和百分
比區域圖的組合。氣泡圖最基本的用法是使用三個值來確定每個資料序
列。和散點圖一樣，氣泡圖將兩個維度的資料值分別對映為笛卡兒座標系
上的座標點，其中 X 軸和 Y 軸分別代表兩個不同維度的資料，但是不同於
散點圖的是，每一個氣泡的面積代表第三個維度的資料。氣泡圖透過氣泡
的位置以及面積大小，可分析資料之間的相關性。

需要注意的是，圓圈狀氣泡的大小是對映到面積（circle area）而非半徑
（circle radius）或直徑（circle diameter）繪製的。因為如果基於半徑或直
徑，那麼圓的大小不僅會呈指數級變化，而且還會導致視覺誤差。

$$circle\ area=\pi \times (circle\ diameter/2)^2$$

$$circle\ diameter=(sqrt(circle\ area/\pi)) \times 2$$

圖 5-1-11(a) 只使用面積大小（1 個視覺特徵）來表示氣泡圖，為了避免
資料的重疊、遮擋，一般設定氣泡的透明度。增加填充顏色漸層的氣泡圖
（2 個視覺特徵），如圖 5-1-11(b) 所示，第三維變數 "disp" 不僅對映到氣泡
大小，而且還對映到填充顏色，這樣能讓讀者更加清晰地觀察資料變化關
係。在圖 5-1-11(b) 氣泡圖的基礎上增加資料標籤（第三維變數 "disp"，即
氣泡的面積大小），如圖 5-1-11(c) 所示，需要注意不要出現太嚴重的資料
標籤的重疊（overlap）。圖 5-1-11(d) 只是在圖 5-1-11(b) 的基礎上把圓圈狀
的氣泡換成方塊狀，給人的視覺感受與圖 5-1-11(b) 截然不同。圖 5-1-11(b)
和圖 5-1-11(d) 相比，並不能判斷誰更好看，「青菜蘿蔔，各有所愛」，你喜
歡使用哪種類型，就可以繪製哪種類型。

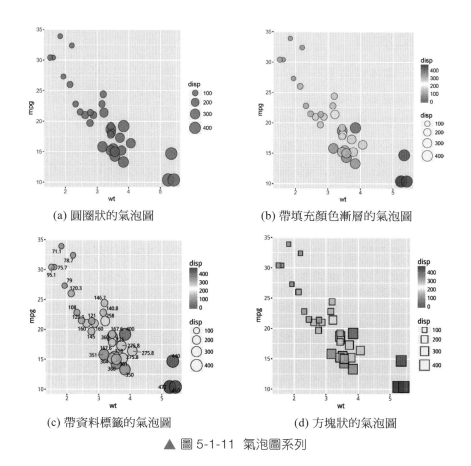

(a) 圓圈狀的氣泡圖　　　　　(b) 帶填充顏色漸層的氣泡圖

(c) 帶資料標籤的氣泡圖　　　　(d) 方塊狀的氣泡圖

▲ 圖 5-1-11　氣泡圖系列

技能 繪製氣泡圖

圖 5-1-11(a) 圓圈狀的氣泡圖可以使用 Excel 繪製，但是 Excel 繪製的氣泡
圖沒有圖例，這是其最大的問題。可以使用 plotnine 實現圖 5-1-11(c) 所示
的氣泡圖，先使用 geom_point() 函數繪製氣泡，其填充顏色和面積大小都
對映到 "disp"，然後使用 geom_text() 函數增加資料標籤，其實際程式如下
所示。

```
01    import pandas as pd
02    import numpy as np
```

```
03   from plotnine import *
04   from plotnine.data import mtcars
05   base_plot=(ggplot(mtcars, aes(x='wt',y='mpg'))+
06     geom_point(aes(size='disp',fill='disp'),shape='o',colour="black",
         alpha=0.8)+
07     scale_fill_gradient2(low="#377EB8",high="#E41A1C",
08                          limits = (0,np.max(mtcars.disp)),
09                          midpoint = np.mean(mtcars.disp))+
                            # 設定填充顏色對映主題（colormap）
10     scale_size_area(max_size=12)+ # 設定顯示的氣泡的最大面積
11     geom_text(label = mtcars.disp,nudge_x =0.3,nudge_y =0.3))
       # 增加資料標籤 "disp"
12   print(base_plot)
```

在 matplotlib 套件中也可以使用 ax.scatter() 函數繪製氣泡圖。圖 5-1-11(b)
所示的氣泡圖不僅將 "disp" 列的數值對映到氣泡的大小，還對映到氣泡
的填充顏色，所以需要增加氣泡大小和顏色漸層條兩個圖例。在氣泡圖上
建立氣泡大小圖例可以使用 PathCollection 的 legend_elements() 方法，自
動確定圖例中要顯示不同大小的氣泡數量，並傳回可以供 ax.legend() 函
數呼叫的控制碼和標籤的元組。在氣泡圖上建立顏色漸層條可以使用 plt.
colorbar() 函數實現，其實際程式如下所示。

```
01   import pandas as pd
02   from plotnine.data import mtcars
03   import matplotlib.pyplot as plt
04   x=mtcars['wt']
05   y=mtcars['mpg']
06   size=mtcars['disp']
07   fill=mtcars['disp']
08   fig, ax = plt.subplots(figsize=(5,4))
09   scatter = ax.scatter(x, y, c=fill, s=size, linewidths=0.5, edgecolors=
     "k",cmap='RdYlBu_r')
10   cbar = plt.colorbar(scatter)
11   cbar.set_label('disp')
```

```
12    handles, labels = scatter.legend_elements(prop="sizes", alpha=0.6,num=5 )
13    ax.legend(handles, labels, loc="upper right", title="Sizes")
14    plt.show()
```

氣泡圖的資料大小容量有限，氣泡太多會使圖表難以閱讀。靜態的氣泡圖最好只表達三個維度的資料：X軸和Y軸分別代表兩個不同維度的資料；同時使用氣泡的面積和顏色，或只使用氣泡面積，代表第三個維度的資料。

對於多資料數列氣泡圖（第四個維度為資料類別），雖然可以使用不同的顏色區分不同類別，但是推薦使用後面章節說明的分面圖展示資料。使用互動視覺化的氣泡圖，可以透過滑鼠點擊或懸浮時顯示氣泡資訊，或增加選項控制項用於重組或過濾分組類別，但是使用互動視覺化方法製作的圖表幾乎不應用於學術圖表中。

對於時間維度的氣泡圖，可以結合動畫來表現資料隨著時間的變化情況。Hans Rosling 把氣泡圖用得神乎其技，他是瑞典卡洛琳學院全球公共衛生專業的教授。有關他利用資料視覺化顯示 200 多個國家或地區 200 年來的人均壽命和經濟發展的 TED 視訊非常受歡迎，其中圖 5-1-12 就是他製作的不同國家或地區的人均收入氣泡圖。

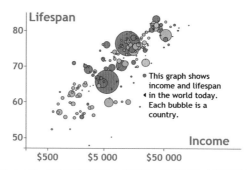

▲ 圖 5-1-12　不同國家的人均收入氣泡圖（見連結 20）

5.1.4 三維散點圖

我們也可以將氣泡圖的三維資料繪製到三維座標系中,這就是通常所說的三維散點圖,即在三維 *X-Y-Z* 圖上針對一個或多個資料序列繪製出三個度量的一種圖表。

圖 5-1-13 所示為不同類型的三維散點圖。圖 5-1-13(a) 是普通的三維散點圖,*X*、*Y* 和 *Z* 軸分別對應三個不同的變數。圖 5-1-13(b) 是在圖 5-1-13(a) 基礎上,將 *Z* 軸變數資料 "Power(KW)" 對映到資料點顏色,這樣可以更加清晰地觀察 *Z* 軸變數與 *X*、*Y* 軸變數資料的變化關係。需要注意的是:圖 5-1-13 的三維圖表的投影方法都選擇了透視投影(perspective projection)法。

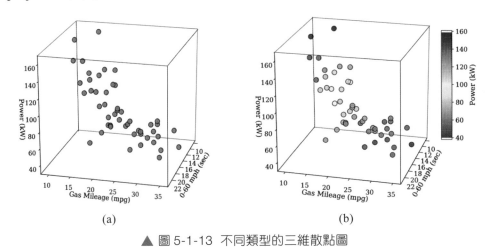

▲ 圖 5-1-13 不同類型的三維散點圖

技能 繪製三維散點圖

matplotlib 可以實現三維直角座標系的繪製,其投影方法預設為透視投影,增加三維直角座標系的方法為:ax = fig.gca(projection='3d')。使用 ax.view() 函數可以調整圖表的角度,即相機的位置,azim 表示沿著 *Z* 軸旋轉,elev 沿著 *Y* 軸旋轉。使用 ax.scatter3D() 函數可以繪製三維散點圖,顏色漸層條可以使用 plt.colorbar() 函數實現。圖 5-1-13(b) 的實際程式如下所示。由於使用 matplotlib 繪製的三維圖表並沒有三維立體正方形邊框，所以對匯出的向量圖可以使用 Adobe Illustrator 軟體增加三維邊框。

```python
01   import pandas as pd
02   from mpl_toolkits import mplot3d
03   import matplotlib.pyplot as plt
04   df=pd.read_csv('ThreeD_Scatter_Data.csv')
05   fig = plt.figure(figsize=(10,8),dpi =90)
06   ax = fig.gca(projection='3d')
07   ax.view_init(azim=15, elev=20)
08   ax.grid(False)
09   ax.xaxis.pane.fill = False
10   ax.yaxis.pane.fill = False
11   ax.zaxis.pane.fill = False
12   ax.xaxis.pane.set_edgecolor('k')
13   ax.yaxis.pane.set_edgecolor('k')
14   ax.zaxis.pane.set_edgecolor('k')
15
16   ax.xaxis._axinfo['tick']['outward_factor'] = 0
17   ax.xaxis._axinfo['tick']['inward_factor'] = 0.4
18   ax.yaxis._axinfo['tick']['outward_factor'] = 0
19   ax.yaxis._axinfo['tick']['inward_factor'] = 0.4
20   ax.zaxis._axinfo['tick']['outward_factor'] = 0
21   ax.zaxis._axinfo['tick']['inward_factor'] = 0.4
22
23   p=ax.scatter3D(df.mph, df.Gas_Mileage, df.Power,c=df.Power,s=df.Power*3,
     cmap='RdYlBu_r',edgecolor ='k',alpha=0.8)
24   ax.set_xlabel('0-60 mph (sec)')
25   ax.set_ylabel('Gas Mileage (mpg)')
26   ax.set_zlabel('Power (kW)')
27   ax.legend(loc='center right')
28   cbar=fig.colorbar(p, shrink=0.5,aspect=10)
29   cbar.set_label('Power (kW)')
30   plt.show()
```

三維散點圖可以展示三維資料，如果再增加一維資料，則可以展示四維資料。第 1 種方法就是將圖 5-1-13(b) 的填充顏色漸層對映到第四維資料，而非原來的第三維資料，如圖 5-1-14(a) 所示。第 2 種方法就是將第四維資料對映到資料點的大小上，即三維氣泡圖，如圖 5-1-14(b) 所示。第 3 種方法就是結合圖 5-1-14 (a) 和圖 5-1-14 (b)，繪製帶顏色漸層對映的三維氣泡圖，將第四維資料對映到資料點的大小和顏色上，如圖 5-1-14 (c) 所示。從本質上講，圖 5-1-14 (b) 和圖 5-1-14 (c) 都屬於三維氣泡圖類型。圖 5-1-14 (d) 是多資料數列的三維散點圖，用不同顏色表示不同的資料數列。

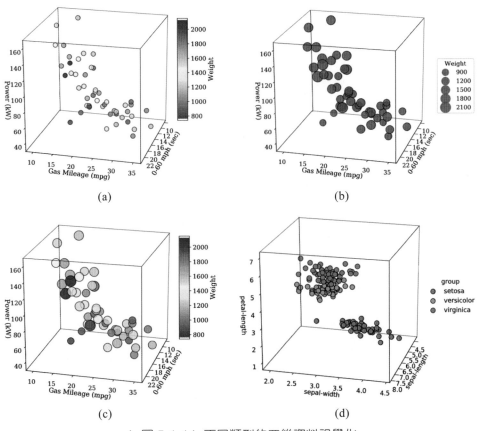

▲ 圖 5-1-14 不同類型的四維資料視覺化

技能 繪製三維氣泡圖

在 matplotlib 中可以使用 ax.scatter3D() 函數繪製三維散點圖，氣泡圖例（氣泡大小的數值指示）的建立可以使用 PathCollection 的 legend_elements() 方法，自動確定圖例中要顯示不同大小的氣泡數量，並傳回可以供 ax.legend() 函數呼叫的控制碼和標籤的元組（見連結 21）。建立顏色漸層條可以使用 plt.colorbar() 函數實現。圖 5-1-14(c) 的實作程式如下所示。

```
01    import pandas as pd
02    from mpl_toolkits import mplot3d
03    import numpy as np
04    import matplotlib.pyplot as plt
05    import matplotlib as mpl
06    df=pd.read_csv('ThreeD_Scatter_Data.csv')
07
08    fig = plt.figure(figsize=(10,8),dpi =90)
09    ax = fig.gca(projection='3d')
10    ax.view_init(azim=15, elev=20)
11    ax.grid(False)
12    ax.xaxis.pane.fill = False
13    ax.yaxis.pane.fill = False
14    ax.zaxis.pane.fill = False
15    ax.xaxis.pane.set_edgecolor('k')
16    ax.yaxis.pane.set_edgecolor('k')
17    ax.zaxis.pane.set_edgecolor('k')
18
19    ax.xaxis._axinfo['tick']['outward_factor'] = 0
20    ax.xaxis._axinfo['tick']['inward_factor'] = 0.4
21    ax.yaxis._axinfo['tick']['outward_factor'] = 0
22    ax.yaxis._axinfo['tick']['inward_factor'] = 0.4
23    ax.zaxis._axinfo['tick']['outward_factor'] = 0
24    ax.zaxis._axinfo['tick']['inward_factor'] = 0.4
25
26    scatter=ax.scatter3D(df.mph, df.Gas_Mileage, df.Power,c=df.Weight,
      s=df.Weight*0.25, cmap='RdYlBu _r',
      edgecolor='k',alpha=0.8)
```

```
27   ax.set_xlabel('0-60 mph (sec)')
28   ax.set_ylabel('Gas Mileage (mpg)')
29   ax.set_zlabel('Power (kW)')
30
31   ax.legend(loc='center right')
32   cbar=fig.colorbar(scatter, shrink=0.5,aspect=10)
33   cbar.set_label('Weight')
34
35   kw = dict(prop="sizes", num=5, func=lambda s: s/0.25)
36   legend2 = ax.legend(*scatter.legend_elements(**kw), loc="center right",
     title="Weight")
37   plt.show()
```

5.2 曲面擬合

一般來説曲線擬合法只適用於單一變數與目標函數之間的關係分析,而曲面擬合則多用於二維變數與目標函數之間關係的分析。所謂曲面擬合,就是根據實際實驗測試資料,求取函數 $f(x,y)$ 與變數 x 及 y 之間的解析式,使其透過或近似透過所有的實驗測試點。也就是説,使所有實驗資料點能近似地分佈在函數 $f(x,y)$ 所表示的空間曲面上。

曲面擬合通常採用兩種方式,即內插方式和逼近方式來實現。兩者的共和點是均利用曲面上或接近曲面的一組離散點,尋求良好的曲面方程式。兩者主要的差別是:內插方式獲得的方程式,所表示的曲面全部透過這組資料點,例如 LOWESS 曲面擬合;而逼近方式,只要求在某種準則下,其方程式表示的曲面與這組資料點接近即可,例如多項式曲面擬合。逼近方式一般使用最小平方法實現。最小平方法是一種逼近理論,也是取樣資料進行擬合時最常用的一種方法。曲面一般不通過已知資料點,而是根據擬合的曲面在取樣處的數值與實際值之差的平均和達到最小時求得,它的主旨思想就是使擬合數值與實際數值之間的偏平方差的和達到最小 [11]。

圖 5-2-1 所示為相同資料、不同曲面擬合方法求得的結果圖，圖 5-2-1(a) 和 5-2-1(b) 分別為一次和二次曲面擬合。其中，三維散點展示了實際數值 (x, y, z)，擬合曲面對映到的顏色漸層主題方案為 'RdYlGn'。二次二元多項式擬合的方程式為：$z=f(x, y)=a+bx+cy+dx^2+ey^2$，其中 x 和 y 為引數，z 為因變數，a、b、c、d、e 為擬合參數。

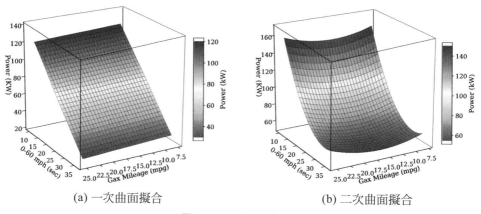

(a) 一次曲面擬合　　　　　　　　(b) 二次曲面擬合

▲ 圖 5-2-1　曲面擬合方法

圖 5-2-2 為等高線圖，擬合曲面使用二維等高線表示，擬合的 $f(x,y)$ 數值對映到相同的漸層顏色，z 變數值對映到漸層顏色，這樣就可以使用二維圖表展示三維的曲面擬合效果。

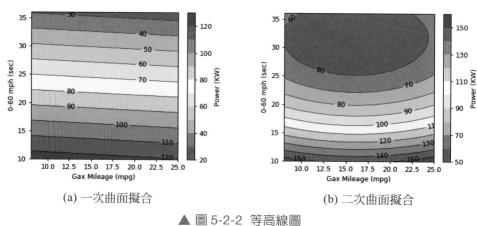

(a) 一次曲面擬合　　　　　　　　(b) 二次曲面擬合

▲ 圖 5-2-2　等高線圖

Python 中的 Statsmodels 套件的 ols 函數可以實現多元多次曲面的擬合，如圖 5-2-1(b) 所示。先使用現有的資料集擬合獲得多項式方程式 $z=f(x, y)=a+bx+cy+dx^2+ey^2$，然後使用 np.meshgrid() 函數產生 x 和 y 的網格資料，再使用擬合的多項式預測 z 數值，最後使用 ax.plot_surface() 函數繪製擬合的曲面，其實作程式如下所示。

```
01    from statsmodels.formula.api import ols
02    import pandas as pd
03    import numpy as np
04    from mpl_toolkits import mplot3d
05    import matplotlib.pyplot as plt
06    df=pd.read_csv('Surface_Data.csv')
07    formula = 'z~x+np.square(x)+y+np.square(y)'
08    est = ols(formula,data=df).fit()
09    print(est.summary())
10
11    N=30
12    xmar= np.linspace(min(df.x),max(df.x),N)
13    ymar= np.linspace(min(df.y),max(df.y),N)
14    X,Y=np.meshgrid(xmar,ymar)
15    df_grid =pd.DataFrame({'x':X.flatten(),'y':Y.flatten()})
16    Z=est.predict(df_grid)
17
18    fig = plt.figure(figsize=(10,8),dpi =90)
19    ax = fig.gca(projection='3d')
20    ax.view_init(azim=60, elev=20) #改變繪製影像的角度，即相機的位置，azim 沿著
      z 軸旋轉，elev 沿著 y 軸旋轉
21    ax.grid(False)
22    ax.xaxis._axinfo['tick']['outward_factor'] = 0
23    ax.xaxis._axinfo['tick']['inward_factor'] = 0.4
24    ax.yaxis._axinfo['tick']['outward_factor'] = 0
25    ax.yaxis._axinfo['tick']['inward_factor'] = 0.4
26    ax.zaxis._axinfo['tick']['outward_factor'] = 0
```

```
27    ax.zaxis._axinfo['tick']['inward_factor'] = 0.4
28    ax.xaxis.pane.fill = False
29    ax.yaxis.pane.fill = False
30    ax.zaxis.pane.fill = False
31    ax.xaxis.pane.set_edgecolor('k')
32    ax.yaxis.pane.set_edgecolor('k')
33    ax.zaxis.pane.set_edgecolor('k')
34    p=ax.plot_surface(X,Y, Z.values.reshape(N,N), rstride=1, cstride=1,
      cmap='Spectral_r', alpha=1,edgecolor ='k',
      linewidth=0.25)
35    ax.set_xlabel( "Gax Mileage (mpg)")
36    ax.set_ylabel("0-60 mph (sec)")
37    ax.set_zlabel("Power (KW)")
38    ax.set_zlim(50,170)
39    cbar=fig.colorbar(p, shrink=0.5,aspect=10)
40    cbar.set_label('Power (kW)')
```

5.3　等高線圖

等高線圖（contour map）是視覺化二維空間純量場的基本方法，可以將三維資料使用二維的方法視覺化，同時用顏色視覺特徵表示第三維資料，如地圖上的等高線、天氣預報中的等壓線和等溫線等。假設 $f(x, y)$ 是在點 (x, y) 處的數值，相等線是在二維資料場中滿足 $f(x, y)=c$ 的空間點集按一定的順序連接而成的線。數值為 c 的相等線可以將二維空間純量場分為兩部分：如果 $f(x, y)<c$，則該點在相等線內；如果 $f(x, y)>c$，則該點在相等線外。

圖 5-3-1(a) 為熱力分佈圖，只是將三維資料 (x, y, z) 中的 (x, y) 表示位置資訊，z 對映到顏色。圖 5-3-1(b) 是在圖 5-3-1(a) 的基礎上增加等高線，同一輪廓上的數值相同。圖 5-3-1(c) 是在圖 5-3-1(b) 的基礎上增加等高線的實際數值，進一步不需要顏色對映的圖例，同一輪廓上的數值相同。在二維

螢幕上，等高線可以有效地表達相同數值的區域，揭示走勢和陡峭程度及兩者之間的關係，尋找坡、峰、谷等形狀。

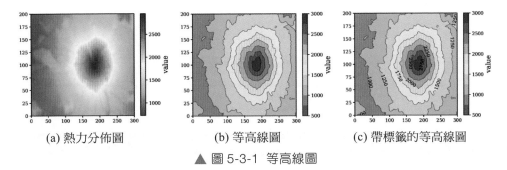

(a) 熱力分佈圖   (b) 等高線圖   (c) 帶標籤的等高線圖

▲ 圖 5-3-1　等高線圖

技能 繪製等高線圖

matplotlib 套件中的 ax.contour() 函數和 plotnine 套件中的 geom_tile() 函數都可以繪製如圖 5-3-1(a) 所示的熱力分佈圖。但是如果需要繪製等高線及其標籤，就只能組合使用 matplotlib 套件中的 ax.contour() 函數和 ax.clabel() 函數來實現。圖 5-3-1(c) 的實作程式如下所示。

```
01   import matplotlib.pyplot as plt
02   import matplotlib.tri as tri
03   from matplotlib.pyplot import figure, show, rc
04   import numpy as np
05   import pandas as pd
06   df=pd.DataFrame(np.loadtxt(' 等高線 .txt'))
07   df=df.reset_index()
08   map_df=pd.melt(df,id_vars='index',var_name='var',value_name='value')
09   map_df['var']=map_df['var'].astype(int)
10   ngridx = 100
11   ngridy = 200
12   xi = np.linspace(0, 300, ngridx)
13   yi = np.linspace(0, 200, ngridy)
14   triang = tri.Triangulation(map_df['index'], map_df['var'])
15   interpolator = tri.LinearTriInterpolator(triang, map_df['value'])
```

```
16    Xi, Yi = np.meshgrid(xi, yi)
17    zi = interpolator(Xi, Yi)
18    fig, ax = plt.subplots(figsize=(5,4),dpi =90)
19
20    CS=ax.contour(xi, yi, zi, levels=10, linewidths=0.5, colors='k')
21    cntr = ax.contourf(xi, yi, zi, levels=10, cmap="Spectral_r")
22    fig.colorbar(cntr,ax=ax,label="value")
23    CS.levels = [int(val) for val in cntr.levels]
24    ax.clabel(CS, CS.levels, fmt='%.0f', inline=True,  fontsize=10)
```

純量場的基本概念

當研究物理系統中溫度、壓力、密度等在一定空間內的分佈狀態時，在數學上只需用一個代數量來描繪，這些代數量（即純量函數）所定出的場就被稱為數量場，也被稱為純量場。最常用的純量場有溫度場、電勢場、密度場、濃度場等。

一個純量場 u 可以用一個純量函數來表示。在直角座標系中，可將 u 表示為 $u = u(x, y, z)$。令 $u = u(x, y, z) = C$，其中 C 是任意常數，則該式在幾何上表示一個曲面，在這個曲面上的各點，雖然座標 (x, y, z) 不同，但函數值相等，稱此曲面為純量場 u 的相等面。隨著 C 的設定值不同，獲得一系列不同的相等面。同理，對於由二維函數 $v = v(x, y)$ 所指定的平面純量場，可按 $v = v(x, y) = C$ 獲得一系列不同值的相等線。

純量場的相等面或相等線，可以直觀地幫助我們了解純量場在空間中的分佈情況。舉例來說，根據地形圖上的等高線及所標出的高度，我們就能了解到該地區的高低情況，根據等高線分佈的疏密程度可以判斷該地區各個方向上地勢的陡度。

和純量不同，向量是除了要指明其大小還要指明其方向的物理量，如速度、力、電場強度等。向量的嚴格定義是建立在座標系的旋轉轉換基礎上的。常見的向量場包含 Maxwell 場、重向量場。而在一定的單位制下，用一個實數就足以表示的物理量是純量，如時間、品質、溫度等。在這裡，實數表示的是這些物理量的大小。

5.4 散點曲線圖系列

帶曲線的散點圖就是使用平滑的曲線將散點依次連接的圖表，重點表現資料的趨勢，如圖 5-4-1(a) 所示。曲線圖就是不帶資料標記而只帶平滑曲線的散點圖，如圖 5-4-1(b) 所示。帶面積填充的曲線圖就是在圖 5-4-1(b) 的基礎上將曲線下面的部分使用顏色進行填充，使圖表能更進一步地展示資料的變化趨勢。圖 5-4-1(d) 是在圖 5-4-1(a) 的基礎上將曲線下面的部分使用顏色進行填充後的效果。

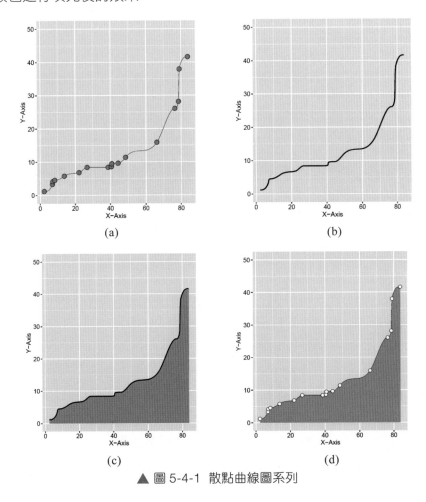

▲ 圖 5-4-1 散點曲線圖系列

對於這幾種圖表的應用情況，圖 5-4-1(a) 和圖 5-4-1(b) 同時適應於單資料數列和多資料數列；圖 5-4-1(c) 和圖 5-4-1(d) 更適用於單資料數列，因為使用面積填充的多資料數列會存在遮擋效果，進一步降低資料的可讀性。

技能　繪製散點曲線圖

使用 plotnine 套件中的 geom_line() 函數和 geom_point() 函數可以分別繪製聚合線圖和散點圖，圖 5-4-1(a) 和圖 5-4-1(b) 的核心程式如下所示。

```
01    import numpy as np
02    import pandas as pd
03    from plotnine import *
04    df=pd.read_csv('Line_Data.csv')
05    Line_plot1=(ggplot(df, aes('x', 'y') )+
06      geom_line( size=0.25)+
07      geom_point(shape='o',size=4,color="black",fill="#F78179"))
08    print(Line_plot1)
```

需要注意的是：geom_line() 函數是先對資料根據 X 軸變數的數值排序，然後把各點使用直線依次連接，常用於直角座標系中。geom_path() 函數是直接根據指定的資料點順序，使用直線連接，常用於地理空間座標系中。

對於圖 5-4-1(c) 和圖 5-4-1(d) 帶填充的散點曲線圖，可以使用資料擬合內插方法獲得平滑曲線資料，然後根據平滑資料使用 plotnine 套件中的 geom_area() 函數繪製面積圖，再使用 geom_line() 函數和 geom_point() 函數增加散點曲線。Scipy 套件中提供了 interp1d () 函數，可以使用樣條函數實現曲線的光滑與內插（interpolation）。其中，interp1d() 的內插方法類別（kind）主要有 3 種：① 'zero'、'nearest' 為階梯內插，相當於零階 B 樣條曲線；② 'slinear'、'linear' 為線性內插，用一條直線連接所有的取樣點，相當於一階 B 樣條曲線；③ 'quadratic'、'cubic' 為二階和三階 B 樣條曲線，更高階的曲線可以直接使用整數值指定。在使用該函數時，使用者可以根據自己的資料，嘗試或選擇不同的資料平滑差值方法。圖 5-4-1(c) 和圖 5-4-

1(d) 的核心程式如下所示。

```
01   from scipy import interpolate
02   f = interpolate.interp1d(df['x'], df['y'], kind='linear')
03   x_new=np.linspace(np.min(df['x']),np.max(df['x']),100)
04   y_new=f(x_new)
05   df_interpolate = pd.DataFrame({'x': x_new,'y':y_new})
06   Line_plot2=(ggplot()+
07     geom_area(df_interpolate, aes('x', 'y'),size=1,fill="#F78179",
       alpha=0.7)+
08     geom_line(df_interpolate, aes('x', 'y'),size=1)+
09     geom_point(df, aes('x', 'y'),shape='o',size=4,color="black",
       fill="white"))
10   print(Line_plot2)
```

5.5 瀑布圖

瀑布圖（waterfall plot）用於展示擁有相同的 X 軸變數資料（如相同的時間序列）、不同的 Y 軸離散型變數（如不同的類別變數）和 Z 軸數值變數，可以清晰地展示不同變數之間的資料變化關係。圖 5-5-1 所示為三維瀑布圖，三維瀑布圖可以看作是多資料數列立體區域圖。

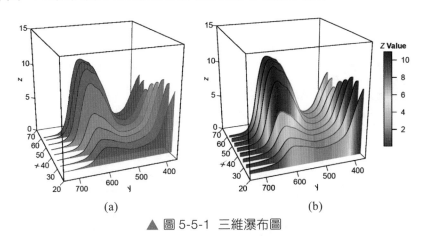

(a)   (b)

▲ 圖 5-5-1 三維瀑布圖

使用分面圖的視覺化方法也可以展示瀑布圖的資料資訊。如圖 5-5-2 所示的分面圖，所有資料公用 X 軸座標，每個資料類別擁有自己的 Y 軸座標，資料類別顯示在最右邊。相對於三維瀑布圖，分面瀑布圖可以更進一步地展示資料資訊，避免不同類別之間因數據重疊引起的遮擋問題，但是不能很直接地比較不同類別之間的資料差異。圖 5-5-2(b) 在圖 5-5-2(a) 的基礎上將每個資料的 Z 變數做顏色對映，這樣有利於比較不同類別之間的資料差異。

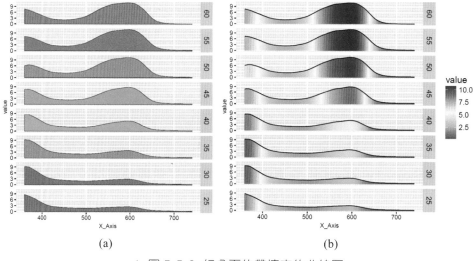

(a)　　　　　　　　　　　　　(b)

▲ 圖 5-5-2　行分面的帶填充的曲線圖

使用峰巒圖也可以極佳地展示瀑布圖的資料資訊，如圖 5-5-3 所示。圖 5-5-3 可以看成是在圖 5-5-2(b) 的基礎上將 Y 軸座標移除，並縮小資料類別之間的距離，這樣可以有效地縮小圖表的佔有面積，同時可以極佳地展示資料的完整資訊，包含不同類別之間的資料差異比較。

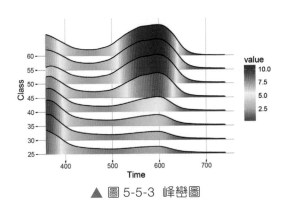

▲ 圖 5-5-3 峰巒圖

技能 繪製三維瀑布圖

matplotlib 套件中的 PolyCollection() 函數可以在三維空間中繪製閉合的多邊形，圖 5-5-1(a) 其實就是由三維直角座標系中的多個多邊形組成的，其實際程式如下所示。

```
01    from mpl_toolkits.mplot3d import Axes3D
02    from matplotlib.collections import PolyCollection
03    import matplotlib.pyplot as plt
04    import numpy as np
05    import seaborn as sns
06    import pandas as pd
07    df=pd.read_csv('Facting_Data.csv')
08
09    fig = plt.figure(figsize=(8,8),dpi =90)
10    ax = fig.gca(projection='3d')
11    ax.view_init(azim=-70, elev=20)
      ## 改變繪製影像的角度，即相機的位置,azim 沿著 z 軸旋轉，elev 沿著 y 軸旋轉
12    ax.grid(False)
13    ax.xaxis._axinfo['tick']['outward_factor'] = 0
14    ax.xaxis._axinfo['tick']['inward_factor'] = 0.4
15    ax.yaxis._axinfo['tick']['outward_factor'] = 0
16    ax.yaxis._axinfo['tick']['inward_factor'] = 0.4
17    ax.zaxis._axinfo['tick']['outward_factor'] = 0
```

```
18    ax.zaxis._axinfo['tick']['inward_factor'] = 0.4
19    ax.xaxis.pane.fill = False
20    ax.yaxis.pane.fill = False
21    ax.zaxis.pane.fill = False
22    ax.xaxis.pane.set_edgecolor('k')
23    ax.yaxis.pane.set_edgecolor('k')
24    ax.zaxis.pane.set_edgecolor('k')
25    xs = df['X_Axis'].values
26    verts = []
27    zs = np.arange(25,65,5)
28    for z in zs:
29        ys =df[str(z)].values
30        ys[0], ys[-1] = 0, 0
31        verts.append(list(zip(xs, ys)))
32    pal_husl = sns.husl_palette(len(zs),h=15/360, l=.65, s=1).as_hex()
33
34    poly = PolyCollection(verts, facecolors=pal_husl,edgecolor='k')
35    poly.set_alpha(0.75)
36    ax.add_collection3d(poly, zs=zs, zdir='y')
37    ax.set_xlabel('X')
38    ax.set_xlim3d(360, 740)
39    ax.set_ylabel('Y')
40    ax.set_ylim3d(25, 60)
41    ax.set_zlabel('Z')
42    ax.set_zlim3d(0, 15)
43    plt.show()
```

技能 行分面的帶填充的曲線圖

plotnine 套件提供的 facet_grid() 函數可以繪製如圖 5-5-2 所示行分面的帶填充的曲線圖。facet_grid() 函數可以根據資料框的變數分行或分列，以並排子圖的形式繪製圖表。圖 5-5-2(a) 的實際程式如下所示。

```
01    import pandas as pd
02    import numpy as np
```

```
03    from plotnine import *
04    df=pd.read_csv('Facting_Data.csv')
05    df_melt=pd.melt(df,id_vars='X_Axis',var_name='var',value_name='value')
06    df_melt['var']=df_melt['var'].astype(CategoricalDtype (categories=
      np.unique(df_melt['var'])[::-1],ordered=True))
07    base_plot=(ggplot(df_melt,aes('X_Axis','value',fill='var'))+
08      geom_area(color="black",size=0.25)+
09      facet_grid('var~.')+
10      scale_fill_hue(s = 0.90, l = 0.65, h=0.0417,color_space='husl')+
11      theme(legend_position='none',
12            aspect_ratio =0.1,
13            dpi=100,
14            figure_size=(5,0.5)))
15    print(base_plot)
```

時間序列的峰巒圖，可以使用 plotnine 套件中的 geom_linerange() 函數或 geom_ribbon() 函數繪製實現。其中 geom_linerange() 函數的參數 (x, y, ymax)，表示用直線連接 (x, y) 和 (x, ymax) 兩點。geom_ribbon() 函數的參數 (x, y, ymax)，表示用直線連接資料數列的 (x, y) 和 (x, ymax) 上所有的點，並使用顏色填充。圖 5-5-3 所示的峰巒圖使用 geom_linerange() 函數實現繪製。其中的關鍵是使用 SciPy 套件中的 interp1d() 函數對每條曲線內插獲得 N 個資料點。圖 5-5-3 的實現程式如下所示。

```
01    import pandas as pd
02    import numpy as np
03    from plotnine import *
04    from scipy import interpolate
05    df=pd.read_csv('Facting_Data.csv')
06    df_melt=pd.melt(df,id_vars='X_Axis',var_name='var',value_name='value')
07    mydata=pd.DataFrame( columns=['x','y','var'])
08    list_var=np.unique(df_melt['var'])
09    N=300
10    for i in list_var:
11        x=df.loc[:,'X_Axis']
```

```
12      y=df.loc[:,i]
13      f = interpolate.interp1d(x,y)#, kind='slinear')#kind='linear',
14      x_new=np.linspace(np.min(x),np.max(x),N)
15      y_new=f(x_new)
16      mydata = mydata.append(pd.DataFrame({'x': x_new,'y':y_new,
        'var':np.repeat(i,N)}))
17
18  height=8
19  mydata['var']=mydata['var'].astype(CategoricalDtype (categories=
    np.unique(df_melt['var']),ordered=True))
20  mydata['spacing']=mydata['var'].values.codes*height
21  labels=np.unique(df_melt['var'])
22  breaks=np.arange(0,len(labels)*height,height)
23  base_plot=(ggplot())
24  for i in np.unique(df_melt['var'])[::-1]:
25      mydata_temp=mydata[mydata['var']==i]
26      base_plot=(base_plot+
27              geom_linerange(mydata_temp,aes(x='x',ymin='spacing',
                ymax='y+ spacing',color='y'),size=1)+
28              geom_line(mydata_temp,aes(x='x',y='y+spacing'),
                color="black",size=0.5))
29  base_plot=(base_plot+scale_color_cmap(name ='Spectral_r')+
30          scale_y_continuous(breaks=breaks,labels=labels)+
31          guides(color=guide_colorbar(title='value'))+
32          theme(dpi=100,figure_size=(6,5)))
33  print(base_plot)
```

峰巒圖的故事

1979 年，英國樂隊快樂小分隊（Joy Division）發行了自己的首張唱片 *Unknown Pleasuers*，這張專輯發行兩周內就售出 5000 份，但問題是……印了 10000 份。然而，當樂隊的單曲 *Transmission* 發佈後，這張後龐克唱片很快銷售一空。有意思的是，這個專輯在 2017 年又重新流行了，因為那個設計極為特殊的封面（見圖 5-5-4）。

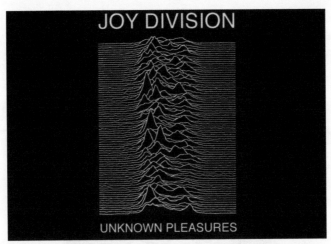

▲ 圖 5-5-4 *Unknown Pleasuers* 的封面

這裡說的封面流行是指在資料視覺化領域裡，其實它本就很流行⋯⋯在流行文化裡。很多人用這個類似波譜的圖來指明一種波動、起伏的感受，剛好應和了 *Unknown Pleasuers* 中那種迷茫而強烈的情感，同時封面設計師又開放了版權，所以我們可以看到其在很多場景中的再現。例如三維 列印版、服裝版、電影版等。甚至有人製作了一個網站來用滑鼠產生類似風格的圖。不過這個圖仔細看是很有問題的：座標軸是什麼？線的間隔是固定的嗎？有什麼意義？這圖又是怎麼做出來的？

《科學美國人》曾經對這張封面的源頭進行過探索，據封面設計師 Peter Saville 的說法，這張圖是從 1977 年出版的 *The Cambridge Encyclopaedia of Astronomy* 裡面的一幅關於脈衝星 CP1919 所發出的脈衝波疊加圖（不是山峰，也不是波浪）上取得靈感進行的創作，但這所謂的「創作」實質上就是把顏色做了反轉還去掉了座標軸。不過這就說明源頭是這本書嗎？不，順著這本書，有人追溯到了 1974 年出版的 *Graphis diagrams: The graphic visualization of abstract data*。進一步追溯，會發現更早出版的《科學美國人》（1971 年 1 月刊）上也使用了這幅圖。也就是《科學美國人》的「考古隊」出門繞了個圈，又回到起點了。

那麼，《科學美國人》又是從哪裡搞到這幅圖的呢？事實上，1971 年的文章之所以要用這幅圖，是因為要介紹脈衝星這個 20 世紀 60 年代的重大發現，而這個發現的確切時間是 1967 年，也就是說這個圖的出生日期就在 1967 年到 1971 年之間。然後我們就找到了康奈爾大學的 Harold D. Craft, Jr. 發表的博士論文 *Radio Observations of the Pulse Profiles and Dispersion Measures of Twelve Pulsars*，到這個時候，真正的源頭才出現（見圖 5-5-5）。

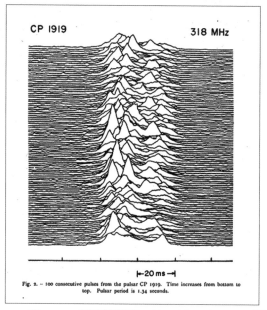

▲ 圖 5-5-5 *Unknown Pleasuers* 封面的源頭，Harold D. Craft, Jr. 博士論文的插圖 [12]

當《科學美國人》聯繫到 Harold D. Craft, Jr. 時，他也順道說了下這幅圖背後的故事。剛開始脈衝星被劍橋大學發現後，他所在的團隊就意識到自己其實擁有當時世界上最好的測量脈衝星的裝置，其實也就是電子裝置。然後，從測量結果上他們很快就發現脈衝星的脈衝存在一些漂移，也就是大脈衝裡有小脈衝，這個結果發表在《自然》雜誌上。但他們覺得需要一個更直觀的方式來觀察這些脈衝的模式，然後就做了一些疊加圖，很快就發現這種圖前後的遮擋太過嚴重。作為一個程式設計師，遮擋問題其實就是一個漂移問

題，所以他操起鍵盤（也可能是打孔卡）做出了一個漂移版本，這樣當峰強
度足夠時才會出現遮擋，而這種峰正是我們想看的模式。不過不要高估那個
年代的技術，他還得再找人用墨水重新勾描一遍才能清晰地放到博士論文
裡。不過他顯然不是流行文化同好，因為直到他同事有天閒逛時發現後告訴
他，他才發現自己的圖這麼流行，然後他毫不猶豫地買下了有這張圖的專輯
與海報，"it's my image, and I ought to have a copy of it."。

5.6 相關係數圖

相關係數圖就是相關係數矩陣的視覺化。相關係數矩陣（correlation
matrix）也叫相關矩陣，是由矩陣各列間的相關係數組成的。也就是
說，相關矩陣第 i 行第 j 列的元素是原矩陣第 i 列和第 j 列的相關係數。
如果一個資料集有 P 個相關變數，求兩變數之間的相關係數，共可得
$C_p^2 = p(p-1)/2$ 個相關係數。如按變數的編號順序，依次將它們排列成一數
字方陣，則此方陣就稱為相關矩陣。常用字母 R 表示。

$$R_{p \times p} = \begin{bmatrix} r_{11} & r_{12} & \cdots & r_{1p} \\ r_{21} & r_{22} & \cdots & r_{2p} \\ \vdots & \vdots & & \vdots \\ r_{p1} & r_{p2} & \cdots & r_{pp} \end{bmatrix}$$

從左上到右下方向的對角線上，均是兩個相同變數的相關，其數值均是
1，對角線以上部分的相關係數與以下部分的相關係數是對稱的。

在機率論和統計學中，相關也被稱為相關係數或連結係數，顯示兩個隨機
變數之間線性關係的強度和方向。在統計學中，相關的意義是用來衡量兩
個變數相對於其相互獨立的距離。在這個廣義的定義下，有許多根據資料
特點而定義的用來衡量資料相關的係數。對於不同的資料特點，可以使

用不同的係數。最常用的是皮爾遜積差相關係數。其定義是兩個變數協方差除以兩個變數的標準差（方差）。相關係數矩陣的視覺化圖表類型如圖 5-6-1 所示，主要包含熱力圖、氣泡圖、方塊圖和橢圓圖。

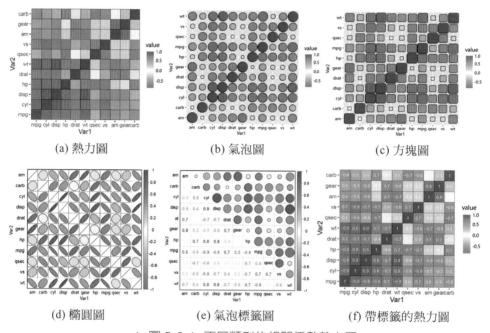

|(a) 熱力圖|(b) 氣泡圖|(c) 方塊圖|
|(d) 橢圓圖|(e) 氣泡標籤圖|(f) 帶標籤的熱力圖|

▲ 圖 5-6-1 不同類型的相關係數熱力圖

（1）熱力圖。熱力圖就是將一個網格矩陣對映到指定的顏色序列上，恰當地選取顏色來展示資料，如圖 5-6-1(a) 所示。在相關矩陣中，所有的資料都在 -1~1 之間，我們不僅要關注相關係數的絕對值大小，同時更加看重它們的正負號。因此，相關矩陣的顏色圖和一般矩陣的顏色圖應該有所區別：即應當選取兩種色差較大的顏色序列來展示不同符號的相關係數。其中，紅色表示正相關係數，藍色表示負相關係數。也可以在圖 5-6-1(a) 熱力圖的基礎上增加資料標籤（相關係數的數值），如圖 5-6-1(f) 所示。這樣可以讓讀者更加清晰地觀察資料。

（2）氣泡圖。氣泡圖是將一個網格矩陣對映到氣泡的面積大小和顏色序列上，這樣使用兩個視覺特徵表示資料，可以讓讀者更加清晰地觀察資料，如圖 5-6-1(b) 所示。實際做法是：①用氣泡的面積來表示相關矩陣的絕對值大小。②兩種色差較大的顏色序列來展示不同符號的相關係數，其中，紅色表示正相關係數，藍色表示負相關係數，也可以將圓圈換成方塊，如圖 5-6-1(c) 所示。或也可以上半部分使用氣泡圖顯示相關係數，而下半部分使用相關係數值展示結果，這樣也能比較清晰、全面地表達資料，如圖 5-6-1(e) 所示。

（3）橢圓圖。橢圓圖是利用橢圓的形狀來表示相關係數：離心率越大，即橢圓越扁，對應絕對值較大的相關係數；離心率越小，即橢圓越圓，對應絕對值較小的相關係數。橢圓長軸的方向來表示相關係數的正負：右上—左下方向對應正值，左上—右下方向對應負值，如圖 5-6-1(d) 所示。觀察圖 5-6-1(d) 可以發現：橢圓圖比較失敗，因為它將最大的面積留給了相關性最弱的資料，給其他資訊的取得造成了干擾。所以不建議使用者使用橢圓圖表示相關係數矩陣。

技能 繪製相關係數圖

Seaborn 套件中的 heatmap() 函數可以繪製如圖 5-6-1(a) 和圖 5-6-1(f) 的熱力圖；plotnine 套件中的 geom_tile() 函數和 geom_point() 函數可以繪製圖 5-6-1(a)、圖 5-6-1(b)、圖 5-6-1(c)、圖 5-6-1(e) 和圖 5-6-1(f)，其中圖 5-6-1(b)、圖 5-6-1(c) 和圖 5-6-1(f) 的核心程式如下所示。

```
01    import numpy as np
02    import pandas as pd
03    from plotnine import *
04    from plotnine.data import mtcars
05    mat_corr=np.round(mtcars.corr(),1).reset_index()
06    mydata=pd.melt(mat_corr,id_vars='index',var_name='var',value_name='value')
07    mydata['AbsValue']=np.abs(mydata.value)
08    # 圖 5-6-1(b) 氣泡圖
```

```
09   base_plot=(ggplot(mydata, aes(x ='index', y ='var', fill = 'value',
     size='AbsValue')) +
10     geom_point(shape='o',colour="black") +
11     scale_size_area(max_size=11, guide=False) +
12     scale_fill_cmap(name ='RdYlBu_r')+
13     coord_equal()+
14       theme(dpi=100,figure_size=(4,4)))
15   print(base_plot)
16   # 圖 5-6-1 (c) 方塊圖
17   base_plot=(ggplot(mydata, aes(x ='index', y ='var', fill = 'value',
     size='AbsValue')) +
18     geom_point(shape='s',colour="black") +
19    scale_size_area(max_size=10, guide=False) +
20     scale_fill_cmap(name ='RdYlBu_r')+
21     coord_equal()+
22       theme(dpi=100, figure_size=(4,4)))
23   print(base_plot)
24
25   # 圖 5-6-1 (f) 帶標籤的熱力圖
26   base_plot=(ggplot(mydata, aes(x ='index', y ='var', fill = 'value',
     label='value')) +
27     geom_tile(colour="black") +
28     geom_text(size=8,colour="white")+
29    scale_fill_cmap(name ='RdYlBu_r')+
30     coord_equal()+
31       theme(dpi=100,figure_size=(4,4)))
32    print(base_plot)
```

資料分佈型圖表

本章我們先從正態分佈開始説起。正態分佈（normal distribution）又名高斯分佈（gaussian distribution）。若隨機變數 X 服從一個數學期望為 μ、標準方差為 σ^2 的高斯分佈，則記為 $X \sim N(\mu, \sigma^2)$，其機率密度函數為：

$$f(x) = \frac{1}{\sigma\sqrt{2\pi}} e^{-\frac{(x-u)^2}{2\sigma^2}}$$

正態分佈的期望值 μ 決定了其位置，其標準方差 σ 決定了分佈的幅度。因其曲線呈鐘形，因此人們又經常稱之為鐘形曲線。我們通常所説的標準正態分佈是 $\mu = 0$、$\sigma = 1$ 的正態分佈。現實生活中很多資料分佈都符合正態分佈。使用 np.random.normal() 函數產生 100 個服從 $\mu = 3$、$\sigma = 1$ 正態分佈的資料，使用不同的方法展示資料分佈，如圖 6-0-1 所示。圖 6-0-1 總共使用了 14 種不同的圖表類型展示資料，在本章中會詳細説明這些圖表類型。

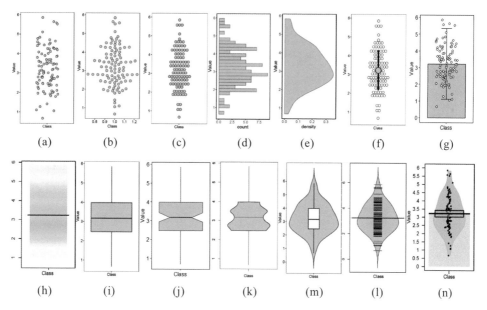

(a)　　(b)　　(c)　　(d)　　(e)　　(f)　　(g)

(h)　　(i)　　(j)　　(k)　　(m)　　(l)　　(n)

註：(a) 抖動散點圖；(b) 蜂巢圖；(c) 點陣圖；(d) 統計長條圖；(e) 核心密度估計圖；(f) 帶誤差線
　　的散點圖；(g) 帶誤差線的直條圖；(h) 梯度圖；(i) 箱形圖；(j) 帶凹槽的箱形圖；(k) 瓶狀圖；
　　(l) 豆狀圖；(m) 小提琴圖；(n) 海盜圖

▲ 圖 6-0-1 不同類型的資料分佈型圖表

6.1　統計長條圖和核心密度估計圖

6.1.1　統計長條圖

統計長條圖（histogram）形狀類似直條圖，卻具有與直條圖完全不同的含義。統計長條圖有關統計學的概念，首先要從資料中找出它的最大值和最小值，然後確定一個區間，使其包含全部測量資料，將區間分成許多個小區間，統計測量結果出現在各個小區間的頻數 M，以測量資料為水平座標，以頻數 M 為垂直座標，劃出各個小區間及其對應的頻數。在平面直角座標系中,橫軸上標出每個組的端點,縱軸表示頻數,每個矩形的高代表對應的頻數,我們稱這樣的統計長條圖為頻數分佈長條圖。

所以統計長條圖的主要作用有:①能夠顯示各組頻數或數量分佈的情況;②易於顯示各組之間頻數或數量的差別,透過長條圖還可以觀察和估計哪些資料比較集中,例外或孤立的資料分佈在何處。

統計長條圖的基本參數:①組數,在統計資料時,我們把資料按照不同的範圍分成幾個組,分成的組的個數稱為組數;②組距,每一組兩個端點的差;③頻數,分組內的資料元的數量除以組距。

6.1.2 核心密度估計圖

核心密度估計圖(kernel density plot)用於顯示資料在 X 軸連續資料段內的分佈狀況。這種圖表是長條圖的變種,使用平滑曲線來繪製數值水平,進一步得出更平滑的分佈,如圖 6-1-1 所示。核心密度估計圖比統計長條圖優秀的地方,在於它們不受所使用分組數量的影響,所以能更進一步地界定分佈形狀。

核心密度估計(kernel density estimation)是在機率論中用來估計未知的密度函數,屬於非參數檢驗方法之一,由 Rosenblatt(1955)和 Emanuel Parzen(1962)[13] 提出,又名 Parzen 窗(Parzen window)。所謂核心密度估計,就是採用平滑的峰值函數「核心」來擬合觀察到的資料點,進一步對真實的機率分佈曲線進行模擬。核心密度估計是一種用於估計機率密度函數的非參數方法,$x_1, x_2, \cdots, x_n$ 為獨立同分佈 F 的 n 個樣本點,設其機率密度函數為 f,核心密度估計為以下:

$$f_h(x) = \frac{1}{n} \sum_{i=1}^{n} K_h(x - x_i) = \frac{1}{nh} \sum_{i=1}^{n} K_h(\frac{x - x_i}{h})$$

其中,$K(.)$ 為核心函數(非負、積分為 1,符合機率密度性質,並且平均值為 0)。有很多種核心函數,例如高斯函數(gaussian function,

$f(x) = a\mathrm{e}^{-\frac{(x-b)^2}{2c^2}}$ ，其中 a, b 和 c 都為常數），uniform()、triangular()、biweight()、triweight()、Epanechnikov()、normal 等。當 $h>0$ 時，為一個平滑參數，稱作頻寬（bandwidth）。

不同的頻寬獲得的估計結果差別很大，那麼如何選擇 h？顯然是選擇可以使誤差最小的。我們用平均積分平方誤差（Mean Intergrated Squared Error, MISE）的大小來衡量 h 的優劣。

$$\mathrm{MISE}(h) = E\int \left(\hat{f}_h(x) - f(x)\right)^2 dx$$

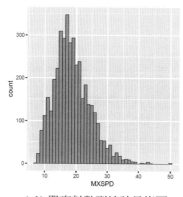

(a1) 單資料數列統計長條圖   (b1) 單資料數列核心密度估計圖

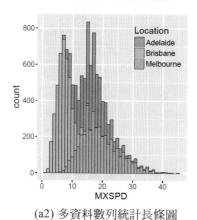

(a2) 多資料數列統計長條圖   (b2) 多資料數列核心密度估計圖

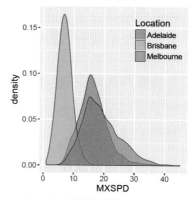

▲ 圖 6-1-1 統計長條圖和核心密度估計圖

技能 繪製統計長條圖和核心密度估計圖

plotnine 套件提供了 geom_histogram() 和 geom_density() 兩個函數，可以分別繪製統計長條圖和核心密度估計圖，圖 6-1-1(a2) 和圖 6-1-1(b2) 的實作程式如下所示。其中 geom_histogram() 函數主要由兩個參數控制統計分析結果：箱形寬度（binwidth）和箱形總數（bins）。geom_density() 函數的主要參數是頻寬（bw）和核心函數（kernel），核心函數預設為高斯核心函數 "gaussian"，還有其他核心函數包含 "epanechnikov"、"rectangular"、"triangular"、"biweight"、"cosine"、"optcosine"。

```
01   import pandas as pd
02   from plotnine import *
02   df<-read.csv("Hist_Density_Data.csv",stringsAsFactors=FALSE)
03   # 統計長條圖
05   (ggplot(df, aes(x='MXSPD', fill='Location'))+
06     geom_histogram(binwidth = 1,alpha=0.55,colour="black",size=0.25)+
07     scale_fill_hue(s = 0.90, l = 0.65, h=0.0417,color_space='husl'))
08   # 核心密度估計圖
09   (ggplot(df, aes(x='MXSPD',  fill='Location'))+
10     geom_density(bw=1,alpha=0.55, colour="black",size=0.25)+
11     scale_fill_hue(s = 0.90, l = 0.65, h=0.0417,color_space='husl'))
```

峰巒圖：這是很熱門的一種圖表，在 Twitter 上頗受歡迎。峰巒圖也可以應用於多資料數列的核心密度估計的視覺化，如圖 6-1-2 所示。X 軸對應平均溫度的數值範圍，Y 軸對應不同的月份，每個月份的核心密度估計數值對映到顏色，這樣就可以極佳地展示多資料數列的核心密度估計結果，如圖 6-1-2(b) 所示。

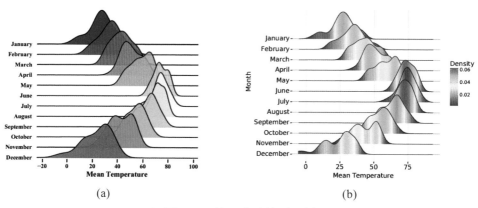

(a)　　　　　　　　　　　　　　　　　(b)

▲ 圖 6-1-2 核心密度估計峰巒圖

技能　繪製核心密度估計峰巒圖

joypy 套件提供了 joyplot() 函數，它根據資料可以直接繪製不同顏色的核心密度估計峰巒圖，如圖 6-1-2(a) 所示，其實際程式如下所示。

```
01    import pandas as pd
02    import joypy
03    df = pd.read_csv("lincoln_weather.csv")
04    Categories=['January', 'February', 'March', 'April', 'May', 'June',
      'July', 'August','September', 'October', 'November','December']
05    df['Month']=df['Month'].astype(CategoricalDtype (categories=Categories,
      ordered=True))
06    fig, axes = joypy.joyplot(df, column=["Mean.Temperature..F."],by="Month",
      ylim='own',colormap=cm. Spectral, alpha= 0.9,figsize=(6,5))
07    plt.xlabel("Mean Temperature",{'size': 15 })
08    plt.ylabel("Month",{'size': 15 })
```

圖 6-1-2(b) 所示的帶顏色漸層對映的核心密度估計峰巒圖，可以使用 plotnine 套件的 geom_linerange() 函數和 geom_line() 函數結合來實現。但是繪圖前需要先使用 sklearn 套件的 KernelDensity() 函數求取每個月份的核心密度估計曲線，然後根據核心密度估計資料繪製峰巒圖，實際程式如下所示。

```
01   from sklearn.neighbors import KernelDensity
02   import pandas as pd
03   import numpy as np
04   from plotnine import *
05   # 定義函數 x: 水平座標串列 y: 垂直座標串列 kind: 內插方式
06   dt = pd.read_csv("lincoln_weather.csv",usecols=["Month",
     "Mean.Temperature..F."])
07   xmax=max(dt["Mean.Temperature..F."])*1.1
08   xmin=min(dt["Mean.Temperature..F."])*0.9
09   Categories=['January', 'February', 'March', 'April', 'May', 'June',
     'July', 'August','September', 'October', 'November','December']
10   N=len(Categories)
11   mydata=pd.DataFrame(columns = ["variable", "x", "y"]) # 建立空的 Data.Frame
12   X_plot = np.linspace(xmin, xmax, 200)[:, np.newaxis]
13   for i in range(0,N):
14       X=dt.loc[dt.Month==Categories[i],"Mean.Temperature..F."].values[:,
         np.newaxis]
15       kde = KernelDensity(kernel='gaussian', bandwidth=3.37).fit(X)
16       Y_dens =np.exp( kde.score_samples(X_plot))
17       mydata_temp=pd.DataFrame({"variable":Categories[i],"x":X_plot.
         flatten(), "y":Y_dens})
18       mydata=mydata.append(mydata_temp)
19
20   mydata['variable']=mydata['variable'].astype(CategoricalDtype(categories
     =Categories,ordered=True))
21   mydata['num_variable']=pd.factorize(mydata['variable'], sort=True)[0]
22   Step=max(mydata['y'])*0.3
23   mydata['offest']=-mydata['num_variable']*Step
24   mydata['density_offest']=mydata['offest']+mydata['y']
25
26   p=(ggplot())
27   for i in range(0,N):
28        df_temp=mydata[mydata['num_variable']==i]
29       p=(p+geom_linerange(df_temp, aes(x='x',ymin='offest',ymax='density_
         offest', group='variable',color ='y'), size =1, alpha =1)+
```

```
30          geom_line(df_temp, aes(x='x', y='density_offest'),color="black",
            size=0.5))
31
32   p=(p+scale_color_cmap(name ='Spectral_r')+
33     scale_y_continuous(breaks=np.arange(0,-Step*N,-Step),labels=Categories)+
34     xlab("Mean Temperature")+
35     ylab("Month")+
36     guides(color = guide_colorbar(title="Density",barwidth  = 15,
       barheight = 70))+
37     theme_classic()+
38     theme(
39       panel_background=element_rect(fill="white"),
40       panel_grid_major_x = element_line(colour = "#E5E5E5",size=.75),
41       panel_grid_major_y = element_line(colour = "grey",size=.25),
42       axis_line = element_blank(),
43       text=element_text(size=12,colour = "black"),
44       plot_title=element_text(size=15,hjust=.5),
45       legend_position="right",
46       aspect_ratio =1.05,
47       dpi=100,
48       figure_size=(5,5)))
49   print(p)
```

6.2　資料分佈圖表系列

圖 6-2-1 中使用了 4 種不同分佈的資料，每個類別的資料總數分佈為 100 個，其中類別 n 的資料服從正態分佈的資料（normal distribution，平均值 μ= 3、方差 σ= 1）；類別 s 的資料為在類別 n 資料的基礎上右傾斜分佈（skew-right distribution，Johnson 分佈的偏度 2.0 和峰度 13）；類別 k 的資料在類別 n 資料的基礎上尖峰態分佈（leptikurtic distribution，Johnson 分佈的偏度 2.2 和峰度 20）；類別 mm 為雙峰分佈（bimodal distribution：兩個峰的平均值 μ_1、μ_2 分別為 2.05 和 3.95，$\sigma_1 = \sigma_2 =0.31$）

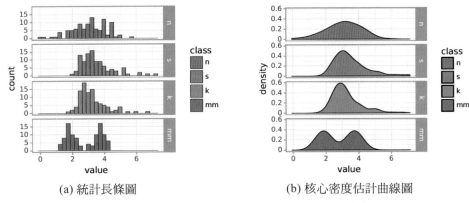

(a) 統計長條圖　　　　　　　　　(b) 核心密度估計曲線圖

▲ 圖 6-2-1　4 種不同資料分佈的分佈類別圖表

技能 繪製 4 種不同資料分佈的分佈類別圖表

圖 6-2-1 主要是使用 plotnine 套件的 facet_grid() 函數實現 4 種不同資料分佈的按行展示，結合 geom_histogram() 函數和 geom_density() 函數就可以分別實現圖 6-2-1(a) 統計長條圖和圖 6-2-1(b) 核心密度估計曲線圖，其實際程式如下所示。

```
01   import pandas as pd
02   from plotnine import *
03   df=pd.read_csv('Distribution_Data.csv')
04   df['class']=df['class'].astype(CategoricalDtype (categories= ["n", "s",
     "k", "mm"],ordered=True))
05   # 統計長條圖
06   base_plot=(ggplot(df,aes(x="value",fill="class"))
07   + geom_histogram(alpha=1,colour="black",bins=30,size=0.2)
08   +facet_grid('class~.')
09   +scale_fill_hue(s = 0.90, l = 0.65, h=0.0417,color_space='husl')
10   +theme_light())
11   print(base_plot)
12
13   # 核心密度估計曲線圖
14   base_plot= (ggplot(df,aes(x="value",fill="class"))
```

```
15   +geom_density(alpha=1)
16   +facet_grid('class~.')
17   +scale_fill_hue(s = 0.90, l = 0.65, h=0.0417,color_space='husl')
18   +theme_light()
19   print(base_plot)
```

6.2.1 散點數據分佈圖系列

散點數據分佈圖是指使用散點圖的方式展示資料的分佈規律，有時可以借助誤差線或連接曲線。圖 6-2-2 所示為 6 種不同形式的散點數據分佈圖。

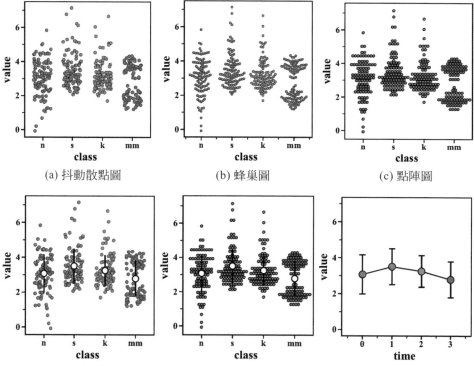

(a) 抖動散點圖　　　　　(b) 蜂巢圖　　　　　(c) 點陣圖

(d) 帶誤差線的抖動散點圖 (e) 帶誤差線散點與點陣組合圖 (f) 帶連接線的帶誤差線散點圖

▲ 圖 6-2-2　散點分佈圖系列

圖 6-2-2(a) 為抖動散點圖（jitter scatter chart），每個類別資料點的 Y 軸數值保持不變，資料點 X 軸數值沿著 X 軸類別標籤中心線在一定範圍內隨機產生，然後繪製成散點圖。所以，抖動散點圖的主要繪製參數就是資料點的抖動範圍。由於隨機產生數據點的 X 軸數值，所以很容易存在資料點重合疊加的情況，不利於觀察資料的分佈規律。Plotnine 中的 geom_jitter() 函數可以繪製抖動散點圖，其關鍵參數是 position = position_jitter (width = NULL)，width 表示水平方向左右抖動的範圍。

圖 6-2-2(b) 為蜂巢圖（hive chart），每個類別資料點沿著 X 軸類別標籤中心線向兩側，同時逐步向上均勻而對稱地展開，整體較為美觀，也方便讀者觀察資料的分佈規律。可以借助 Seaborn 中的 swarmplot () 函數繪製。

圖 6-2-2(c) 為點陣圖（dot plot），每個類別資料點沿著 X 軸類別標籤中心線向兩側均勻而對稱地展開，整體較為美觀，很方便讀者觀察資料的分佈規律。Plotnine 套件中的 geom_dotplot() 函數可以繪製點陣圖，主要參數包含箱形寬度（binwidth）、箱形的排列方向（binaxis）（沿 X 軸或 Y 軸）、散點的排列方式（stackdir）〔"up"（預設）、"down"、'center'〕、散點大小（dotsize）等。

圖 6-2-2(d) 為抖動散點圖＋帶誤差線的散點圖，先根據每個類別資料直接繪製散點圖，然後增加每個類別資料的平均值與誤差線（標準差）：average+standard deviation。如果只使用帶誤差線的散點圖，就無法觀察資料的分佈情況，所以使用抖動散點圖作為背景，可以極佳地顯示資料分佈情況。資料平均值與誤差線的增加可以使用 stat_summary() 函數實現。更加具體地説，是 stat_summary(fun_data="mean_sdl",geom="pointrange") 函數可以繪製帶平均值點的誤差線圖。

圖 6-2-2(e) 為點陣圖＋帶誤差線的散點圖，先根據每個類別資料直接繪製散點圖，然後增加每個類別資料的平均值與誤差線（標準差）：average+standard deviation。如果只使用帶誤差線的散點圖，就無法觀察

資料的分佈情況，所以使用點陣圖作為背景，可以極佳地顯示資料分佈情況，與圖 6-2-2(d) 表達的資訊類似。

圖 6-2-2(f) 為帶連接線的帶誤差線散點圖，使用曲線連接散點，但是這時的 X 軸變數為連續型的時間變數，而非圖 6-2-2(a)~ 圖 6-2-2(e) 的類別變數。用曲線連接資料點可以表示資料的變化關係與趨勢，與第 5 章 5.4 節基本類似，但是增加誤差線表示資料的分佈情況。可以借助 Pandas 套件的 groupby() 函數和 aggregate () 函數分別計算不同類別的平均值與標準差；然後使用 plotnine 套件中的 geom_point() 函數和 geom_errorbar() 函數分別繪製平均值點和對應的誤差線；最後使用 geom_line() 函數繪製光滑的曲線連接各點。

技能 散點分佈圖系列的繪製方法

圖 6-2-2(d) 和圖 6-2-2(e) 類似，都是帶誤差線的散點圖與分佈類別散點圖的組合，先使用 geom_jitter() 或 geom_dotplot() 函數繪製點陣圖或抖動散點圖，再增加誤差線和平均值點。其中圖 6-2-2(e) 的實現程式如下所示。

```
01  dot_plot=(ggplot(df,aes(x='class',y="value",fill="class"))
02  +geom_dotplot(binaxis = "y",stackdir ='center', binwidth=0.15,
    show_legend=False)
03  +stat_summary(fun_data="mean_sdl", fun_args = {'mult':1},geom=
    "pointrange",color = "black",size = 1,show_legend=False)
04  +stat_summary(fun_data="mean_sdl", fun_args = {'mult':1},geom="point",
    fill="w",color = "black",size = 5,stroke=1,show_legend=False)
05  +scale_fill_hue(s = 0.90, l = 0.65, h=0.0417,color_space='husl')
06  +theme_matplotlib())
07  print(dot_plot)
```

圖 6-2-2(b) 為蜂巢圖，可以使用 Seaborn 套件中的 swarmplot () 函數，主要參數包含散點的大小（size）、顏色（color）、邊框顏色（edgecolor）等，其實際程式如下所示。

```
01    sns.set_palette("husl") #設定繪圖的顏色主題
02    fig = plt.figure(figsize=(4,4), dpi=100)
03    sns.swarmplot(x="class", y="value",hue="class", data=df,edgecolor='k',
      linewidth=0.2)
04    plt.legend().set_visible(False)
```

6.2.2 柱形分佈圖系列

柱形分佈圖系列是指使用直條圖的方式展示資料的分佈規律，有時可以借助誤差線或散點圖。帶誤差線的直條圖就是使用每個類別的平均值作為柱形的高度，再根據每個類別的標準差繪製誤差線，如圖 6-2-3(a) 所示。

如果只使用圖 6-2-2(a) 展示資料，就與帶誤差線的散點圖存在同樣的問題：無法顯示資料的分佈情況。圖 6-2-3(a) 的類別 mm 為雙峰分佈，但是其與其他三個類別的平均值與標準差大致相同，沒有較大區別。

所以，可以在帶誤差線的直條圖的基礎上，增加抖動散點圖，這樣可以方便觀察資料分佈規律。

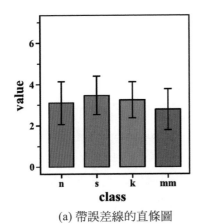
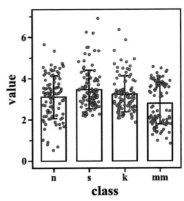

(a) 帶誤差線的直條圖　　　　　(b) 帶誤差線柱形與抖動圖

▲ 圖 6-2-3　柱形分佈圖系列

技能 柱形分佈圖系列的繪製方法

圖 6-2-3(b) 帶誤差線柱形與抖動圖就是在帶誤差線直條圖的基礎上，使用 geom_jitter() 函數增加抖動散點圖。其中，帶誤差線直條圖使用 stat_summary(fun_data="mean_sdl", geom='bar') 實現直條圖，而 stat_summary(fun_data = 'mean_sdl', geom='errorbar') 實現誤差線的繪製。其核心程式如下所示。

```
01   barjitter_plot=(ggplot(df,aes(x='class',y="value",fill="class"))
02   +stat_summary(fun_data="mean_sdl", fun_args = {'mult':1},geom="bar",
     fill="w",color = "black",size =0.75, width=0.7,show_legend=False)
03   +stat_summary(fun_data="mean_sdl",fun_args = {'mult':1}, geom="errorbar",
     color = "black",size = 0.75, width=.2,show_legend=False)
04   +geom_jitter(width=0.3,size=2,stroke=0.1,shape='o',show_legend=False)
05   +scale_fill_hue(s = 0.90, l = 0.65, h=0.0417,color_space='husl')
06   +theme_matplotlib())
07   print(barjitter_plot)
```

6.2.3　箱形圖系列

箱形圖（box plot）也被稱為箱須圖（box-whisker plot）、箱線圖、盒圖，能顯示出一組資料的最大值、最小值、中位數、及上下四分位數，可以用來反映一組或多組連續型定量資料分佈的中心位置和散佈範圍，因形狀如箱子而得名。1977 年，箱形圖首先出現在美國著名數學家 John W. Tukey 的著作 *Exploratory Data Analysis*[14] 中。它能方便顯示數字資料組的四分位數。從盒子兩端延伸出來的線條稱為「晶鬚」（whisker），用來表示上下四分位數以外的變數。例外值（outlier）有時會以與晶鬚處於同一水平的單一資料點表示。這種箱形圖以垂直或水平的形式出現，如圖 6-2-4 所示。

其中，四分位數（quartile）是指在統計學中把所有數值由小到大排列並分成四等份，處於三個分割點位置的數值。分位數是將整體的全部資料按大小順序排列後，處於各等距位置的變數值。如果將全部資料分成相等的兩部分，它就是中位數；如果分成四等距，就是四分位數；八等距就是八分位數等。四分位數也被稱為四分位點，它是將全部資料分成相等的四部分，其中每部分包含 25% 的資料，處在各分位點的數值就是四分位數。四分位數有三個，第一個四分位數就是通常所說的四分位數，稱為下四分位數，第二個四分位數就是中位數，第三個四分位數稱為上四分位數，分別用 Q_1、Q_2、Q_3 表示。

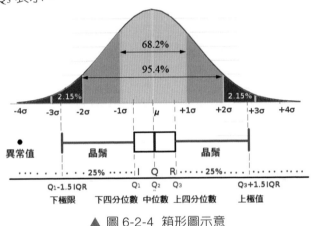

▲ 圖 6-2-4 箱形圖示意

第一個四分位數（Q_1），又被稱為「較小四分位數」，等於該樣本中所有數值由小到大排列後第 25% 的數字。

第二個四分位數（Q_2），又被稱為「中位數」，等於該樣本中所有數值由小到大排列後第 50% 的數字。

第三個四分位數（Q_3），又被稱為「較大四分位數」，等於該樣本中所有數值由小到大排列後第 75% 的數字。

第三個四分位數與第一個四分位數的差距又被稱為四分位距（InterQuartile Range，IQR），是上四分位值 Q_3 與下四分位值 Q_1 之間的差，即 IQR＝Q_3－Q_1。IQR 乘以因數 0.7413 獲得標準化四分位距（norm IQR），它是穩健統計技術處理中用於表示資料分散程度的量，其值相當於正態分佈中的標準差（SD）。

圖 6-2-5 所示為箱形圖系列。從箱形圖得出的觀察結果：①關鍵數值，例如平均值、中位數和上下四分位數等。②任何例外值（以及它們的數值）。③資料分佈是否對稱。④資料分組有多緊密。⑤資料分佈是否出現偏斜（如果是，那麼往什麼方向偏斜）。

箱形圖通常用於描述性統計，是以圖形方式快速檢視一個或多個資料集的好方法。雖然與長條圖或密度圖相比似乎有點原始，但它們佔用較少空間，當要比較很多組或資料集之間的分佈時便相當有用。箱形圖在資料顯示方面受到限制，簡單的設計通常隱藏了有關資料分佈的重要細節。例如使用箱形圖時，我們不能了解資料分佈是雙模還是多模的。雖然小提琴圖可以顯示更多詳情，但它們也可能包含較多干擾資訊。

箱形圖作為描述統計的工具之一，其功能有獨特之處，主要有以下幾點。

（1）直觀明了地識別批次資料中的例外值。資料中的例外值值得關注，忽視例外值的存在是十分危險的，不加剔除地把例外值加入資料的計算分析過程中，會給結果帶來不良影響；重視例外值的出現，分析其產生的原因，通常會成為發現問題進而改進決策的契機。箱形圖為我們提供了識別例外值的標準：例外值被定義為小於 $Q_1 - 1.5IQR$ 或大於 $Q_3 + 1.5IQR$ 的值。雖然這種標準有點任意性，但它來自經驗判斷，經驗表明它在處理需要特別注意的資料方面表現不錯。這與識別例外值的經典方法有些不同。眾所皆知，以正態分佈為基礎的 3σ 法則或 z 分數方法是以假設資料服從正態分佈為前提的，但實際資料通常並不嚴格服從正態分佈。它們判斷例外值的標準是以計算批次資料的平均值和標準差為基礎的，而平均值和標準差的耐抗性極小，例外值本身會對它們產生較大影響，這樣產生的例外值個數不會多於總數的 0.7%。顯然，應用這種方法於非正態分佈資料中判斷例外值，其有效性相當有限。一方面，箱形圖的繪製依靠實際資料，不需要事先假設資料服從特定的分佈形式，沒有對資料做任何限制性的要求，它只是真實直觀地表現資料形狀的本來面貌；另一方面，箱形圖判斷例外值的標準以四分位數和四分位距為基礎，四分位數具有一定的耐抗性，多達 25% 的資料可以變得任意遠而不會很大地擾動四分位數，所以例外值不能對這個標準施加影響，箱形圖識別例外值的結果比較客觀。由此可見，箱形圖在識別例外值方面有一定的優越性。

（2）利用箱形圖判斷批次資料的偏態和尾重。比較標準正態分佈、不同自由度的 *t* 分佈和非對稱分佈資料的箱形圖的特徵，可以發現：對於標準正態分佈的大樣本，只有 0.7% 的值是例外值，中位數位於上下四分位數的中央，箱形圖的箱子關於中位線對稱。選取不同自由度的 *t* 分佈的大樣本，代表對稱重尾分佈，當 *t* 分佈的自由度越小時，尾部越重，就有越大的機率觀察到例外值。以卡方分佈作為非對稱分佈的實例進行分析，發現當卡方分佈的自由度越小時，例外值出現於一側的機率越大，中位數也越偏離上下四分位數的中心位置，分佈偏態性越強。例外值集中在較小值一側，則分佈呈現左偏態；例外值集中在較大值一側，則分佈呈現右偏態。

箱形圖可以極佳地用於觀察資料的分佈，但是無法適用於雙峰及多峰分佈的資料。圖 6-2-5(a) 所示的類別 mm（資料服從雙峰分佈）可以準確獲得資料的分佈情況，所以在箱形圖的基礎上增加抖動散點圖或點陣圖，這樣可以方便讀者觀察原始資料的分佈情況，如圖 6-2-5(b) 所示。

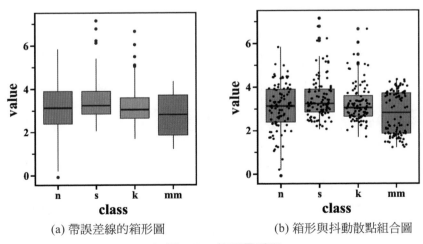

(a) 帶誤差線的箱形圖　　　　　(b) 箱形與抖動散點組合圖

▲ 圖 6-2-5 箱形圖系列

技能 箱形圖系列的繪製方法 1

plotnine 套件中的 geom_boxplot() 函數可以繪製箱形圖,再使用 geom_jitter() 函數繪製抖動散點圖,實際程式如下所示。

```
01   box_plot=(ggplot(df,aes(x='class',y="value",fill="class"))
02   +geom_boxplot(show_legend=False)
03   +geom_jitter(fill="black",shape=".",width=0.3,size=3,stroke=0.1,
     show_legend=False)
04   +scale_fill_hue(s = 0.90, l = 0.65, h=0.0417,color_space='husl')
05   +theme_matplotlib())
06   print(box_plot)
```

最常用的兩種箱形圖:可變寬度(variable-width)和帶凹槽(notched)的箱形圖[15, 16],如圖 6-2-6(a) 和圖 6-2-6(b) 所示。箱形圖的另外一個變數:箱形圖的寬度(width),就是為了解決箱形圖每個類別的資料量大小不同的問題[15, 16],如圖 6-2-6(a) 所示的可變寬度的箱形圖。類別 a、b、c 和 d 都服從正態分佈,其資料量大小分別為 10、100、1000 和 10000,箱子的寬度依次增加。在圖 6-2-6(b) 所示的帶凹槽的箱形圖中,中位數的信賴區間(confidence intervals)可以由凹槽對應表示。因此,不考慮資料的分佈情況,如果凹槽不重合,就表示中位數在 95% 的信賴區間內可以認為顯著不同。

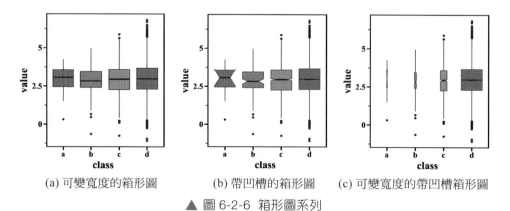

(a) 可變寬度的箱形圖　　(b) 帶凹槽的箱形圖　　(c) 可變寬度的帶凹槽箱形圖

▲ 圖 6-2-6 箱形圖系列

技能 箱形圖系列的繪製方法 2

圖 6-2-6(c) 可變寬度的帶凹槽箱形圖可以用 geom_boxplot() 函數設定參數 notch 是否帶凹槽（True/False），是否交資料量的多少對映到箱形寬度 varwidth（True/False），實際程式如下所示。

```
01  freq =np.logspace(1,4,num=4-1+1,base=10,dtype='int')
02  df=pd.DataFrame({'class': np.repeat(['a','b','c','d'], freq),
    'value':np.random.normal(3, 1, sum(freq))})
03  box_plot_b=(ggplot(df,aes(x='class',y="value",fill="class"))
04  +geom_boxplot(notch = True, varwidth = False,show_legend=False)
05  +scale_fill_hue(s = 0.90, l = 0.65, h=0.0417,color_space='husl')
06  +theme_matplotlib())
07  print(box_plot_b)
08
09  box_plot_c=(ggplot(df,aes(x='class',y="value",fill="class"))
10  +geom_boxplot(notch = True, varwidth = True,show_legend=False)
11  +scale_fill_hue(s = 0.90, l = 0.65, h=0.0417,color_space='husl')
12  +theme_matplotlib())
13  print(box_plot_c)
```

傳統的箱形圖（如圖 6-2-5 和圖 6-2-6）能有效地展示資料的分佈情況與例外值。但是對中等資料集（$n < 1000$），對四分位數之外資料的估計可能不可靠，所以箱形圖所提供的資訊在四分位數之外的情況下是相當模糊的，而對於一個資料集大小為 n 的高斯樣本來說，例外值（outlier）和遠外值（far-out value）通常小於 10。[17]

而我們希望使用大數據集（$n \approx 10000{-}100000$）可以提供更加精準的四分位數之外的資料估計，同時可以展示大量的例外值（約 $0.4 + 0.007n$）。letter-value 箱形圖就能滿足我們的需求，它不僅能展示四分位數之外的資料分佈資訊，還能顯示例外值的分佈情況。letter-value 箱形圖在箱形圖〔中值 median（M）和四分位數 fourths（F）〕的基礎上，往兩端延伸，增加箱形的個數：1/8 eigths（E），1/16 sixteenths（D）……直到估計誤差增大到一定的設定值。如圖 6-2-7 所示，一系列的小箱子堆疊而成，展示資料的分佈情況。但是它與傳統箱形圖存在一個同樣的問題：無法識別多峰分佈的情況 [18, 19]。

在圖 6-2-7(a) 中，類別 a、b、c 和 d 都服從正態分佈，其資料量大小分別為 100、1000、10000 和 100000。在圖 6-2-7 (b) 中，類別 n、s、k 和 mm 服從不同的資料分佈，其資料量大小分別為 100、1000、10000 和 100000，其中 mm 資料服從雙峰分佈，但是光從圖中無法識別，這就是箱形圖的限制。

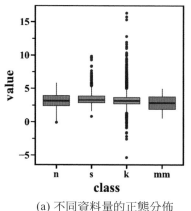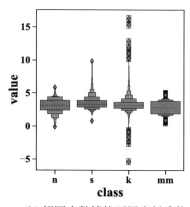

(a) 不同資料量的正態分佈　　　　　(b) 相同大數據的不同資料分佈

▲ 圖 6-2-7　大數據集的箱形圖系列 [19]

對於實驗資料的分析與展示時，很多人會使用常見的帶誤差線的直條圖，因為使用 Excel 就可以直接繪製。但是這樣展示資料，資訊量是非常低的。而使用箱形圖能夠提供更多的資料分佈資訊，能更進一步地展現資料。在期刊 *Nature Methods* 2013 年的文章中有 100 個帶誤差線的直條圖，而只有 20 個箱形圖，從這裡就可以看出來，用箱形圖的人遠遠沒有用帶誤差線的直條圖的人多。於是自然出版集團（Nature Publishing Group）寫了兩篇專欄文章 *Points of View: Bar charts and box plots* [20] 和 *Points of Significance: Visualizing samples with box plots* [21]，並且還發表

了一篇期刊論文 *BoxPlotR: a web tool for generation of box plots* [22]，專門
比較箱形圖與帶誤差線的直條圖在資料分佈展示方面的差異，最後得出
的結論是：箱形圖能夠比帶誤差線的直條圖更進一步地展示資料的分佈情
況。

技能 繪製大數據集的箱形圖

Seaborn 套件的 boxenplot() 函數可以繪製大數據集的箱形圖，圖 6-2-7(b)
的實作程式如下所示。

```
01    import seaborn as sns
02    import matplotlib.pyplot as plt
03    df=pd.read_csv('Distribution_LargeData.csv')
04    df['class']=df['class'].astype(CategoricalDtype (categories= ["n", "s",
      "k", "mm"],ordered=True))
05    fig = plt.figure(figsize=(4,4.5))
06    sns. boxenplot (x="class", y="value", data=df,linewidth =0.2,
      palette=sns.husl_palette(4, s = 0.90, l = 0.65, h=0.0417))
```

6.2.4 小提琴圖

小提琴圖（violin plot）用於顯示資料分佈及其機率密度，如圖 6-2-8 所
示。這種圖表結合了箱形圖和密度圖的特徵，主要用來顯示資料的分佈形
狀。中間的黑色粗筆表示四分位數範圍，從其中延伸的幼細黑線代表 95%
信賴區間，而黑色橫線則為中位數 [23]。箱形圖在資料顯示方面受到限制，
簡單的設計通常隱藏了有關資料分佈的重要細節。例如使用箱形圖時，我
們不能了解資料分佈是雙模還是多模的。雖然小提琴圖可以顯示更多詳
情，但它們也可能包含較多干擾資訊，而且繪圖時需要設定核心密度估計
的頻寬（bandwidth）。

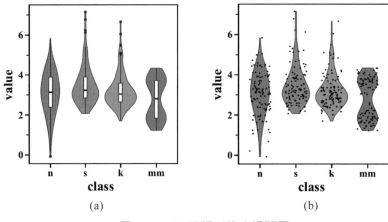

(a)　　　　　　　　　　(b)

▲ 圖 6-2-8　不同類型的小提琴圖

技能 繪製小提琴圖

圖 6-2-8(a) 的小提琴圖可以使用 plotnine 套件中的 geom_violin() 函數實現。一般我們還可以在小提琴圖裡增加箱形圖，這樣能更加全面地展示資料，其實作程式如下所示。在小提琴圖中也可以使用 geom_jetter() 函數增加抖動散點圖，如圖 6-2-8(b) 所示。

```
01    violin_plot=(ggplot(df,aes(x='class',y="value",fill="class"))
02    +geom_violin(show_legend=False)
03    +geom_boxplot(fill="white",width=0.1,show_legend=False)
04    +scale_fill_hue(s = 0.90, l = 0.65, h=0.0417,color_space='husl')
05    +theme_matplotlib())
06    print(violin_plot)
```

多資料數列的箱形圖、小提琴圖和豆狀圖如圖 6-2-9 所示。多資料數列的箱形圖可以使用 geom_boxplot() 函數，只需要將兩組的變數對映到箱形的填充顏色（fill），另外可以使用 position = position_dodge(width) 控制箱形之間的間隔，如圖 6-2-9(a) 所示。在圖 6-2-9(a) 的基礎上，可以使用 geom_jitter() 函數增加抖動散點圖，透過 position=position_jitter(width,height) 敘述使散點沿著箱形圖的中心線分佈，如圖 6-2-9(b) 所示。

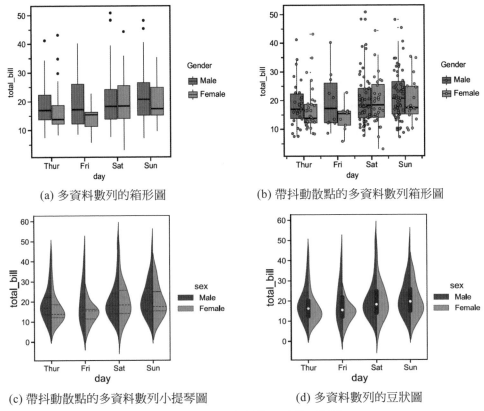

(a) 多資料數列的箱形圖   (b) 帶抖動散點的多資料數列箱形圖

(c) 帶抖動散點的多資料數列小提琴圖   (d) 多資料數列的豆狀圖

▲ 圖 6-2-9 多資料數列分佈型圖表

圖 6-2-9(c) 和圖 6-2-9(d) 都是雙資料數列的小提琴圖，它並不是像雙資料數列的箱形圖一樣，而是同一個類別下有兩個小提琴圖。這是因為小提琴圖本身就是由兩個左右對稱的核心密度估計曲線圖組成的。所以對於雙資料數列小提琴圖，我們只需要保留兩個小提琴圖的各一半，使左邊為一個資料的核心密度估計曲線圖，右邊為另一個資料的核心密度估計曲線圖。圖 6-2-9(d) 還在每個類別的中心線上增加了箱形圖，以便更加全面地展示資料資訊。

技能 繪製多資料數列的箱形圖

多資料數列的箱形圖可以使用 geom_boxplot() 函數，只需要將兩組的
變數對映到箱形的填充顏色（fill），另外可以使用 position = position_
dodge(width) 控 制 箱 形 之 間 的 間 隔，如圖 6-2-9(a) 所示。在圖 6-2-
9(a) 的 基 礎 上，使用 geom_jitter() 函數增加抖動散點圖，可以透過
position=position_jitter(width,height) 敘述使散點沿著箱形圖的中心線分
佈，如圖 6-2-9(b) 所示。

```
01    import pandas as pd
02    import numpy as np
03    import seaborn as sns
04    import matplotlib.pyplot as plt
05    from plotnine import *
06    tips = sns.load_dataset("tips")
07    #圖 6-2-9 (a) 多資料數列的箱形圖
08    box2_plot=(ggplot(tips, aes(x = "day", y = "total_bill"))
09    + geom_boxplot(aes(fill="sex"),position = position_dodge(0.8),size=0.5)
10    + guides(fill=guide_legend(title="Gender"))
11    +scale_fill_hue(s = 0.90, l = 0.65, h=0.0417,color_space='husl')
12    +theme_matplotlib())
13    print(box2_plot)
14    #圖 6-2-9(b) 帶抖動散點的多資料數列箱形圖
15    x_label=['Thur','Fri', 'Sat', 'Sun']
16    tips['x1']=pd.factorize(tips['day'],sort =x_label)[0]+1
17    tips['x2']= tips.apply(lambda x: x['x1']-0.2 if x['sex']=="Male" else
      x['x1']+0.2, axis=1)
18
19    box2_plot=(ggplot(tips, aes(x = "x1", y = "total_bill",group="x2",
      fill="sex"))
20    + geom_boxplot(position = position_dodge(0.8),size=0.5,outlier_size=0.001)
21    +geom_jitter(aes(x = "x2"),position = position_jitter(width=0.15),
      shape = "o",size=2,stroke=0.1)
22    + guides(fill=guide_legend(title="Gender"))
```

```
23    +scale_fill_hue(s = 0.90, l = 0.65, h=0.0417,color_space='husl')
24    +scale_x_continuous(breaks = range(1,len(x_label)+1),labels=x_label,name=
      'day')
25    +xlab("day")
26    +theme_matplotlib())
27    print(box2_plot)
```

圖 6-2-9(d) 多 資 料 數 列 的 小 提 琴 圖，需 要 使 用 Seaborn 套 件 中 的
violinplot() 函數實現，它可以只將兩個小提琴圖各取一半，並連接在一
起，實作程式如下所示。

```
01    sns.set_style("ticks")
02    fig = plt.figure(figsize=(5,5.5))
03    sns.violinplot(x="day", y="total_bill", hue="sex",data=tips, inner="box",
      split=True, linewidth=1,palette= ["#F7746A", "#36ACAE"])
04    plt.legend(loc="center right",bbox_to_anchor=(1.5, 0, 0, 1))
```

箱形圖和小提琴圖的水平顯示：使用 plotnine 套件中的 geom_box() 函數和
geom_ violin() 函數，結合 coord_flip( ) 函數實現箱形圖和小提琴圖的水平
翻轉，如圖 6-2-10 所示。

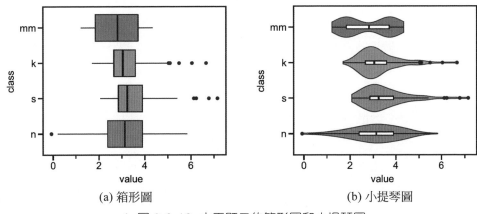

(a) 箱形圖   (b) 小提琴圖

▲ 圖 6-2-10 水平顯示的箱形圖和小提琴圖

箱形圖的中值排序顯示：排序展示資料對更快地發現資料規律和取得資料資訊尤為重要。對應 X 軸為類別向量時，最好將箱形圖按中值降冪後展示，如圖 6-2-11(b) 所示。

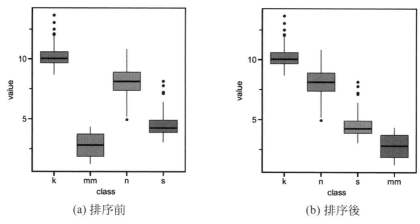

(a) 排序前　　　　　　　　　　　(b) 排序後

▲ 圖 6-2-11　中值排序顯示的箱形圖

技能 繪製中值排序顯示的箱形圖

先使用 groupby () 函數求取每個類別的中值（median），再使用 sort_values () 函數根據中值對資料框排序，然後改變因數向量的順序，使因數向量的類別（categories）按其中值降冪排列，最後使用 plotnine 中的 geom_boxplot() 函數繪製即可，實際程式如下所示。

```
01  df=pd.read_csv('Boxplot_Sort_Data.csv')
02  df_group=df.groupby(df['class'],as_index =False).median()
03  df_group=df_group.sort_values(by="value",ascending= False)
04  df['class']=df['class'].astype(CategoricalDtype (categories=df_group
    ['class'].astype(str),ordered=True))
05  box_plot=(ggplot(df,aes(x='class',y="value",fill="class"))
06  +geom_boxplot(show_legend=False)
07  +scale_fill_hue(s = 0.90, l = 0.65, h=0.0417,color_space='husl')
08  +theme_matplotlib())
09  print(box_plot)
```

6.3 二維統計長條圖和核心密度估計圖

6.3.1 二維統計長條圖

二維統計長條圖主要針對二維資料的統計分析，X-Y 軸變數為數值型，如圖 6-3-1 所示。首先要從 X 軸和 Y 軸變數資料分別找出它的最大值和最小值，然後確定一個區間，使其包含全部測量資料，將區間分成許多小區間 $[X_n:X_n+w, Y_n:Y_n+w]$（其中，w 為最小區間的大小，(X_n, Y_n) 為第 n 個區間的始點），統計測量結果出現在各個小區間的頻數 M。在平面直角座標系中，X 軸和 Y 軸分別標出每個組的端點，每個方塊（bin）的顏色代表對應的頻數，一般我們也稱這樣的統計圖為二維頻數分佈長條圖。

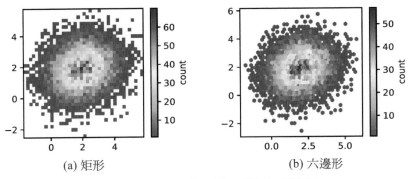

(a) 矩形　　　　　　　　(b) 六邊形

▲ 圖 6-3-1　不同類型的二維統計長條圖

技能 繪製二維統計長條圖

plotnine 套件中的 stat_bin2d() 函數和 matplotlib 套件中的 hist2d()、hexbin() 函數都可以繪製二維統計長條圖，其中使用 matplotlib 套件繪製如圖 6-3-1 所示的不同類型的二維統計長條圖的實際程式如下所示。

```
01    import pandas as pd
02    import numpy as np
03    import seaborn as sns
```

```
04    import matplotlib.pyplot as plt
05    N=5000
06    x1 = np.random.normal(1.5,1, N)
07    y1 =np.random.normal(1.6,1, N)
08    x2 = np.random.normal(2.5,1, N)
09    y2 =np.random.normal(2.2,1, N)
10    df=pd.DataFrame({'x':np.append(x1,x2),'y':np.append(y1,y2)})
11    # 矩形二維統計長條圖
12    fig = plt.figure(figsize=[3,2.7],dpi=130)
13    h=plt.hist2d(df['x'], df['y'], bins=40,cmap=plt.cm.Spectral_r,cmin =1)
14    ax=plt.gca()
15    ax.set_xlabel('x')
16    ax.set_ylabel('y')
17    cbar=plt.colorbar(h[3])
18    cbar.set_label('count')
19    cbar.set_ticks(np.linspace(0,60,7))
20    #fig.savefig('bin_plot2.pdf')
21    plt.show()
22
23    # 六邊形二維統計長條圖
24    fig, ax = plt.subplots(figsize=[3,2.7],dpi=130)
25    im = ax.hexbin(df['x'], df['y'],cmap=plt.cm.Spectral_r,gridsize=(20,20),
      mincnt=1)
26    ax.set_xlabel('x')
27    ax.set_ylabel('y')
28    cbar=fig.colorbar(im, ax=ax)
29    cbar.set_label('count')
30    #fig.savefig('hexbin_plot.pdf')
31    plt.show()
```

6.3.2　二維核心密度估計圖

常見的二維核心密度估計圖如圖 6-3-2 所示。核心密度估計（kernel density estimation）是一種用於估計機率密度函數的非參數方法 [13]。在二維核心密度估計中，$x_1, x_2, \cdots, x_n, y_1, y_2, \cdots, y_n$ 為獨立同分佈 F 的 n 個樣本點，設其機率密度函數為 f，核心密度估計如下：

$$f_h(x, y) = \frac{1}{n} \sum_{i=1}^{n} K_h(x - x_i, y - y_i) = \frac{1}{nh^2} \sum_{i=1}^{n} K_h(\frac{x - x_i}{h}, \frac{y - y_i}{h})$$

其中，$K(.)$ 為核心函數（非負、積分為 1，符合機率密度性質，並且平均值為 0）。有很多種核心函數，例如高斯函數（gaussian function, $f(x) = ae^{-\frac{(x-b)^2}{2c^2}}$，其中 a, b 和 c 都為常數），uniform()、triangular()、biweight()、triweight()、Epanechnikov()、normal 等。當 $h>0$ 時，為一個平滑參數，稱作頻寬（bandwidth）。

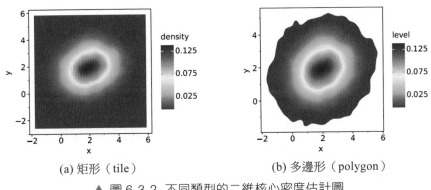

(a) 矩形（tile）　　　　　　　　(b) 多邊形（polygon）

▲ 圖 6-3-2　不同類型的二維核心密度估計圖

技能　繪製二維核心密度估計圖

plotnine 套件中的 stat_density_2d() 函數可以繪製二維核心密度估計圖，其中 geom ="tile" 或 "polygon" 分別對應圖 6-3-2(a) 和圖 6-3-2(b)，實際程式如下所示。Seaborn 套件中的 kdeplot() 函數也可以直接繪製二維核心密度估計圖。

```
01    # 建置正態分佈的資料集
02    N=5000
03    x1 = np.random.normal(1.5,1, N)
04    y1 =np.random.normal(1.6,1, N)
```

```
05    x2 = np.random.normal(2.5,1, N)
06    y2 =np.random.normal(2.2,1, N)
07    df=pd.DataFrame({'x':np.append(x1,x2),'y':np.append(y1,y2)})
08
09    # 矩形二維核心密度估計圖
10    density_plot=(ggplot(df, aes('x','y'))
11    +stat_density_2d (aes(fill = '..density..'),geom ="tile",contour=False)
12    +scale_fill_cmap(name ='Spectral_r',breaks= np.arange(0.025,0.126,0.05))
13    +theme_matplotlib())
14    print(density_plot)
15
16    # 多邊形二維核心密度估計圖
17    density_plot2=(ggplot(df, aes('x','y'))
18    +stat_density_2d (aes(fill = '..level..'),geom ="polygon",size=0.5,level
      s=100,contour=True)
19    +scale_fill_cmap(name ='Spectral_r',breaks= np.arange(0.025,0.126,0.05))
20    +theme_matplotlib())
21    print(density_plot2)
```

除使用二維圖表，例如二維方塊統計長條圖、二維核心密度估計熱力圖來
展示二維統計分佈外，還可以使用立體直條圖和立體曲面圖展示二維資料
的分佈情況，如圖 6-3-3 所示。

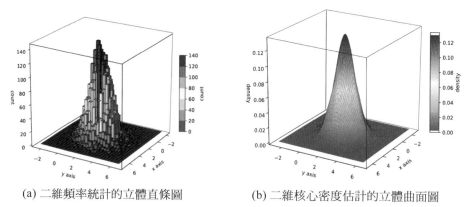

(a) 二維頻率統計的立體直條圖　　　　(b) 二維核心密度估計的立體曲面圖

▲ 圖 6-3-3　二維統計分佈的三維展示圖表

二維與一維統計分佈組合圖：我們還可以將二維統計長條圖和核心密度估計圖，結合一維的統計分佈圖表一起展示，更加詳細地揭示資料的分佈情況，如圖 6-3-4 所示。

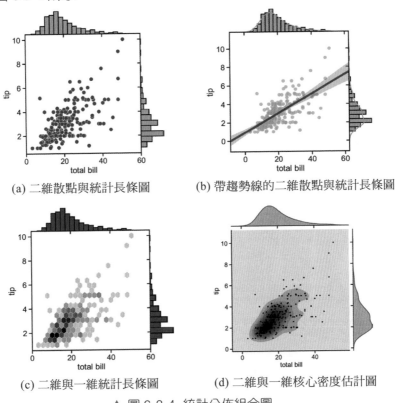

(a) 二維散點與統計長條圖　　　(b) 帶趨勢線的二維散點與統計長條圖

(c) 二維與一維統計長條圖　　　(d) 二維與一維核心密度估計圖

▲ 圖 6-3-4　統計分佈組合圖

技能 繪製統計分佈組合圖

Seaborn 套件提供了 jointplot() 函數可以極佳地實現統計分佈組合圖，包含帶趨勢線的二維散點與統計長條圖、二維與一維統計長條圖和二維與一維核心密度估計圖，其實際程式如下所示。

```
01   import seaborn as sns
02   import pandas as pd
03   import numpy as np
```

```
04    tips = sns.load_dataset("tips")
05    df=pd.DataFrame({'x':tips['total_bill'],'y':tips['tip']})
06    # 圖 6-3-4(b) 帶趨勢線的二維散點與統計長條圖
07    sns_reg=sns.jointplot(x='x', y='y',  # 設定 X、Y 軸，顯示 columns 名稱
08                    data=df,   # 設定資料
09                    color = '#7CBC47',
10                    kind = 'reg',
11                    space = 0,  # 設定散點圖和版面配置圖的間距
12                    size = 5, ratio = 5,  # 散點圖與版面配置圖高度比，整數
13                    scatter_kws={"color":"#7CBC47","alpha":0.7,"s":30,'marker'
                    :"+"},  # 設定散點大小、邊緣線顏色及寬度 ( 只針對 scatter )
14                    line_kws={"color":"#D31A8A","alpha":1,"lw":4},
15                    marginal_kws=dict(bins=20, rug=False,
16                    hist_kws={'edgecolor':'k', 'color':'#7CBC47', 'alpha':1})
                    # 設定直條圖箱數，是否設定 rug
17                    )
18    sns_reg.set_axis_labels(xlabel='total bill', ylabel='tip')
19
20    # 圖 6-3-4(c) 二維與一維統計長條圖
21    sns_hex =sns.jointplot(x='x', y='y',  # 設定 X、Y 軸，顯示 columns 名稱
22                    data=df,   # 設定資料
23                    kind = 'hex', #kind="kde","hex","reg"
24                    color='#D31A8A',linewidth=0.1,
25                    space = 0,  # 設定散點圖和版面配置圖的間距
26                    size = 5, ratio = 5,  # 散點圖與版面配置圖高度比
27                    xlim=(0,60),
28                    joint_kws=dict(gridsize=20,edgecolor='w'),  # 主圖參數設定
29                    marginal_kws=dict(bins=20,color='#D31A8A', hist_kws=
                    {'edgecolor':'k','alpha':1}), # 邊緣圖設定
30                    )  # 修改統計註釋
31    sns_hex.set_axis_labels(xlabel='total bill', ylabel='tip')
32
33    # 圖 6-3-4(d) 二維與一維核心密度估計圖
34    sns_kde =sns.jointplot(x="x", y="y", data=df, kind="kde",color='#D31A8A')
35    sns_kde.plot_joint(plt.scatter, c="k", s=10, linewidth=1, marker="+")
36    sns_kde.set_axis_labels(xlabel='total bill', ylabel='tip')
```

時間序列型圖表

7.1 聚合線圖與面積圖系列

7.1.1 聚合線圖

聚合線圖（line chart）用於在連續間隔或時間跨度上顯示定量數值，最常用來顯示趨勢和關係（與其他聚合線組合起來）。此外，聚合線圖也能列出某時間段內的整體概覽，看看資料在這段時間內的發展情況。要繪製聚合線圖，先在笛卡兒座標系上定出資料點，然後用直線把這些點連接起來。

在聚合線圖中，X 軸包含類型或序數型變數，分別對應文字座標軸和序數座標軸（如日期座標軸）兩種類型；Y 軸為數值型變數。聚合線圖主要應用於時間序列資料的視覺化。圖 7-1-1(a) 為雙資料數列聚合線圖，X 軸變數為時序資料。

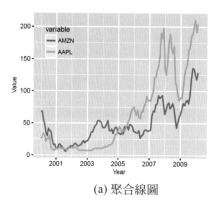

(a) 聚合線圖

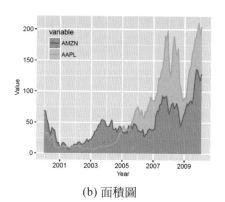

(b) 面積圖

▲ 圖 7-1-1　多資料數列圖

在散點圖系列中，曲線圖（帶直線而沒有資料標記的散點圖）與聚合線圖的影像顯示效果類似。在曲線圖中，X 軸也表示時間變數，但是必須為數值格式，這是兩者之間最大的區別。所以，如果 X 軸變數為數值格式，則應該使用曲線圖，而非聚合線圖來顯示資料。

在聚合線圖系列中，標準的聚合線圖和帶資料標記的聚合線圖可以極佳地視覺化資料。因為圖表的三維透視效果很容易讓讀者誤解資料，所以不推薦使用立體聚合線圖。另外，堆疊聚合線圖和百分比堆疊聚合線圖等推薦使用對應的面積圖，舉例來說，堆疊聚合線圖的資料可以使用堆疊面積圖繪製，展示的效果將更加清晰和美觀。

7.1.2　面積圖

面積圖（area graph）又叫作區域圖，是在聚合線圖的基礎之上形成的，它將聚合線圖中聚合線與引數座標軸之間的區域使用顏色或紋理填充（填充區域稱為「面積」），這樣可以更進一步地突出趨勢資訊，同時讓圖表更加美觀。與聚合線圖一樣，面積圖可顯示某時間段內量化數值的變化和發展，最常用來顯示趨勢，而非表示實際數值，圖 7-1-2(a) 所示為單資料數列面積圖。

多資料數列的面積圖如果使用得當，則效果可以比多資料數列的聚合線圖美觀很多。需要注意的是，顏色要帶有一定的透明度，透明度可以極佳地幫助使用者觀察不同資料數列之間的重疊關係，避免資料數列之間的遮擋（見圖 7-1-1(b)）。但是，資料數列最好不要超過 3 個，不然圖表看起來會比較混亂，反而不利於資料資訊的準確和美觀表達。當資料數列較多時，建議使用聚合線圖、分面面積圖或峰巒圖展示資料。

顏色對映填充的面積圖：另外給讀者介紹一種顏色對映填充的面積圖，如圖 7-1-2(b) 所示，填充面積不是如圖 7-1-2(a) 所示的純色填充，而是將聚合線部分的資料點 (x_i, y_i) 根據 y_i 值顏色對映到顏色漸層主題，這樣可以更進一步地促進資料資訊的表達，但是這種圖表只適用於單資料數列面積圖。由於多資料數列面積圖存在互相遮擋的情況，會導致資料表達過於容錯，反而影響資料的清晰表達。

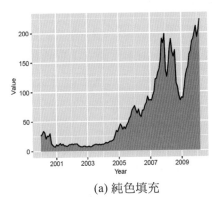

(a) 純色填充

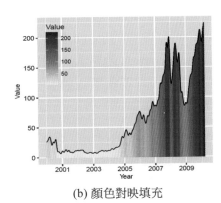

(b) 顏色對映填充

▲ 圖 7-1-2 填充面積聚合線圖

兩條聚合線間填充面積圖：兩條聚合線之間可以使用面積填充，這樣可以很清晰地觀察資料之間的差異變化，這種圖表只適用於雙資料數列的數值差異比較展示，如圖 7-1-3 所示為 3 種不同類型的兩條聚合線間填充面積圖。圖 7-1-3(a) 就是直接使用單色填充兩條聚合線之間的面積；圖 7-1-3(b) 是分段填充，當變數 "AMZN" 大於變數 "AAPL" 時，使用藍色填充，反之則使用紅色填充；圖 7-1-3(c) 是使用顏色對映填充的面積圖，將圖 7-1-2(b) 的顏色對映方法對映到面積填充，這樣可以更加清晰地比較每個時間點的差異。

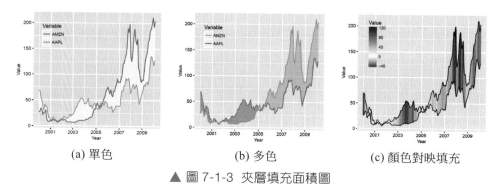

| (a) 單色 | (b) 多色 | (c) 顏色對映填充 |

▲ 圖 7-1-3　夾層填充面積圖

技能 聚合線圖和面積圖系列的繪製方法

plotnine 套件中的 geom_line() 函數可以繪製聚合線圖，如圖 7-1-1(a) 所示；geom_area() 函數可以繪製面積圖，如圖 7-1-1(b) 和圖 7-1-2(a) 所示；geom_ribbon() 函數可以繪製如圖 7-1-3 所示的夾層填充面積圖。其核心程式如下所示。

```
01   df=pd.read_csv('Line_Data.csv')
02   df['date']=[datetime.strptime(d, '%Y/%m/%d').date() for d in df['date']]
03   melt_df=pd.melt(df,id_vars=["date"],var_name='variable',value_name=
     'value')
04   # 圖 7-1-1(a) 聚合線圖
05   base_plot=(ggplot(melt_df, aes(x ='date', y = 'value', group='variable',
     color='variable') )+
06     geom_line(size=1)+
07     scale_x_date(date_labels = "%Y",date_breaks = "2 year")+
08     scale_fill_hue(s = 0.90, l = 0.65, h=0.0417,color_space='husl')+
09     xlab("Year")+
10     ylab("Value"))
11   print(base_plot)
```

```
12
13   # 圖 7-1-1(b) 面積圖
14   base_plot=(ggplot(melt_df, aes(x ='date', y = 'value',group='variable') )+
15     geom_area(aes(fill='variable'),alpha=0.75,position="identity")+
16     geom_line(aes(color='variable'),size=0.75)+#color="black",
17     scale_x_date(date_labels = "%Y",date_breaks = "2 year")+
18     scale_fill_hue(s = 0.90, l = 0.65, h=0.0417,color_space='husl')+
19     xlab("Year")+
20     ylab("Value"))
21   print(base_plot)
22
23   # 圖 7-1-3(b) 多色夾層填充面積圖
24   df['ymin1']=df['ymin']
25   df.loc[(df['AAPL']-df['AMZN'])>0,'ymin1']=np.nan
26   df['ymin2']=df['ymin']
27   df.loc[(df['AAPL']-df['AMZN'])<=0,'ymin2']=np.nan
28   df['ymax1']=df['ymax']
29   df.loc[(df['AAPL']-df['AMZN'])>0,'ymax1']=np.nan
30   df['ymax2']=df['ymax']
31   df.loc[(df['AAPL']-df['AMZN'])<=0,'ymax2']=np.nan
32   base_plot=(ggplot()+
33     geom_ribbon( aes(x ='date',ymin='ymin1', ymax='ymax1',group=1),df,
       alpha=0.5,fill="#00B2F6", color="none")+
34     geom_ribbon( aes(x ='date',ymin='ymin2', ymax='ymax2',group=1),df,
       alpha=0.5,fill="#FF6B5E",color ="none")+
35     geom_line(aes(x ='date',y='value',color='variable',group='variable'),
       melt_df,size=0.75)+#color="black",
36     scale_x_date(date_labels = "%Y",date_breaks = "2 year")+
37     xlab("Year")+
38     ylab("Value"))
39   print(base_plot)
```

圖 7-1-2(b) 所示的顏色對映填充的單資料數列面積圖，可以使用 geom_bar() 函數和 geom_line() 函數實現。但是需要先將 X 軸變數從時間類型轉換成數值類型；然後使用 interpolate 套件中的 interp1d() 函數內插使 Y 軸

變數獲得更加密集的資料；再將 X 軸變數從數值型態轉換回時間類型，其實際程式如下所示。圖 7-1-3(c) 所示的夾層顏色對映填充的面積圖也是使用類似的方法，先內插然後使用 geom_linerange() 函數替代 geom_bar() 函數，與 geom_line() 函數組合實現。

```
01    from scipy import interpolate # 從 SciPy 套件中匯入內插需要的方法 interpolate
02    import time
03    df=pd.read_csv('Area_Data.csv')
04    df['x']=[time.mktime(time.strptime(d, '%Y/%m/%d')) for d in df['date']]
05    f = interpolate.interp1d(df['x'], df['value'], kind='quadratic')
06    x_new=np.linspace(np.min(df['x']),np.max(df['x']),600)
07    df_interpolate=pd.DataFrame(dict(x=x_new,value=f(x_new)))
08    df_interpolate['date']=[datetime.strptime(time.strftime('%Y-%m-%d',
      time.gmtime(d)), '%Y-%m-%d') for d in df_interpolate['x']]
09    base_plot=(ggplot(df_interpolate, aes(x ='date', y = 'value',group=1) )+
10      geom_bar(aes(fill='value',colour='value'),stat = "identity",
        alpha=1,width =2)+
11      geom_line(color="black",size=0.5)+
12      scale_color_cmap(name ='Reds')+
13      scale_x_date(date_labels = "%Y",date_breaks = "2 year")+
14      guides(fill=False))
15    print(base_plot)
```

使用 matplotlib 套件中的 plt.plot() 函數和 plt.fill_between() 函數可以繪製如圖 7-1-1 所示的多資料數列聚合線圖和面積圖，其實際程式如下所示。

```
01    pandas as pd
02    import matplotlib.pyplot as plt
03    from datetime import datetime
04    df=pd.read_csv('Line_Data.csv',index_col =0)
05    df.index=[datetime.strptime(d, '%Y/%m/%d').date() for d in df.index]
06    # 多資料數列聚合線圖
07    fig =plt.figure(figsize=(5,4), dpi=100)
08    plt.plot(df.index, df.AMZN, color='#F94306', label='AMZN')
09    plt.plot(df.index, df.AAPL, color='#06BCF9', label='AAPL')
```

```
10   plt.xlabel("Year")
11   plt.ylabel("Value")
12   plt.legend(loc='upper left',edgecolor='none',facecolor='none')
13   plt.show()
14
15   #多資料數列面積圖
16   columns=df.columns
17   colors=["#F94306","#06BCF9"]
18   fig =plt.figure(figsize=(5,4), dpi=100)
19   plt.fill_between(df.index.values, y1=df.AMZN.values, y2=0, label=columns[1],
     alpha=0.75, facecolor =colors[0], linewidth=1,edgecolor ='k')
20   plt.fill_between(df.index.values, y1=df.AAPL.values, y2=0, label=columns[0],
     alpha=0.75, facecolor =colors[1], linewidth=1,edgecolor ='k')
21   plt.xlabel("Year")
22   plt.ylabel("Value")
23   plt.legend(loc='upper left',edgecolor='none',facecolor='none')
24   plt.show()
```

線圖的故事

William Playfair（1759—1823）是蘇格蘭的工程師、政治經濟學家以及統計圖形方法的奠基人之一，他創造了我們今日習以為常的幾種基本圖形。

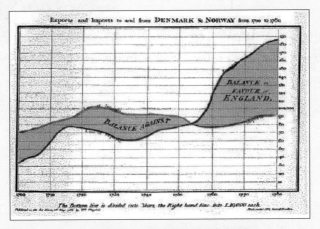

圖 7-1-4 Playfair（1786）繪製的線圖

在 *The Commercial and Political Atlas*（Playfair, 1786）[24] 一書中，他用如圖 7-1-4 所示的線圖展示了英格蘭自 1700 年至 1780 年間的進出口資料，從圖中可以很清楚地看出對英格蘭有利和不利（即順差、逆差）的年份，左邊表明了對外貿易對英格蘭不利，而隨著時間發展，大約 1752 年後，對外貿易逐漸層得有利。

另外，他還在 *The Statistical Breviary*（Playfair, 1801）[25] 一書中，第一次使用了圓形圖來展示一些歐洲國家的領土比例。事實上，除了這兩種圖形，他還發明了橫條圖和圓環圖。

堆疊面積圖（stacked area graph）的原理與多資料數列面積圖相同，但它能同時顯示多個資料數列，每一個系列的開始點是先前資料數列的結束點，如圖 7-1-5(a) 所示。堆疊面積圖上最大的面積代表了所有的資料量的總和，是一個整體。各個堆疊起來的面積表示各個資料量的大小，這些堆疊起來的面積圖在表現大數據的總量分量的變化情況時格外有用，所以層疊面積圖不適用於表示帶有負值的資料集。總地來說，它們適合用來比較同一間隔內多個變數的變化。

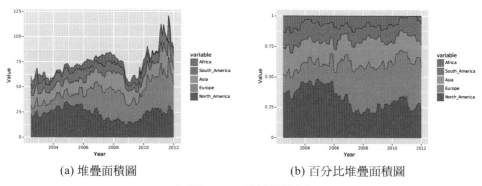

(a) 堆疊面積圖　　　　　　　　(b) 百分比堆疊面積圖

▲ 圖 7-1-5　堆疊面積圖

在堆疊面積圖的基礎之上，將各個面積的因變數的資料使用加總後的總量進行歸一化就形成了百分比堆疊面積圖，如圖 7-1-5(b) 所示。該圖並不能反映總量的變化，但是可以清晰地反映每個數值所佔百分比隨時間或類別變化的趨勢線，對於分析各個指標分量百分比極為有用。

堆疊面積圖偏重於表現不同時間段（資料區間）的多個分類累加值之間的趨勢。百分比堆疊面積圖表現不同時間段（資料區間）的多個分類百分比的變化趨勢。而堆疊直條圖和堆疊面積圖的差別在於，堆疊面積圖的 X 軸上只能表示連續資料（時間或數值），堆疊直條圖的 X 軸上只能表示分類資料。

技能 繪製堆疊面積圖

potnine 套 件 中 的 geom_area() 函 數 可 以 繪 製 面 積 圖 系 列， 其 中 position="stack"，表示多資料數列的堆疊，可以繪製如圖 7-1-5(a) 所示的堆疊面積圖；position="full"，表示多資料數列以百分比的形式堆疊，可以繪製如圖 7-1-5(b) 所示的百分比堆疊面積圖。

對於如圖 7-1-5(a) 所示的堆疊面積圖，為了更進一步地展示資料資訊，最好先對每個資料數列求和再進行降冪處理，使資料總和最大的類別最接近 X 軸。這樣，可以極佳地比較不同資料數列之間的數值大小。其實際程式如下所示。

```
01   import pandas as pd
02   from plotnine import *
03   from datetime import datetime
04   df=pd.read_csv('StackedArea_Data.csv')
05   df['Date']=[datetime.strptime(d, '%Y/%m/%d').date() for d in df['Date']]
06   Sum_df=df.iloc[:,1:].apply(lambda x: x.sum(), axis=0).sort_values
     (ascending=True)
07   melt_df=pd.melt(df,id_vars=["Date"],var_name='variable',value_name=
     'value')
08   melt_df['variable']=melt_df['variable'].astype(CategoricalDtype
     (categories= Sum_df.index,ordered=True))
09   # 堆疊面積圖
```

```
10   base_plot=(ggplot(melt_df, aes(x ='Date', y = 'value',fill='variable',
     group='variable') )+
11     geom_area(position="stack",alpha=1)+
12     geom_line(position="stack",size=0.25,color="black")+
13     scale_x_date(date_labels = "%Y",date_breaks = "2 year")+
14     scale_fill_hue(s = 0.99, l = 0.65, h=0.0417,color_space='husl')+
15     xlab("Year")+
16     ylab("Value"))
17   print(base_plot)
```

對於如圖 7-1-5(b) 所示的百分比堆疊面積圖,為了更進一步地展示資料資訊,最好先對每個資料數列按列計算其百分比後,再進行求和與降冪處理,使資料總和最大的類別最接近 X 軸。這樣,可以極佳地比較不同資料數列之間的百分比關係。其實際程式如下所示。

```
01   df=pd.read_csv('StackedArea_Data.csv')
02   df['Date']=[datetime.strptime(d, '%Y/%m/%d').date() for d in df['Date']]
03   SumRow_df=df.iloc[:,1:].apply(lambda x: x.sum(), axis=1)
04   df.iloc[:,1:]=df.iloc[:,1:].apply(lambda x: x/SumRow_df, axis=0)
05   meanCol_df=df.iloc[:,1:].apply(lambda x: x.sum(), axis=0).sort_values
     (ascending=True)
06   melt_df=pd.melt(df,id_vars=["Date"],var_name='variable',value_name=
     'value')
07   melt_df['variable']=melt_df['variable'].astype(CategoricalDtype
     (categories=meanCol_df.index,ordered=True))
08   base_plot=(ggplot(melt_df, aes(x ='Date', y = 'value',fill='variable',
     group='variable') )+
09     geom_area(position="fill",alpha=1)+
10     geom_line(position="fill",size=0.25,color="black")+
11     scale_x_date(date_labels = "%Y",date_breaks = "2 year")+
12     scale_fill_hue(s = 0.99, l = 0.65, h=0.0417,color_space='husl')+
13     xlab("Year")+
14     ylab("Value"))
15   print(base_plot)
```

matplotlib 套件中的 stackplot() 函數可以繪製堆疊面積圖，為了更進一步地展示資料資訊，最好也對資料做前置處理後再繪製圖表，圖 7-1-5(a) 所示的堆疊面積圖的實際程式如下所示。

```
01   df=pd.read_csv('StackedArea_Data.csv',index_col =0)
02   df.index=[datetime.strptime(d, '%Y/%m/%d').date() for d in df.index]
03   Sum_df=df.apply(lambda x: x.sum(), axis=0).sort_values(ascending=False)
04   df=df[Sum_df.index.tolist()]
05   columns=df.columns
06   colors= sns.husl_palette(len(columns),h=15/360, l=.65, s=1).as_hex()
07   fig =plt.figure(figsize=(5,4), dpi=100)
08   plt.stackplot(df.index.values, df.values.T, labels=columns, colors=
     colors,linewidth=1,edgecolor ='k')
09   plt.xlabel("Year")
10   plt.ylabel("Value")
11   plt.legend(title="group",loc="center right",bbox_to_anchor=(1.5, 0, 0,
     1),edgecolor='none',facecolor='none')
12   plt.show()
```

matplotlib 套件中的 stackplot() 函數可以繪製百分比堆疊面積圖，但是需要提前計算資料的百分比數值，再使用 stackplot() 函數繪製堆疊面積圖，還需要 plt.gca().set_yticklabels() 函數將 Y 軸座標標籤轉換成百分比的格式。圖 7-1-5(b) 所示的百分比堆疊面積圖的實際程式如下所示。

```
01   df=pd.read_csv('StackedArea_Data.csv',index_col =0)
02   df.index=[datetime.strptime(d, '%Y/%m/%d').date() for d in df.index]
03   SumRow_df=df.apply(lambda x: x.sum(), axis=1)
04   df=df.apply(lambda x: x/SumRow_df, axis=0)
05   meanCol_df=df.apply(lambda x: x.mean(), axis=0).sort_values(ascending=
     False)
06   df=df[meanCol_df.index]
07   columns=df.columns
08   colors= sns.husl_palette(len(columns),h=15/360, l=.65, s=1).as_hex()
09   fig =plt.figure(figsize=(5,4), dpi=100)
10   plt.stackplot(df.index.values, df.values.T,labels=columns,colors=colors,
```

```
      linewidth=1,edgecolor ='k')
11    plt.xlabel("Year")
12    plt.ylabel("Value")
13    plt.gca().set_yticklabels(['{:.0f}%'.format(x*100) for x in plt.gca().
      get_yticks()])
14    plt.legend(title="group",loc="center right",bbox_to_anchor=(1.5, 0, 0,
      1),edgecolor='none',facecolor='none')
15    plt.show()
```

7.2 日曆圖

我們常用的日曆也可以當作視覺化工具,適用於顯示不同時間段,以及活動事件的組織情況。時間段通常以不同單位顯示,例如日、周、月和年。今天我們最常用的日曆形式是西曆,每個月的月曆由七 7 個垂直列組成(代表每週 7 天),如圖 7-2-1 所示。

▲ 圖 7-2-1 日曆示意圖

日曆圖的主要視覺化形式有如圖 7-2-2 所示的兩種:以年為單位的日曆圖(見圖 7-2-1(a))和以月為單位的日曆圖(見圖 7-2-1(b))。日曆圖的資料結構一般為（日期—Date、數值—Value），將數值（Value）按照日期（Date）在日曆上展示，其中數值（Value）對映到顏色。

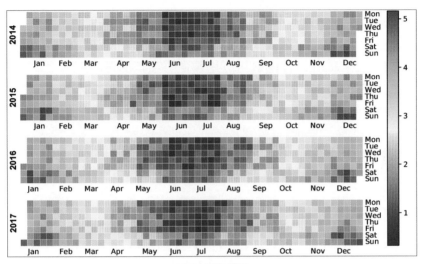

(a) 以年為單位

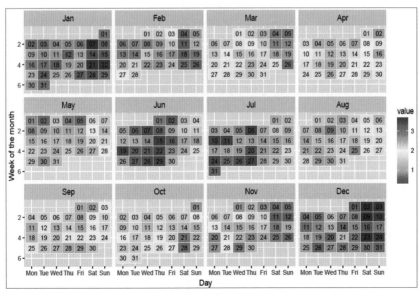

(b) 以月為單位

▲ 圖 7-2-2 不同基本單位的日曆圖

技能 繪製以年為單位的日曆圖

calmap 套件（見連結 22）中的 calendarplot() 函數可以繪製如圖 7-2-2(a)
所示的日曆圖，輸入的資料格式必須為 Series 類型，而且其 index 為時間
類型（DatetimeIndex），例如 2018-03-17。其實際程式如下所示。另外，
calmap 套件中的 yearplot() 函數可以繪製實際某年的日曆圖。

```
01   import calmap
02   import matplotlib.pyplot as plt
03   df=pd.read_csv('Calendar.csv',parse_dates=['date'])
04   df.set_index('date', inplace=True)
05   fig,ax=calmap.calendarplot(df['value'], fillcolor='grey', linecolor='w',
     linewidth=0.1,cmap='RdYlGn',
06                      yearlabel_kws={'color':'black',
                        'fontsize':12},fig_kws=dict(figsize=(10,5),dpi= 80))
07   fig.colorbar(ax[0].get_children()[1], ax=ax.ravel().tolist())
08   plt.show()
```

技能 繪製以月為單位的日曆圖

plotnine 套件中的 geom_tile() 函數，借助 facet_wrap() 函數分面，就可以
繪製如圖 7-2-2(b) 所示的以月份為單位的日曆圖，實際程式如下所示。其
關鍵在於月、周、日資料的轉換。

```
01   import pandas as pd
02   import numpy as np
03   from plotnine import *
04   df=pd.read_csv('Calendar.csv',parse_dates=['date'])
05   df['year']=[d.year for d in df['date']]
06   df=df[df['year']==2017]
07   df['month']=[d.month for d in df['date']]
08   month_label=["Jan","Feb","Mar","Apr","May","Jun","Jul","Aug","Sep",
     "Oct","Nov","Dec"]
09   df['monthf']=df['month'].replace(np.arange(1,13,1), month_label)
```

```
10   df['monthf']=df['monthf'].astype(CategoricalDtype (categories=
     month_label,ordered=True))
11   df['week']=[int(d.strftime('%W')) for d in df['date']]
12   df['weekay']=[int(d.strftime('%u')) for d in df['date']]
13   week_label=["Mon","Tue","Wed","Thu","Fri","Sat","Sun"]
14   df['weekdayf']=df['weekay'].replace(np.arange(1,8,1), week_label)
15   df['weekdayf']=df['weekdayf'].astype(CategoricalDtype (categories=
     week_label,ordered=True))
16   df['day']=[d.strftime('%d') for d in df['date']]
17   df['monthweek']=df.groupby('monthf')['week'].apply(lambda x: x-x.min()+1)
18   base_plot=(ggplot(df, aes('weekdayf', 'monthweek', fill='value')) +
19     geom_tile(colour = "white",size=0.1) +
20     scale_fill_cmap(name ='Spectral_r')+
21     geom_text(aes(label='day'),size=8)+
22     facet_wrap('~monthf' ,nrow=3) +
23     scale_y_reverse()+
24     xlab("Day") + ylab("Week of the month") +
25     theme(strip_text = element_text(size=11,face="plain",color="black"),
26           axis_title=element_text(size=10,face="plain",color="black"),
27           axis_text = element_text(size=8,face="plain",color="black"),
28           legend_position = 'right',
29           legend_background = element_blank(),
30           aspect_ratio =0.85,
31           figure_size = (8, 8),
32           dpi = 100))
33   print(base_plot)
```

7.3 量化波形圖

量化波形圖（stream graph），有時候也被稱為河流圖或主題河流圖（theme river chart），是堆疊面積圖的一種變形，透過「流動」的形狀來展示不同類別的資料隨時間的變化情況。但不同於堆疊面積圖，河流圖並不是將資料描繪在一個固定的、筆直的軸上（堆疊圖的基準線就是 X 軸），而是將資料分散到一個變化的中心基準線上（該基準線不一定是筆直的）。透過使用流動的有機形狀，量化波形圖可顯示不同類別的資料隨著時間的變化，這些有機形狀有點像河流，因此量化波形圖看起來相當美觀。

如圖 7-3-1 所示為量化波形圖示意，由量化波形圖的組成圖可以看出，它用顏色區分不同的類別，或每個類別的附加定量，流向則與表示時間的 X 軸平行。每個類別的對應數值則是與波浪的寬度成比例展示出來的。由於每個類別的數值變化形同一條寬度不一的小河，匯集、扭結在一起，因此而得名為河流圖。

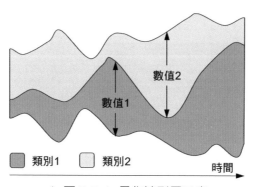

▲ 圖 7-3-1　量化波形圖示意

量化波形圖很適合用來顯示大容量的資料集，以便尋找各種不同類別隨著時間演進的趨勢和模式。舉例來說，波浪形狀中的季節性峰值和谷值可以代表週期性模式。量化波形圖也可以用來顯示大量資產在一段時間內的波動率。

量化波形圖的缺點在於它們存在可讀性的問題，當顯示大類型資料集時，這種別圖就顯得特別混亂。具有較小數值的類別經常會被「淹沒」，以讓出空間來顯示具有更大數值的類別，使我們不能看到所有資料。此外，我們也不可能讀取到量化波形圖中所顯示的精確數值。

因此，量化波形圖還是比較適合不想花太多時間深入解讀圖表和探索資料的人，它適合用來顯示一般表面的資料趨勢。我們需要注意的是，除非使用互動技術，否則量化波形圖無法精準地表達資料。但不可否認的是，在面對巨大數據量，且數值波動幅度大的情況下，量化波形圖擁有優雅的視覺結構，可極佳地吸引讀者的注意力，同時凸顯變化大的資料。

需要注意的是：最好在展示量化波形圖前，先根據資料數列最大值進行排序處理。圖 7-3-2(a) 所示的量化波形圖，由於沒有使用互動技術，而只是靜態圖表，進一步導致資料數列太多時，很難將圖例與圖表中的波形資料數列一一對應。而先求取每個資料數列的最大數值，然後根據數值排序後，再展示的量化波形圖如圖 7-3-2(b) 所示。右邊的圖例可極佳地與左邊的量化波形圖對應起來，波形最大值越大，越位於左邊量化波形圖的週邊，也越排列在圖例的上方。

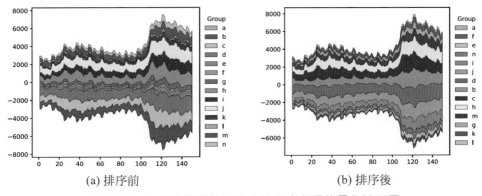

(a) 排序前   (b) 排序後

▲ 圖 7-3-2 根據資料數列最大值排序處理的量化波形圖

其實，量化波形圖是多個時間序列的資料數列對稱堆疊而成的，無法精準地表達資料的實際數值。所以，我們也可以使用時間序列的峰巒圖展示資料，如圖 7-3-3 所示。如圖 7-3-3(b) 所示，將數值對映到漸層顏色條，這樣可以清晰地表示每個實際數值，更進一步地觀察每個資料數列隨時間的變化規律，同時可以更進一步地比較不同資料數列之間的數值。

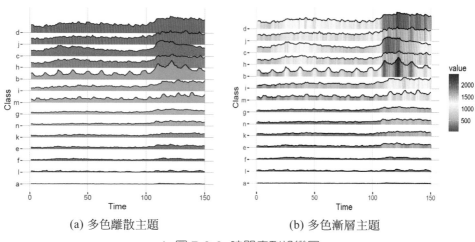

(a) 多色離散主題　　　　　　　　　(b) 多色漸層主題

▲ 圖 7-3-3　時間序列峰巒圖

技能 繪製量化波形圖

matplotlib 套件中的 stackplot() 函數可以繪製量化波形圖，只需要將參數
baseline 設定為 'wiggle'。其關鍵在於要根據資料數列最大值進行排序處
理，可以先使用 apply() 函數求取每個資料數列的最大值，然後使用 sort_
values() 函數對所有資料數列的最大值進行排序處理即可。圖 7-3-2(b) 的實
際程式如下所示。

```
01    import pandas as pd
02    import numpy as np
03    import matplotlib.pyplot as plt
04    from matplotlib import cm,colors
05    from matplotlib.pyplot import figure
06    df=pd.read_csv('StreamGraph_Data.csv',index_col =0)
07    df_colmax= (df.apply(lambda x: x.max(), axis=0)).sort_values(ascending=
      True)
08    N=len(df_colmax)
09    index=np.append(np.arange(0,N,2),np.arange(1,N,2)[::-1])
10    labels=df_colmax.index[index]
11    df=df[labels]
```

```
12  cmap=cm.get_cmap('Paired',11)
13  color=[colors.rgb2hex(cmap(i)[:3]) for i in range(cmap.N) ]
14
15  fig = figure(figsize=(5,4.5),dpi =90)
16  plt.stackplot(df.index.values, df.values.T, labels=labels,baseline=
    'wiggle',colors=color,edgecolor= 'k',linewidth=0.25)
17  plt.legend(loc="center right",bbox_to_anchor=(1.2, 0, 0, 1),title=
    'Group',edgecolor='none',facecolor='none')
18  plt.show()
```

量化波形圖的故事

量化波形圖最早出現在 2000 年由 Susan Havre、Beth Hetzler 和 Lucy Nowell 發表的文章 *ThemeRiver: In Search of Trends, Patterns, and Relationships*[26] 中。

這篇文章描述了一個名為 ThemeRiver 的互動系統的開發過程,其中使用一個文字分析引擎,對 1959 年 11 月到 1961 年 6 月期間,菲德爾·卡斯楚的演講、訪談以及其他文章的文字內容進行分析。河流圖呈現出他在不同時期使用的詞語及次數,如圖 7-3-4 所示。

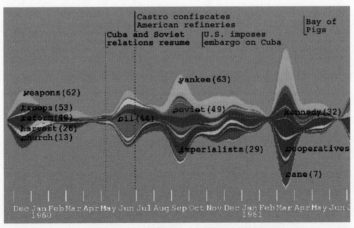

▲ 圖 7-3-4 菲德爾·卡斯楚話語分析

Chapter

08

局部整體型圖表

8.1　餅狀圖系列

8.1.1　圓形圖

圓形圖（pie chart）被廣泛地應用在各個領域，用於表示不同分類的百分比情況，透過弧度大小來比較各種分類。圓形圖是將一個圓餅按照分類的百分比劃分成多個區塊，整個圓餅代表資料的總量，每個區塊（圓弧）表示該分類佔整體的比例大小，所有區塊（圓弧）的加總等於 100%。

圓形圖可以極佳地幫助使用者快速了解資料的百分比分配，它的主要缺點如下。

（1）圓形圖不適用於多分類的資料，原則上一張圓形圖不可多於 9 個分類。因為隨著分類的增多，每個切片就會變小，最後導致大小區分不明顯，每個切片看上去都差不多大小，這樣對於資料的比較是沒有什麼意義的。

（2）相比具備同樣功能的其他圖表（例如百分比堆疊直條圖、圓環圖），圓形圖需要佔據更大的畫布空間。所以圓形圖不適合用於資料量大的場景。

（3）當很難對多個圓形圖之間的數值進行比較時，可以使用百分比堆疊直條圖或百分比堆疊橫條圖替代。

（4）不適合多變數的連續資料的百分比視覺化，此時應該使用百分比堆疊面積圖展示資料，例如多變數的時序資料。

> ### 排序問題

在繪製圓形圖前一定注意把多個類別按一定的規則排序，但不是簡單地昇冪或降冪。人們在閱讀材料時一般都是從上往下，按順時針方向的。所以千萬不要把圓形圖的類別資料從小到大，按順時針方向展示。因為如果按順時針或逆時針的順序由小到大排列圓形圖的資料類別，那麼最不重要的部分就會佔據圖表最顯著的位置。

閱讀圓形圖就如同閱讀鐘錶，人們會自然地從 12 點位置開始順時針往下閱讀內容。因此，如果最大百分比超過 50%，推薦將圓形圖的最大部分放置在 12 點位置的右邊，以強調其重要性。再將第二大百分比部分設定在 12 點位置的左邊，剩餘的類別則按逆時針方向放置。這樣的話，最小百分比的類別就會放置在最不重要的位置，即接近圖表底部，如圖 8-1-1(a) 所示。如果最大百分比不是很大，一般小於 50% 時，則可以將資料從 12 點位置的右邊開始，由大到小、順時針方向放置類別，如圖 8-1-1(b) 所示。另外，我們可以將圖 8-1-1(c)、圖 8-1-1(d) 與圖 8-1-1(a)、圖 8-1-1(b) 進行比較，看看兩者的資料表達效果。

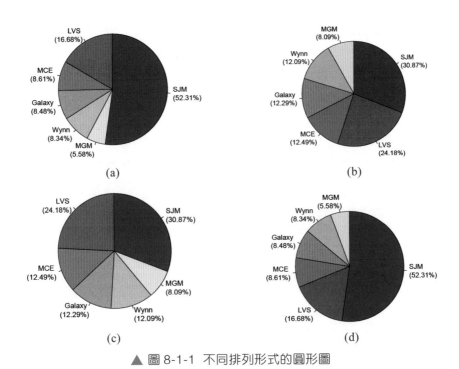

▲ 圖 8-1-1　不同排列形式的圓形圖

繪製圓形圖

matplotlib 套件中的 pie() 函數可以繪製圓形圖，但是在繪製前要先對資料進行降冪處理，再使用 pie() 函數繪製圓形圖，然後使用 annotate() 函數增加啟動線，圖 8-1-1(d) 的實際程式如下所示。

```
01    import pandas as pd
02    import numpy as np
03    import matplotlib.pyplot as plt
04    from matplotlib import cm,colors
05    df=pd.DataFrame(dict(labels =['LVS','SJM','MCE','Galaxy','MGM','Wynn'],
      sizes = [24.20,75.90,12.50, 12.30,8.10,12.10]))
06    df=df.sort_values(by='sizes',ascending=False)
07    df=df.reset_index()
08
```

```
09   cmap=cm.get_cmap('Reds_r',6)
10   color=[colors.rgb2hex(cmap(i)[:3]) for i in range(cmap.N) ]
11   fig, ax = plt.subplots(figsize=(6, 3), subplot_kw=dict(aspect="equal"))
12   wedges, texts = ax.pie(df['sizes'].values, startangle=90, shadow=True,
     counterclock=False,colors=color,
13                   wedgeprops =dict(linewidth=0.5, edgecolor='k'))
14
15   bbox_props = dict(boxstyle="square,pad=0.3", fc="w", ec="k", lw=0.72)
16   kw = dict(xycoords='data', textcoords='data', arrowprops=dict
     (arrowstyle="-"),
17           bbox=bbox_props, zorder=0, va="center")
18   for i, p in enumerate(wedges):
19       print(i)
20       ang = (p.theta2 - p.theta1)/2. + p.theta1
21       y = np.sin(np.deg2rad(ang))
22       x = np.cos(np.deg2rad(ang))
23       horizontalalignment = {-1: "right", 1: "left"}[int(np.sign(x))]
24       connectionstyle = "angle,angleA=0,angleB={}".format(ang)
25       kw["arrowprops"].update({"connectionstyle": connectionstyle})
26       ax.annotate(df['labels'][i], xy=(x, y), xytext=(1.2*x, 1.2*y),
27                   horizontalalignment=horizontalalignment, arrowprops=
     dict(arrowstyle='-'))
28   plt.show()
```

圖 8-1-1(a) 與圖 8-1-1(d) 的不同之處在於圓形圖的類別順序問題，實際設定方法如下所示，然後使用 pie() 函數繪製圓形圖並增加資料標籤，就可以實現如圖 8-1-1(a) 所示的圓形圖，其核心程式如下所示。

```
01   df=pd.DataFrame(dict(labels =['LVS','SJM','MCE','Galaxy','MGM','Wynn'],
     sizes = [24.20,75.90, 12.50,12.30,8.10,12.10]))
02   df=df.sort_values(by='sizes',ascending=False)
03   df=df.reset_index()
04   index=np.append(0,np.arange(df.shape[0]-1,0,-1))
05   df=df.iloc[index,:]
06   df=df.reset_index()
```

8.1.2 圓環圖

圓環圖（又叫作甜甜圈圖，donut chart），其本質是將圓形圖的中間區域挖空，如圖 8-1-2 所示。雖然如此，圓環圖還是有一點微小的優點。圓形圖的整體性太強，會讓我們將注意力集中在比較圓形圖內各個扇形之間佔整體比例的關係。但如果我們將兩個圓形圖放在一起，則很難同時比較兩個圖。圓環圖在解決上述問題時，採用了讓我們更關注長度而非面積的做法。這樣我們就能相對簡單地比較不同的圓環圖。同時圓環圖相對於圓形圖，其空間的使用率更高，例如我們可以使用它的空心區域顯示文字資訊，例如標題。

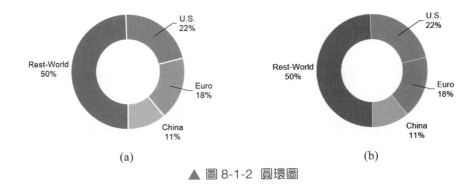

(a)   (b)

▲ 圖 8-1-2 圓環圖

8.2 馬賽克圖

馬賽克圖（mosaic plot，marimekko chart）用於顯示分類資料中一對變數之間的關係，原理類似雙向的 100% 堆疊式橫條圖，但其中所有條形在數值 / 尺規軸上具有相等長度，並會被劃分成段。可以透過這兩個變數來檢測類別與其子類別之間的關係。馬賽克圖的主要缺點在於難以閱讀，特別是當含有大量分段的時候。此外，我們也很難準確地對每個分段進行比較，因為它們並非沿著共同基準線排列在一起。因此，馬賽克圖較為適合提供資料概覽。

非座標軸、非均勻的馬賽克圖也是統計學領域中標準的馬賽克圖，一個非均勻的馬賽克圖包含以下組成元素：①非均勻的分類座標軸；②面積、顏色均有含義的矩形塊；③圖例。對於非均勻的馬賽克圖，其中的資料維度非常多，使用者一般很難直觀地了解，多數情況下可以拆解成多個不同的圖表。

圖 8-2-1(a) 所示為原始資料，包含 segment（A, B, C, D）和 variable（Alpha, Beta, Gamma, Delta）兩組變數的對應數值。然後按行分別求每個 variable 變數的百分比，結果如圖 8-2-1(b) 所示。根據該資料可以使用 geom_bar() 函數繪製堆疊百分比直條圖，如圖 8-2-2(a) 所示。再對每行求和並求其百分比，為 (40, 30, 20 ,10)，其累積的百分比最大值（xmax）與最小值（xmin）如圖 8-2-1(b) 所示。

Index	gme	Alpha	Beta	Gamma	Delta
0	A	2400	1000	400	200
1	B	1200	900	600	300
2	C	600	600	400	400
3	D	250	250	250	250

(a) 原始資料

Index	Alpha	Beta	Gamma	Delta	xmax	xmin
A	60	25	10	5	40	0
B	40	30	20	10	70	40
C	30	30	20	20	90	70
D	25	25	25	25	100	90

(b) 計算轉換獲得的百分比資料

▲ 圖 8-2-1 馬賽克圖的資料計算

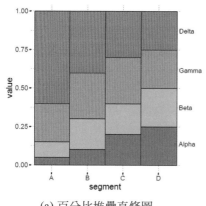

(a) 百分比堆疊直條圖

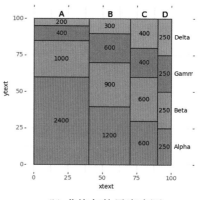

(b) 非均勻的馬賽克圖

▲ 圖 8-2-2 非均勻馬賽克圖

技能 繪製馬賽克圖

根據圖 8-2-1(a) 所示的原始資料，計算獲得百分比資料，然後計算每個方塊的位置，左下角頂點（xmin,ymin）和右上角頂點（xmax,ymax），最後使用 plotnine 套件中的 geom_rect() 函數繪製矩形方塊，進一步實現如圖 8-2-2(b) 所示的非均勻的馬賽克圖，其程式如下所示。

```
01   import pandas as pd
02   import numpy as np
03   from plotnine import *
04   from plotnine.data import *
05   import matplotlib.pyplot as plt
06   df =pd.DataFrame(dict(segment = ["A", "B", "C","D"],
07                         Alpha = [2400    ,1200,600,250],
08                         Beta = [1000 ,  900,   600,  250],
09                         Gamma = [400,   600 ,400,  250],
10                         Delta = [200,    300,400,  250]))
11   df=df.set_index('segment')
12   melt_df=pd.melt(df.reset_index(),id_vars=["segment"],var_name='variable',
     value_name='value')
13   df_rowsum= df.apply(lambda x: x.sum(), axis=1)
14   for i in df_rowsum.index:
15       for j in df.columns:
16           df.loc[i,j]=df.loc[i,j]/df_rowsum[i]*100
17
18   df_rowsum=df_rowsum/np.sum(df_rowsum)*100
19   df['xmax']= np.cumsum(df_rowsum)
20   df['xmin'] = df['xmax'] - df_rowsum
21   dfm=pd.melt(df.reset_index(), id_vars=["segment", "xmin", "xmax"],
     value_name="percentage")
22   dfm['ymax'] = dfm.groupby('segment')['percentage'].transform(lambda x:
     np.cumsum(x))
23   dfm['ymin'] = dfm.apply(lambda x: x['ymax']-x['percentage'], axis=1)
24   dfm['xtext']= dfm['xmin'] + (dfm['xmax'] - dfm['xmin'])/2
25   dfm['ytext']= dfm['ymin'] + (dfm['ymax'] - dfm['ymin'])/2
26   dfm=pd.merge(left=melt_df,right=dfm,how="left",on=["segment", "variable"])
```

```
27  df_label=pd.DataFrame(dict(x = np.repeat(102,4), y = np.arange
    (12.5,100,25), label = ["Alpha","Beta", "Gamma","Delta"]))
28
29  base_plot=(ggplot()+
30   geom_rect(aes(ymin = 'ymin', ymax = 'ymax', xmin = 'xmin', xmax =
     'xmax', fill = 'variable'), dfm,colour = "black") +
31   geom_text(aes(x = 'xtext', y = 'ytext',  label = 'value'),dfm ,size = 10)+
32   geom_text(aes(x = 'xtext', y = 103, label = 'segment'),dfm ,size = 13)+
33   geom_text(aes(x='x',y='y',label='label'),df_label,size = 10,ha  ='left')+
34   scale_x_continuous(breaks=np.arange(0,101,25),limits=(0,110))+
35   scale_fill_hue(s = 0.90, l = 0.65, h=0.0417,color_space='husl')+
36   theme(panel_background=element_blank(),
37        panel_grid_major = element_line(colour = "grey",size=.25,linetype
             ="dotted" ),
38        panel_grid_minor = element_line(colour = "grey",size=.25,linetype
             ="dotted" ),
39         text=element_text(size=10),
40        legend_position="none",
41        figure_size = (5, 5),
42        dpi = 100))
43  print(base_plot)
```

類別資料具有層次結構，能讓讀者從不同的層次與角度觀察資料。類別資料的視覺化主要包含矩形樹狀圖和馬賽克圖兩種類型。矩形樹狀圖能結合矩形塊的顏色展示一個緊致的類別空間；馬賽克圖能按行或按列展示多個類別的比較關係。矩形樹狀圖用於展示樹狀資料，是關係類型資料。馬賽克圖用於分析串列資料，是非關係類型資料，如圖 8-2-3 所示。

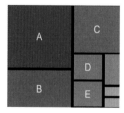

矩形樹狀圖（treemap）

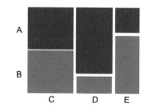

馬賽克圖（mosaic plot）

▲ 圖 8-2-3 矩形樹狀圖與馬賽克圖的比較

馬賽克圖的故事

在 1844 年，Minard 繪製了一幅名為 Tableau Graphique 的圖形，顯示了運輸貨物和人員的不同成本，如圖 8-2-4 所示。在這幅圖中，他創新地使用了分段的橫條圖，其寬度對應路程，高度對應旅客或貨物種類的比例。這幅圖是當代馬賽克圖的雛形。

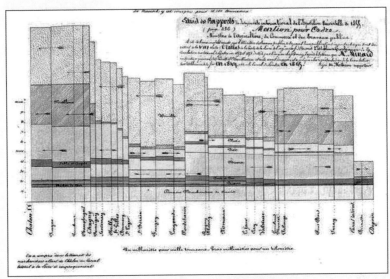

▲ 圖 8-2-4 世界上第一幅馬賽克圖

8.3 鬆餅圖

塊狀圖（tile matrix chart）也就是常見的鬆餅圖（waffle chart），鬆餅圖是展示總數據的組類別情況的一種有效圖表。鬆餅是西方烘焙的一種有許多小方格形狀的麵包，這種圖表因此而得名。

塊狀鬆餅圖的小方格用不同顏色表示不同類別，適合用來快速查看資料集中不同類別的分佈和比例，並與其他資料集的分佈和比例進行比較，讓人更容易找出其中的規律。鬆餅圖主要包含偏重展示類別數值的堆疊型塊狀鬆餅圖和偏重展示類別百分比的百分比鬆餅圖,如圖 8-3-1 所示。

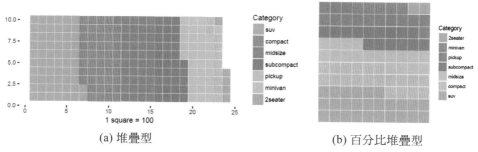

(a) 堆疊型   (b) 百分比堆疊型

▲ 圖 8-3-1 塊狀鬆餅圖

點狀鬆餅圖(dot waffte chart)以點為單位顯示離散資料,每種顏色的點表示一個特定類別,並以矩陣形式組合在一起,適合用來快速查看資料集中不同類別的分佈和比例,並與其他資料集的分佈和比例進行比較,讓人更容易找出其中模式。當只有一個變數 / 類別時(所有點都是相同顏色),點狀鬆餅圖相當於比例面積圖,如圖 8-3-2 所示。

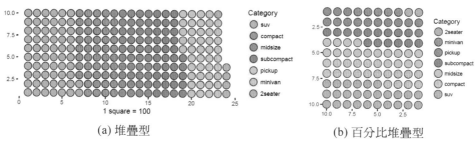

(a) 堆疊型   (b) 百分比堆疊型

▲ 圖 8-3-2 點狀鬆餅圖

技能 繪製百分比堆疊型鬆餅圖

圖 8-3-1(b) 和圖 8-3-2(b) 所示的百分比堆疊型的區塊狀和點狀鬆餅圖,可以使用 geom_tile() 函數和 geom_point() 函數繪製,只是需要對資料進行前置處理,先計算資料的百分比,再轉換到 10×10 矩陣中,其實作程式如

下所示。

```
01   import pandas as pd
02   import numpy as np
03   from plotnine import *
04   from plotnine.data import mpg
05   nrows=10
06   categ_table=(np.round(pd.value_counts(mpg['class'] ) * ((nrows*nrows)/
     (len(mpg['class'])))),0)).astype(int)
07   sort_table=categ_table.sort_values(ascending=False)
08   a = np.arange(1,nrows+1,1)
09   b = np.arange(1,nrows+1,1)
10   X,Y=np.meshgrid(a,b)
11   df_grid =pd.DataFrame({'x':X.flatten(),'y':Y.flatten()})
12   df_grid['category']=pd.Categorical(np.repeat(sort_table.index,
     sort_table[:]),categories=sort_table.index, ordered=False)
13   base_plot=(ggplot(df_grid, aes(x = 'x', y = 'y', fill = 'category')) +
14     geom_tile(color = "white", size = 0.25) +          # 百分比堆疊塊狀型
15     #geom_point(color = "black",shape='o',size=13) +   # 百分比堆疊點狀型
16     coord_fixed(ratio = 1)+
17     scale_fill_brewer(type='qual',palette="Set2")+
18     theme_void()+
19     theme(panel_background  = element_blank(),
20       legend_position = "right",
21       aspect_ratio =1,
22       figure_size = (5, 5),
23       dpi = 100))
24   print(base_plot)
```

技能 繪製堆疊型鬆餅圖

圖 8-3-1(a) 和圖 8-3-2(a) 所示的堆疊型鬆餅圖與百分比堆疊型鬆餅圖的區別在於其資料並不是轉換到 10×10 矩陣中，而是在設定最小單元數值後，將資料按最小單元值轉換到對應的矩陣中，然後使用 geom_tile() 函數和 geom_point() 函數繪製塊狀或點狀鬆餅圖，其實作程式如下所示。

```
01   categ_table=(np.round(pd.value_counts(mpg['class'] ),0)).astype(int)
02   sort_table=categ_table.sort_values(ascending=False)
03   ndeep= 10
04   a = np.arange(1,ndeep+1,1)
05   b = np.arange(1,np.ceil(sort_table.sum()/ndeep)+1,1)
06   X,Y=np.meshgrid(a,b)
07   df_grid =pd.DataFrame({'x':X.flatten(),'y':Y.flatten()})
08   category=np.repeat(sort_table.index,sort_table[:])
09   df_grid=df_grid.loc[np.arange(0,len(category)),:]
10   df_grid['category']=pd.Categorical(category, categories=sort_table.
     index, ordered=False)
11   base_plot=(ggplot(df_grid, aes(x = 'y', y = 'x', fill = 'category')) +
12     #geom_tile(color = "white", size = 0.25) +          # 堆疊型塊狀鬆餅圖
13     geom_point(color = "black",shape='o',size=7) +       # 堆疊型點狀鬆餅圖
14     coord_fixed(ratio = 1)+
15      xlab("1 square = 100")+
18      ylab("")+
17     scale_fill_brewer(type='qual',palette="Set2")+
18     theme(panel_background  = element_blank(),
19          legend_position = "right",
20          figure_size = (7, 7),
21          dpi = 100))
22   print(base_plot)
```

8.4　塊狀／點狀直條圖系列

我們可以將堆疊型鬆餅圖擴充為塊狀或點狀直條圖系列圖表，包含簇狀直條圖（見圖 8-4-1）、堆疊直條圖（見圖 8-4-2）、百分比堆疊直條圖（見圖 8-4-3）和塊狀多資料數列直條圖（見圖 8-4-4）。使用點狀或塊狀作為資料的最小單元，進一步展示數值，這樣不僅可以使圖表更加美觀，而且也更能精準地表示資料資訊。

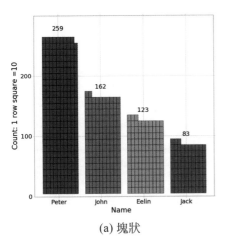

(a) 塊狀

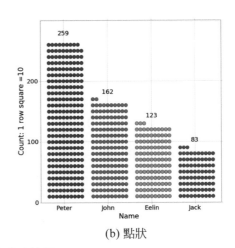

(b) 點狀

▲ 圖 8-4-1　簇狀直條圖

技能　繪製簇狀直條圖

塊狀或點狀簇狀直條圖其實就是多個區塊狀或點狀的鬆餅圖的組合，可以使用 plotnine 中的 geom_tile() 函數和 geom_point() 函數實現，其主要參數包含 ndeep（表示每行的單元個數）和 Width（表示簇狀柱形之間的間隔）。另外，需要在自動產生的 Y 軸刻度 breaks 的基礎上，將 breaks×ndeep 替代原理的數值標籤。圖 8-4-1(a) 的實現程式如下所示。

```
01    import pandas as pd
02    import numpy as np
03    from plotnine import *
04    categ_table=pd.DataFrame(dict(names=['Peter','Jack','Eelin','John'],
      vals=[259,83,123,162]))
05    categ_table=categ_table.sort_values(by='vals',ascending=False)
06    categ_table=categ_table.reset_index()
07    N=len(categ_table)
08    ndeep=10
09    Width=2
10    mydata=pd.DataFrame( columns=["x","y", "names"])
11
```

```
12    for i in np.arange(0,N):
13        print(i)
14        x=categ_table['vals'][i]
15        a = np.arange(1,ndeep+1,1)
16        b = np.arange(1,np.ceil(x/ndeep)+1,1)
17        X,Y=np.meshgrid(a,b)
18        df_grid =pd.DataFrame({'x':X.flatten(),'y':Y.flatten()})
19        category=np.repeat(categ_table['names'][i],x)
20        df_grid=df_grid.loc[np.arange(0,len(category)),:]
21        df_grid['x']=df_grid['x']+i*ndeep+i*Width
22        df_grid['names']=category
23        mydata=mydata.append(df_grid)
24
25    mydata['names']=mydata['names'].astype(CategoricalDtype
      (categories=categ_table['names'],ordered=True))
26    mydata['x']=mydata['x'].astype(float)
27    x_breaks=(np.arange(0,N)+1)*ndeep+np.arange(0,N)*Width-ndeep/2
28    x_label=categ_table.names
29    mydata_label=pd.DataFrame(dict(y=np.ceil(categ_table['vals']) / ndeep+
      2,x=x_breaks,label=categ_ table['vals']))
30
31    breaks=np.arange(0,30,10)
32    base_plot=(ggplot() +
33     geom_tile(aes(x = 'x', y = 'y', fill = 'names'),mydata,color =
       "black",size=0.25) +
34     geom_text(aes(x='x',y='y',label='label'),data=mydata_label,size=13) +
35     scale_fill_brewer(type='qual',palette="Set1")+
36     xlab("Name")+
37     ylab("Count: 1 row square =" + str(ndeep))+
38     scale_x_continuous(breaks=x_breaks,labels=x_label)+
39     scale_y_continuous(breaks=breaks,labels=breaks*ndeep,limits = (0, 30),
       expand=(0,0)) +
40     theme_light()+
41     theme(
42       axis_title=element_text(size=15,face="plain",color="black"),
```

```
43        axis_text = element_text(size=13,face="plain",color="black"),
44        legend_position = "none",
45        figure_size = (7, 7),
46        dpi = 100))
47    print(base_plot)
```

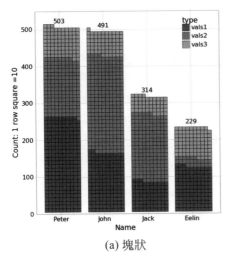

(a) 塊狀

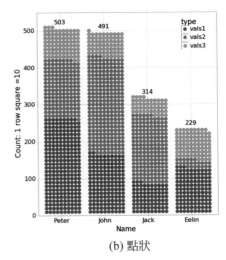

(b) 點狀

▲ 圖 8-4-2　堆疊直條圖

技能 繪製堆疊直條圖

塊狀或點狀堆疊直條圖其實就是多個區塊狀或點狀的鬆餅圖的組合，可以使用 plotnine 套件中的 geom_tile() 函數和 geom_point() 函數實現，其主要參數包含 ndeep（表示每行的單元個數）和 Width（表示簇狀柱形之間的間隔）。另外，需要在自動產生的 Y 軸刻度 breaks 的基礎上，將 breaks×ndeep 替代原理的數值標籤。圖 8-4-2(a) 的實現程式如下所示，實現方法與圖 8-4-1(a) 簇狀直條圖基本一致。

```
01    categ_table=pd.DataFrame(dict(names=['Peter','Jack','Eelin','John'],
      vals1=[259,83,123,162], vals2=[159, 183,23,262], vals3=[85,48,83,67]))
02    categ_table=categ_table.set_index( 'names')
```

```
03    df_rowsum= categ_table.apply(lambda x: x.sum(), axis=1).sort_values
      (ascending=False)
04    N=len(df_rowsum)
05    ndeep=10
06    Width=2
07    mydata=pd.DataFrame( columns=["x","y", "type"])
08    j=0
09    for i in df_rowsum.index:
10        x=df_rowsum[i]
11        a = np.arange(1,ndeep+1,1)
01        b = np.arange(1,np.ceil(x/ndeep)+1,1)
02        X,Y=np.meshgrid(a,b)
03        df_grid =pd.DataFrame({'x':X.flatten(),'y':Y.flatten()})
04        category=np.repeat(categ_table.columns,categ_table.loc[i,:])
05         df_grid=df_grid.loc[np.arange(0,len(category)),:]
06        df_grid['x']=df_grid['x']+j*ndeep+j*Width
07         j=j+1
08         df_grid['type']=category
09        mydata=mydata.append(df_grid)
10
11    mydata['type']=mydata['type'].astype(CategoricalDtype (categories=
      categ_table.columns,ordered=True))
12    mydata['x']=mydata['x'].astype(float)
13    x_breaks=(np.arange(0,N)+1)*ndeep+np.arange(0,N)*Width-ndeep/2
14    x_label=df_rowsum.index
15    mydata_label=pd.DataFrame(dict(y=np.ceil(df_rowsum) / ndeep+2,x=
      x_breaks,label=df_rowsum))
16    breaks=np.arange(0,55,10)
17    base_plot=(ggplot() +
18      geom_tile(aes(x = 'x', y = 'y', fill = 'type'),mydata,color = "k",
        size=0.25) +
19      geom_text(aes(x='x',y='y',label='label'),data=mydata_label,size=13)+
20      scale_fill_brewer(type='qual',palette="Set1")+
21      xlab("Name")+
22      ylab("Count: 1 row square =" + str(ndeep))+
```

```
23      coord_fixed(ratio = 1)+
24   scale_x_continuous(breaks=x_breaks,labels=x_label)+
25   scale_y_continuous(breaks=breaks,labels=breaks*ndeep,limits = (0, 55),
     expand=(0,0)) +
26   theme_light()+
27   theme(axis_title=element_text(size=15,face="plain",color="black"),
28      axis_text = element_text(size=13,face="plain",color="black"),
29      legend_text = element_text(size=13,face="plain",color="black"),
30      legend_title=element_text(size=15,face="plain",color="black"),
31      legend_background=element_blank(),
32      legend_position = (0.8,0.8),
33      figure_size = (7, 7),
34      dpi = 90))
35   print(base_plot)
```

塊狀或點狀百分比堆疊直條圖如圖 8-4-3 所示，其實現原理基本與塊狀或
點狀堆疊直條圖一致，只是需要先將資料數值計算轉換成百分比數值，然
後每個類別使用一定數量的區塊狀或點狀表示，如圖 8-4-3 所示，每個 X
軸類別使用 300 個最小單元表示；最後需要將 Y 軸刻度轉換成對應的百分
比格式。

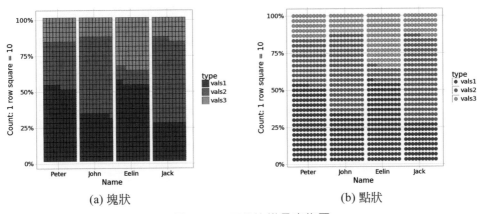

(a) 塊狀　　　　　　　　　　　　　　(b) 點狀

▲ 圖 8-4-3　百分比堆疊直條圖

塊狀多資料數列直條圖如圖 8-4-4 所示，在塊狀簇狀直條圖的基礎上增加多個資料數列，其核心參數依舊是 ndeep=5 和 Width=2。X 軸下的同一個類別的不同資料數列之間的間隔設定為 0，不同類別之間的間隔設定為 Width，X 軸標籤的間隔為：

```
x_breaks=(np.arange(0,N)*3+2)*ndeep+np.arange(0,N)*Width-ndeep/2
```

其中，N 表示 X 軸的類別數目為 4，x_labels 為 ['Peter','Jack','Eelin','John']。

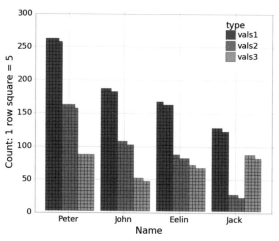

▲ 圖 8-4-4　塊狀多資料數列直條圖

高維資料型圖表

高維資料在這裡泛指高維（multidimensional）和多變數（multivariate）資料，高維非空間資料中蘊含的資料特徵與二維、三維空間資料並不相同。其中，高維是指數據具有多個獨立屬性；多變數是指數據具有多個相關屬性。

因此，通常不能使用空間資料的視覺化方法處理高維資料。與正常的低維資料視覺化方法相比，高維資料視覺化面臨的挑戰是如何呈現單一資料點的各屬性的資料值分佈，以及比較多個高維資料點之間的屬性關係，進一步提升高維資料的分類、分群、連結、異數檢測、屬性選擇、屬性連結分析和屬性簡化等工作的效率。[52] 因此，必須採用專業的視覺化技術。

常用的高維資料視覺化方法如圖 9-0-1 所示。這 4 大類高維資料視覺化方法的特點比較如表 9-0-1 所示。

（1）基於點的方法：以點為基礎展現單一資料點與其他資料點之間的關係（相似性、距離、分群等資訊）。

（2）基於線的方法：採用軸座標編碼各個維度的資料屬性值，將表現各個
　　資料屬性間的連結。

（3）基於區域的方法：將全部資料點的全部屬性，以區域填滿的方式在二維
　　平面版面配置，並採用顏色等視覺通道呈現資料屬性的實際值。

（4）基於樣本的方法：採用圖示或基本的統計圖表方法編碼單一高維資料
　　點，並將所有數據點在空間中版面配置排列，方便使用者進行比較分
　　析。

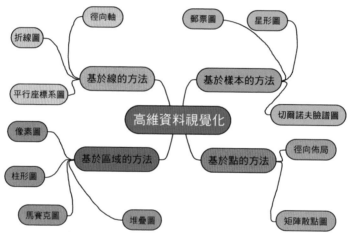

▲ 圖 9-0-1　高維資料視覺化的分類

表 9-0-1　四種高維資料視覺化方法的特點比較 [52]

編碼物件 / 方法	基於點	基於線	基於區域	基於樣本
單屬性值	無	軸座標	帶顏色的點	基本視覺化元素
全屬性值	無	軸座標的連結	填充顏色塊	視覺化元素組合
多屬性關係	無	軸座標的比較	以屬性為索引的填充顏色塊比較	無
多資料點關係	散點版面配置	聚合線段的相似性	以資料序號為索引填充顏色塊比較	樣本的排列比較
適應範圍	分析資料點的關係	分析各資料屬性的關係	大規模資料集的全屬性的同步比較	少量資料點的全屬性的同步比較

9.1 高維資料的轉換展示

人眼一般能感知的空間為二維和三維空間。高維資料視覺化的重要目標就是將高維資料呈現於二維或三維空間中。高維資料轉換就是採用降維度的方法，使用線性或非線性轉換把高維資料投影到低維空間中，去掉容錯屬性，但同時盡可能地保留高維空間的重要資訊和特徵。

從實際的降維方法來分類，主要可分為線性和非線性兩大類。其中，線性方法包含主成分分析（Principal Components Analysis，PCA）、多維尺度分析（Multi Dimensional Scaling，MDS）、非矩陣分解（Non-negative Matrix Factorization，NMF）等；非線性方法包含等距特徵對映（Isometric Feature Mapping，ISOMAP）、局部線性巢狀結構（Locally Linear Embedding，LLE）等。[53]

9.1.1 主成分分析法

主成分分析法，也被稱為主分量分析法，是一種很常用的資料降維方法 [54]。主成分分析法採用一個線性轉換將資料轉換到一個新的座標系統中，使得任何資料點投影到第一個座標（成為第一主成分）的方差最大，在第二個座標（第二主成分）的方差為第二大，依此類推。因此，主成分分析可以減少資料的維數，並保持對方差貢獻最大的特徵，相當於保留低階主成分，忽略高階主成分。一組二維資料（見圖 9-1-1 (a)），採用主成分分析法檢測到的前兩位綜合指標，正好指出資料點的兩個主要方向 v_1 和 v_2（兩個正交的箭頭），分析的前兩位綜合指標，如圖 9-1-1(b) 所示。

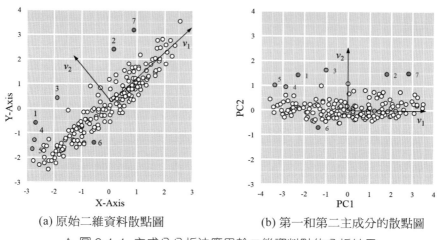

(a) 原始二維資料散點圖　　　　　(b) 第一和第二主成分的散點圖

▲ 圖 9-1-1　主成分分析法應用於二維資料點的分析結果

技能 繪製主成分分析圖

sklearn 套件中的主成分分析函數 PCA() 可以進行資料降維處理，使用
plotnine 套件中的 geom_point() 函數可以以散點的形式展示資料分析結
果，同時可以使用 stat_ellipse() 函數增加橢圓標定不同的資料類別，如圖
9-1-2 所示，其中圖 9-1-2 (a) 四維資料的 iris 資料集的實際程式如下所示。

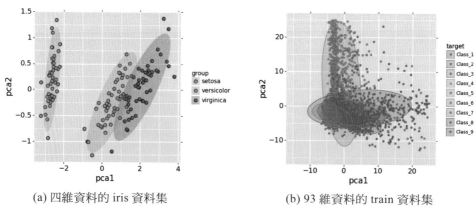

(a) 四維資料的 iris 資料集　　　　　(b) 93 維資料的 train 資料集

▲ 圖 9-1-2　主成分分析圖

```
01   import pandas as pd
02   import numpy as np
03   from plotnine import *
04   from sklearn.decomposition import PCA
05   from sklearn import datasets
06   iris = datasets.load_iris()
07   X_reduced = PCA(n_components=2).fit_transform(iris.data)
08   target=pd.Categorical.from_codes(iris.target,iris.target_names)
09   df=pd.DataFrame(dict(pca1=X_reduced[:, 0],pca2=X_reduced[:, 1],target=
     target))
10   base_plot=(ggplot(df, aes('pca1','pca2',fill='factor(target)')) +
11     geom_point (alpha=1,size=3,shape='o',colour='k')+
       # 繪製透明度為 0.2 的散點圖
12     stat_ellipse( geom="polygon", level=0.95, alpha=0.2) +
       # 繪製橢圓標定不同類別
13     scale_fill_manual(values=("#00AFBB", "#E7B800", "#FC4E07"),name='group')+
14     theme(
15         axis_title=element_text(size=15,face="plain",color="black"),
16         axis_text = element_text(size=13,face="plain",color="black"),
17         legend_text = element_text(size=11,face="plain",color="black"),
18         figure_size = (5,5),
19         dpi = 100))
20   print(base_plot)
```

9.1.2 t-SNE 演算法

t-SNE（t-distributed Stochastic Neighbor Embedding）演算法是用於降維的一種機器學習演算法，由 Laurens van der Maaten 和 Geoffrey Hinton 在 2008 年提出 [55]。t-SNE 是一種用於探索高維資料的非線性降維演算法，非常適合將高維資料降到二維或三維，再使用散點圖等基本圖表進行視覺化。PCA 是一種線性演算法，它不能解釋特徵之間的複雜多項式關係；而 t-SNE 演算法是基於在鄰域圖上隨機遊走的機率分佈來找到資料內結構的（見圖 9-1-3）。

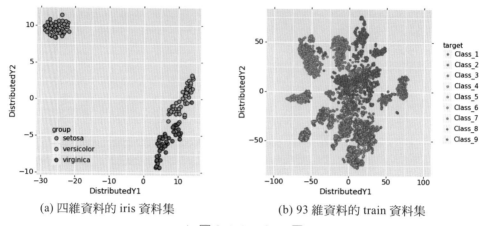

(a) 四維資料的 iris 資料集　　　　(b) 93 維資料的 train 資料集

▲ 圖 9-1-3　t-SNE 圖

SNE 透過仿射（affinitie）轉換將資料點對映到機率分佈上，主要包含兩個步驟。

（1）SNE 建置一個高維物件之間的機率分佈，使得相似的物件有更高的機率被選擇，而不相似的物件有較低的機率被選擇。

（2）SNE 在低維空間裡建置這些點的機率分佈，使得這兩個機率分佈之間盡可能地相似。

t-SNE 作為新興的降維演算法，也並非萬能，其主要不足之處有以下兩點。

（1）t-SNE 演算法偏好儲存局部特徵，對於本徵維數（intrinsic dimensionality）本身就很高的資料集，是不可能完整地對映到二到三維空間的。

（2）t-SNE 演算法沒有唯一最佳解，且沒有預估部分。如果想要做預估，則可以考慮在降維之後建置一個回歸方程式之類的模型。但是要注意，在 t-SNE 演算法中，距離本身是沒有意義的，都是機率分佈問題。

繪製 t-SNE 圖

sklearn 套件的 TSNE() 函數可以對資料進行降維處理，使用 plotnine 套件中的 geom_point() 函數繪製如圖 9-1-3(a) 所示的圖表，其實現程式如下所示。

```
01   import pandas as pd
02   import numpy as np
03   from plotnine import *
04   from sklearn import manifold, datasets
05   df=pd.read_csv('Tsne_Data.csv')
06   df=df.set_index('id')
07   num_rows_sample=5000
08   df = df.sample(n=num_rows_sample)
09   tsne = manifold.TSNE(n_components=2, init='pca', random_state=501)
10   X_tsne = tsne.fit_transform(df.iloc[:,:-1])
11   df=pd.DataFrame(dict(DistributedY1=X_tsne[:, 0],DistributedY2=X_tsne[:,
     1],target=df.iloc[:,-1]))
12   base_plot=(ggplot(df, aes('DistributedY1','DistributedY2',fill='target')) +
13     geom_point (alpha=1,size=2,shape='o',colour='k',stroke=0.1)+
14     scale_fill_hue(s = 0.99, l = 0.65, h=0.0417,color_space='husl')+
15     xlim(-100,100))
16   (base_plot)
```

9.2 分面圖

當我們用三維圖表表示三維或四維資料時，其實就已經有點不容易清晰地觀察資料規律與展示資料資訊了，如圖 9-2-1 所示。其中圖 9-2-1(a) 以三維散點圖的形式，展示了三維資料資訊 tau、SOD 和 Class（Control、Impaired 和 Uncertain）；圖 9-2-1(b) 在圖 9-2-1(a) 的基礎上，以氣泡的形式增加了一維資料變數 Age，總共展示了四維資料資訊。但是此時，已經很難觀察資料的變化關係，所以可以引用分面圖的形式展示資料。

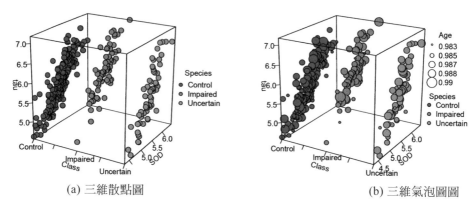

(a) 三維散點圖　　　　　　　　　　(b) 三維氣泡圖圖

▲ 圖 9-2-1　高維資料視覺化

plotnine 套件中有兩個很有意思的函數：facet_wrap() 和 facet_grid()，這兩
個函數可以根據類別屬性繪製一些系列子圖，類似郵票圖（stamp chart），
其大致可以分為：矩陣分面圖（見圖 9-2-4 所示的矩陣分面氣泡圖）、行
分面圖（見圖 5-5-2 所示的行分面的帶填充的曲線圖）、列分面圖（見圖
9-2-2 所示的列分面的散點圖和圖 9-2-3 所示的列分面的氣泡圖）。其他分
面圖，例如樹狀分面圖、圓形分面圖等。分面圖就是根據資料類別按行或
列，使用散點圖、氣泡圖、直條圖或曲線圖等基礎圖表展示資料，揭示資
料之間的關係，可以適用於四維到五維的資料結構類型。

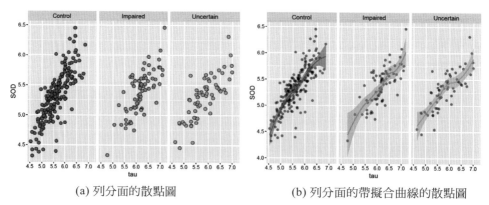

(a) 列分面的散點圖　　　　　　(b) 列分面的帶擬合曲線的散點圖

▲ 圖 9-2-2　列分面的散點圖

圖 9-2-2 為列分面的散點圖，圖 9-2-2(a) 為三維資料，分別為 tau、SOD和 Class（Control、Impaired 和 Uncertain）。該資料也可以使用三維散點圖繪製，將資料數列根據 Class 類別，將散點數據繪製在三個平面。但是由於資料的遮擋，這樣並無法極佳地展示資料，進一步影響讀者對資料的觀察。圖 9-2-2(a) 就能清晰地展示不同類別下變數 SOD 和 tau 的關係。在這個基礎上，也可以透過 stat_smooth(method = "loess") 敘述，進一步增加LOESS 平滑擬合曲線，如圖 9-2-2(b) 所示。

圖 9-2-3 為列分面的氣泡圖，展示的是四維資料，分別為 tau、SOD、Class（Control、Impaired 和 Uncertain）和 age。其中，平時使用氣泡圖可以展示三維資料，第一維和第二維資料分別對應 X 軸和 Y 軸座標，氣泡大小對應第三維資料。使用列分面的氣泡圖可以透過列分面對應第四維資料。圖9-2-3(a) 使用不同顏色區分變數 Class，圖 9-2-3(b) 使用帶顏色對映的氣泡圖，變數 Class 可以透過分面上方的標題區分。

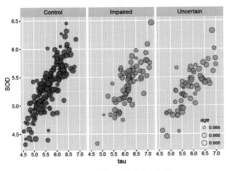 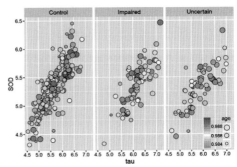

(a) 列分面的氣泡圖　　　　　　　(b) 列分面的帶顏色對映的氣泡圖

▲ 圖 9-2-3　列分面的氣泡圖

圖 9-2-4 為矩陣分面的氣泡圖，展示的是五維資料，分別為 tau、SOD、Class（Control、Impaired 和 Uncertain）、age 和 Gender（Male 和Female）。氣泡圖可以對應展示前三維的資料，使用矩陣分面的氣泡圖可以透過行和列分面對應第四維和第五維資料。所以，矩陣分面的氣泡圖可以極佳地展示五維資料，其中三維為連續資料，二維為離散資料。

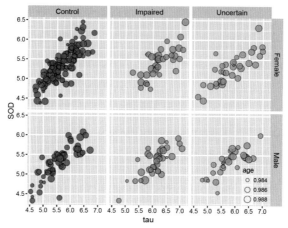

▲ 圖 9-2-4　矩陣分面氣泡圖

技能 繪製列分面氣泡圖

plotnine 套件中提供的 facet_wrap() 函數和 facet_grid() 函數都可以實現按
行和按列的分面操作,其中,圖 9-2-2(a) 所示的列分面氣泡圖的核心程
式如下所示。需要注意的是,LOESS 資料平滑方法需要先安裝 skmisc 套
件,並匯入 LOESS 資料平滑方法。

```
01   from skmisc.loess import loess as loess_klass
02   df=pd.read_csv('Facet_Data.csv')
03   (ggplot(df, aes(x = 'tau', y = 'SOD',fill = 'Class')) +
04     geom_point(size=2,shape='o',fill = 'black',colour="black",alpha=0.5,
         show_legend=False) +
05     stat_smooth(method = 'loess',show_legend=False,alpha=0.7)+
06     scale_fill_hue(s = 0.99, l = 0.65, h=0.0417,color_space='husl')+
07     facet_wrap('~ Class'))
```

技能 繪製矩陣分面氣泡圖

plotnine 套件中提供的 facet_grid() 函數可以繪製圖 9-2-3 所示的矩陣分面
氣泡圖,其核心程式如下所示。其中,使用 scale_fill_manual() 函數自訂資
料點的填充顏色。

```
01    df['gender']=df['gender'].astype('category')
02    df['gender'].cat.categories=['Female','Male']
03    (ggplot(df, aes(x = 'tau', y = 'SOD', fill= 'Class', size = 'age')) +
      # 其氣泡的顏色填充由 Class 對映，大小由 age 對映
04      geom_point(shape='o',colour="black",alpha=0.7)  +
        # 設定氣泡類型為空心的圓圈，邊框顏色為黑色，填充顏色透明度為 0.7
05      scale_fill_manual(values=("#FF0000","#00A08A","#F2AD00"))+
06      facet_grid('gender ~ Class') )  # 性別 Gender 為行變數，類別 Class 為列變數
```

9.3　矩陣散點圖

矩陣散點圖（matrix scatter plot）是散點圖的高維擴充，它是一種常用的高維度數據視覺化技術。它將高維度數據的每兩個變數組成一個散點圖，再將它們按照一定的順序組成矩陣散點圖 [56]。透過這樣的視覺化方式，能夠將高維度數據中所有變數的兩兩之間的關係展示出來。它從某種程度上克服了在平面上展示高維度數據的困難，在展示多維資料的兩兩之間的關係時具有不可替代的作用。

以統計學中經典的鳶尾花（anderson's iris data set）案例為例，其資料集包含了 50 個樣本，都屬於鳶尾花屬下的 3 個亞屬，分別是山鳶尾、變色鳶尾和佛吉尼亞鳶尾（setosa、versicolor 和 virginica）。4 個特徵被用作樣本的定量分析，它們分別是花萼和花瓣的長度、寬度（sepals width、sepals height、petals width 和 petals height）。圖 9-3-1 用矩陣散點圖展示了鳶尾花資料集。

圖 9-3-1(a) 為單資料數列的矩陣散點圖，由於子圖表較多，這裡將格線刪除以突出資料部分圖表。下半部分展示帶線性擬合的兩個變數散點圖，中間對角線部分展示一個變數的統計長條圖，上半部分展示兩個變數之間的相關係數。這樣的矩陣散點圖能全面地展示資料分析結果，包含兩個變數之間的相關係數、帶線性擬合的散點圖和單一變數的統計長條圖。其中，中間

對角線部分也展示一個變數的核心密度估計曲線圖，如圖 9-3-1(b) 所示。

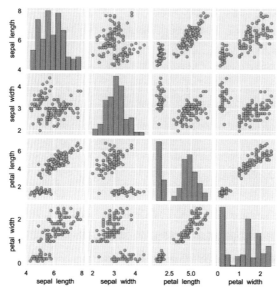

(a) 單資料數列

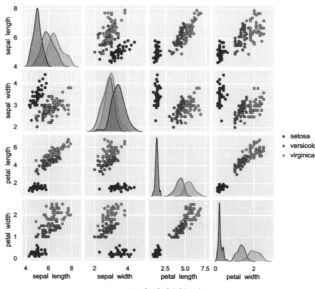

(b) 多資料數列

▲ 圖 9-3-1　矩陣散點圖

矩陣散點圖的主要優點是能夠直觀解釋所有的任意二維資料之間的關係，而不受資料集大小和維數多少的影響；缺點是當維數增加時，矩陣會受到螢幕大小的限制，而且它只能夠發現兩個資料維之間的關係，很難發現多個資料維之間的關係。

技能 繪製矩陣散點圖

Seaborn 套件中的 pairplot() 函數可以繪製矩陣散點圖，同時透過使用 map_diag() 函數控制對角線上的子圖表展示類型，包含統計長條圖或核心密度估計曲線圖；map_offdiag() 函數控制非對角線外的子圖表展示類型，一般為散點圖。圖 9-3-1 的實作程式如下所示。

```
01   import seaborn as sns
02   import matplotlib.pyplot as plt
03   sns.set_style("darkgrid",{'axes.facecolor': '.95'})
04   sns.set_context("notebook", font_scale=1.5, rc={'axes.labelsize': 13,
     'legend.fontsize':13, 'xtick.labelsize': 12,'ytick.labelsize': 12})
05   df = sns.load_dataset("iris")
06
07   # 單資料數列矩陣散點圖
08   g=sns.pairplot(df, hue="species",height =2,palette ='Set1')
09   g = g.map_diag(sns.kdeplot, lw=1, legend=False)
10   g = g. map_offdiag (plt.scatter, edgecolor="k", s=30,linewidth=0.2)
11   plt.subplots_adjust(hspace=0.05, wspace=0.05)
12   #g.savefig('Matrix_Scatter1.pdf')
13
14   # 多資料數列矩陣散點圖
15   g=sns.pairplot(df, height =2)
16   g = g.map_diag(plt.hist,color='#00C07C',density=False,edgecolor="k",
     bins=10,alpha=0.8,linewidth=0.5)
17   g = g.map_offdiag(plt.scatter, color='#00C2C2',edgecolor="k", s=30,
     linewidth=0.25)
18   plt.subplots_adjust(hspace=0.05, wspace=0.05)
19   #g.savefig('Matrix_Scatter2.pdf')
```

9.4　熱力圖

熱力圖（heat map）是一種將規則化矩陣資料轉換成顏色色調的常用的視覺化方法，其中每個單元對應資料的某些屬性，屬性的值透過顏色對映轉為不同色調並填充規則單元，如圖 9-4-1(a) 所示。在圖 9-4-1(b) 中使用層次分群分析方法結合熱力圖展示了資料的內在規律。表格座標的排列和順序都是可以透過參數控制的，合適的座標排列和順序可以極佳地幫助讀者發現資料的不同性質，舉例來說，行和列的順序可以幫助排列資料形成不同的分群結果。

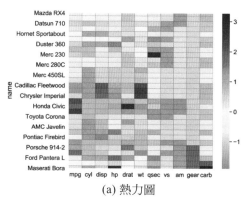

(a) 熱力圖

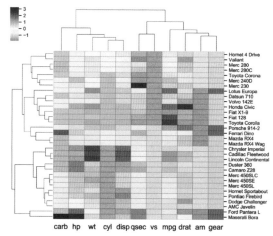

(b) 帶層次分群的熱力圖

▲ 圖 9-4-1　熱力圖

Seaborn 套件中的 heatmap() 函數、plotnine 套件中的 geom_tile() 函數、matplotlib 套件中的 imshow() 函數（見連結 23）都可以繪製如圖 9-4-1(a) 所示的熱力圖，Seaborn 套件中的 clustermap() 函數可以繪製如圖 9-4-1(b) 所示的帶層次分群的熱力圖，其實際程式如下所示。

```
01   import matplotlib.pyplot as plt
02   import pandas as pd
03   import seaborn as sns
04   from plotnine.data import mtcars
05   from sklearn.preprocessing import scale
06   sns.set_style("white")
07   sns.set_context("notebook", font_scale=1.5, rc={'axes.labelsize': 17,
     'legend.fontsize':17, 'xtick.labelsize': 15,'ytick.labelsize': 10})
08   df=mtcars.set_index('name')
09   df.loc[:,:] = scale(df.values )   # 資料標準化處理
10
11   # 圖 9-4-1(a) 熱力圖
12   fig=plt.figure(figsize=(7, 7),dpi=80)
13   sns.heatmap(df, center=0, cmap="RdYlBu_r", linewidths=.15,linecolor='k')
14   plt.xticks(rotation=0)
15
16   # 圖 9-4-1(b) 帶層次分群的熱力圖
17   sns.clustermap(df, center=0, cmap="RdYlBu_r",linewidths=.15,linecolor=
     'k', figsize=(8, 8))
```

層次分群的結果一般使用樹狀圖表示，如圖 9-4-1(b) 的上部和左部所示。樹狀圖（dendrogram）是表示連續合併的每對類別之間的屬性距離的示意圖。為避免線交換，示意圖將以圖形的方式進行排列，使得要合併的每對類別的成員在示意圖中相鄰，如圖 9-4-2 所示。

樹狀圖工具採用層次分群演算法。程式首先會計算輸入的特徵檔案中每對類別之間的距離。然後反覆運算式地合併最近的一對類別，完成後繼續合

併下一對最近的類別，直到合併完所有的類別。在每次合併後，每對類別
之間的距離會進行更新。合併類別特徵時採用的距離將用於建置樹狀圖。
樹狀圖包含垂直樹狀圖、水平樹狀圖（見圖 9-4-2）、環狀樹狀圖和進化樹
狀圖等類型。

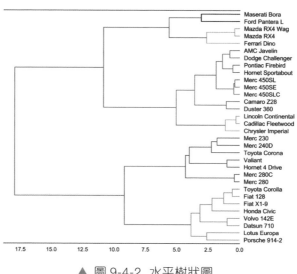

▲ 圖 9-4-2　水平樹狀圖

技能 繪製水平樹狀圖

SciPy 套件中的 dendrogram() 函數可以根據資料繪製樹狀圖，其中當
orientation='top' 時，繪製垂直樹狀圖；參數 orientation='left' 時，繪製水平
樹狀圖，圖 9-4-2 所示的水平樹狀圖的程式如下所示。

```
01    import scipy.cluster.hierarchy as shc
02    from matplotlib import cm,colors
03    from matplotlib import pyplot as plt
04    import pandas as pd
05    from plotnine.data import mtcars
06    from sklearn.preprocessing import scale
07    plt.rcParams['axes.facecolor']='w'
```

```
08  df=mtcars.set_index('name')
09  df.loc[:,:] = scale(df.values )
10  fig=plt.figure(figsize=(10, 10), dpi= 80)
11  dend = shc.dendrogram(shc.linkage(df,method='ward'), orientation='left',
    labels=df.index.values, color_threshold=5)
12  plt.xticks(fontsize=13)
13  plt.yticks(fontsize=14)
14  ax = plt.gca()
15  ax.spines['left'].set_color('none')
16  ax.spines['right'].set_color('none')
17  ax.spines['top'].set_color('k')
18  ax.spines['bottom'].set_color('k')
19  plt.show()
```

9.5 平行座標系圖

平行座標系圖（parallel coordinates chart）是一種用來呈現多變數，或高維度數據的視覺化技術，用它可以極佳地呈現多個變數之間的關係。平行座標系由 Alfred Inselberg 在 1985 年提出並在他以後的工作中獲得了發展[57, 58]。1990 年，E.J.Wegman 提出使用平行座標系進行資料探索性分析和資料視覺化設計[59]。為了克服傳統的笛卡兒直角座標系容易耗盡空間、難以表達三維以上資料的問題，平行座標系圖將多維資料屬性空間透過多條等距離的平行軸對映到二維平面上，每一條軸線代表一個屬性維，軸線上的設定值範圍從對應屬性的最小值到最大值均勻分佈。這樣，每一個資料項目都可以依據其屬性設定值而用一條跨越條平行軸的聚合線段表示，相似的物件就具有相似的聚合線走向趨勢。所以平行座標系圖的實質是將 m 維歐式空間的點 $X_i(x_{i1}，x_{i2}，\cdots，x_{im})$ 對映到二維平面上的一條曲線，這樣就可以展示高維度的資料，實際原理如下所示。

平行座標系

在具有 xy 笛卡兒座標系的平面上有 N 個資料點，其 X 軸座標標記為 x_1, $x_2, \cdots, x_n$；Y 軸座標標記為 y_1, y_2, $\cdots, y_n$。將笛卡兒座標系下的資料點，根據 X、Y 軸數值對映到平行座標系下，並使用直線連接，如圖 9-5-1 所示。依此類推到多維資料，將多維資料屬性空間透過多條等距離的平行軸對映到二維平面上，每一條軸線代表一個屬性維度。

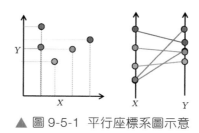

▲ 圖 9-5-1　平行座標系圖示意

圖 9-5-2 展示了一些常見的笛卡兒座標系（上）與平行座標系（下）的對應關係。其中 $(\sin(x), \cos(x))$ 圈圈的包絡線重點顯示了平行座標系中橢圓雙曲線的對偶性 [60]。平行座標系的顯著優點是其具有良好的數學基礎，其射影幾何解釋和對偶特性使它很適合用於視覺化資料分析。當大的資料集應用平行座標系的表示法時，大量的聚合線重疊在背景之上，造成視覺上的資訊混淆，這對我們觀察資料的內在規律是很不利的。所以，一般會設定聚合線的透明度（alpha of line），這樣就可以解決這個問題，圖 9-5-3(a) 和圖 9-5-3 (b) 分別展示了單資料數列和多資料數列的平行座標系圖。

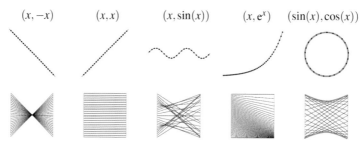

▲ 圖 9-5-2　笛卡兒座標系（上）與平行座標系（下）的對應關係 [60]

平行座標系圖的優點是表達資料關係非常直觀，易於了解。缺點是它的表達維數決定於螢幕的水平寬度，當維數增加時，引起垂直軸接近，辨認資料的結構和關係稍顯困難；當對大數據集進行視覺化時，由於聚合線密度增加產生大量相交線，難以辨識；座標之間的相依關係很強，平行軸的安排序列性也是影響發現資料之間關係的重要因素。

對於平行座標系圖，由於資料太多，線條比較凌亂，所以推薦使用簡潔的背景風格，只保留主要的圖表元素，例如座標軸及座標軸標題，如圖 9-5-3 所示。

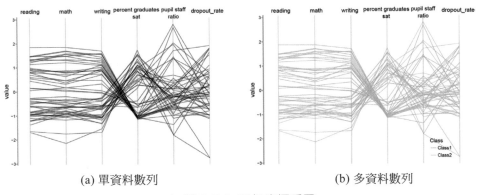

(a) 單資料數列 　　　　　　　　　　　 (b) 多資料數列

▲ 圖 9-5-3 平行座標系圖

技能 繪製平行座標系圖

Pandas 套件中的 parallel_coordinates() 函數可以實現圖 9-5-3(b) 所示的多資料數列平行座標系圖，其核心程式如下所示。但是在繪製圖表前，要使用 sklearn 套件中的 scale() 函數對資料進行標記化處理，將資料按屬性 / 列減去其屬性 / 列的平均值，並除以其屬性 / 列的方差。最後對每個屬性 / 每列來說所有資料都聚集在 0 附近，方差為 1。

```
01    import pandas as pd
02    import numpy as np
03    import matplotlib.pyplot as plt
```

```
04    from pandas.tools.plotting import parallel_coordinates,andrews_curves
05    from sklearn.preprocessing import scale
06    df=pd.read_csv('Parallel_Coordinates_Data.csv')
07    df['Class']=[ "Class1" if d>523 else "Class2" for d in df['reading']]
08    df.iloc[:,range(0,df.shape[1]-1)] = scale(df.iloc[:,range(0,df.shape[1]-1)] )
09
10    fig =plt.figure(figsize=(5.5,4.5), dpi=100)
11    parallel_coordinates(df,'Class',color=["#45BFFC","#90C539" ],linewidth=1)
12    plt.grid(b=0, which='both', axis='both')
13    plt.legend(loc="center right",bbox_to_anchor=(1.25, 0, 0, 1),edgecolor=
      'none',facecolor ='none',title='Group')
14    ax = plt.gca()
15    ax.xaxis.set_ticks_position('top')
16    ax.spines['top'].set_color('none')
17    .spines['bottom'].set_color('none')
18    plt.show()
```

9.6　**RadViz 圖**

RadViz（radial coordinate visualization，徑向座標視覺化）圖是基於集合視覺化技術的一種，它將一系列多維空間的點透過非線性方法對映到二維空間，實現平面中多維資料視覺化的一種資料分析方法 [61]，如圖 9-6-1 所示。

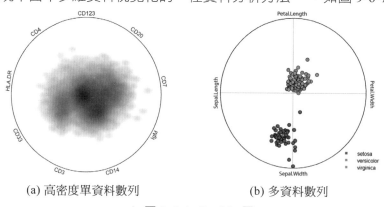

(a) 高密度單資料數列　　　　　　(b) 多資料數列

▲ 圖 9-6-1　RadViz 圖

RadViz 圖是以彈簧張力為基礎的最小化演算法。它將所有屬性均勻地分佈在整個圓周上，然後使用彈簧模型將多維資料投影到這個二維圓中，實際原理如下所示。

RadViz 模型

RadViz 模型是把 n 維資料，具體化為 n 個彈簧，每個彈簧代表一維屬性，這 n 個彈簧均勻分佈在一個圓周上。例如對於任意一筆記錄 $R_i = (A_1, A_2, \cdots, A_n)$，歸一化後的記錄為 $R'_i = (k_1, k_2, \cdots, k_n)$，將其中第 i 維屬性的值 k_i，作為第 i 維彈簧的彈性係數，彈簧的一端連接在圓周上，另一端連接到多維資料。在這個二維圖形的投影點上，將這 n 維屬性的彈簧分別連接後，合力為零的點即為投影點。將所有記錄均按照以上方法投影，即可實現對資料的視覺化，以四維資料為例，原理如圖 9-6-2 所示。

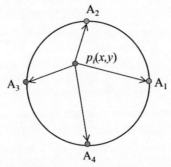

▲ 圖 9-6-2 RadViz 模型示意

RadViz 圖的優點是計算複雜度低，表達資料關係非常簡單、直觀，易於了解，而且可顯示的維數多，相似多維物件的投影點十分接近，容易發現分群資訊。但是巨量資訊物件投影點的相交問題嚴重，如 $(0,0,\cdots,0)$ 與 $(a,a,\cdots,a)$ 的投影點一樣。

技能 繪製 RadViz 圖

Pandas 套件中的 radviz() 函數可以實現圖 9-6-1(b) 所示的多資料數列 RadViz 圖，其核心程式如下所示。在 radviz(*frame*, *class_column*, **kwds) 函數中，*class_column* 表示多資料數列的類別。

```
01    pandas.plotting import radviz
02    import pandas as pd
03    import numpy as np
04    import matplotlib.pyplot as plt
05    df=pd.read_csv('iris.csv')
06    angle=np.arange(360)/180*3.14159
07    x=np.cos(angle)
08    y=np.sin(angle)
09    fig =plt.figure(figsize=(3.5,3.5), dpi=100)
10    radviz(df, 'variety',color=['#FC0000','#F0AC02','#009E88'], edgecolors=
      'k',marker='o',s=34,linewidths=1)
11    .plot(x,y,color='gray')
12    plt.axis('off')
13    plt.legend(loc="center",bbox_to_anchor=(2, 0, 0, 0.4),edgecolor='none',
      facecolor='none',title='Group')
```

地理空間型圖表

10.1 不同等級的地圖

10.1.1 世界地圖

我們在現實世界的資料經常包含地理位置資訊，所以不可避免地需要使用地理座標系繪製地圖。地理座標系（Geographic Coordinate System, GCS）是使用三維球面來定義地球表面位置，以實現透過經緯度對地球表面點位參考的座標系。一個地理座標系包含角度測量單位、本初子午線和參考橢球體三部分，如圖 10-1-1 所示。在球面系統中，水平線是等緯度線或緯線。垂直線是等經度線或經線。GCS 通常被誤稱為基準面，而基準面僅是 GCS 的一部分。GCS 包含角度測量單位、本初子午線和基準面（基於旋轉橢球體）。可透過其經度和緯度值對點進行參考。經度和緯度是從地心到地球表面上某點的測量角。通常以度或百分度為單位來測量該角度。圖 10-1-1 將地球顯示為具有經度和緯度值的地球。

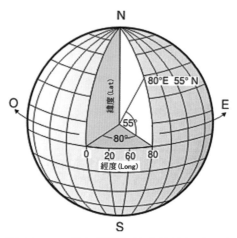

▲ 圖 10-1-1　具有經度和緯度值的地球示意圖

空間資料（spatial data）指定義在三維空間中，具有地理位置資訊的資料。地圖投影是尤為重要的關鍵技術。地圖資訊視覺化最基礎的步驟就是地圖投影，即將不可展開的曲面上的地理座標資訊轉換到二維平面，相等於曲面參數化，其實質是在兩個面之間建立一一對映的關係。每個地理座標標識物件在地球上的位置，常用經度和緯度表示。其中，經度是距離南北走向的本初子午線以東或以西的度數，通常使用 −180 和 180 分別表示西經和東經 180°。緯度是指與地球球心的連線和地球赤道面所成的線面角，通常使用 −90 和 90 分別表示南緯和北緯 90°。無論將地球視為球體還是旋轉橢球體，都必須轉換其三維曲面以建立平面地圖圖幅。此數學轉換通常稱作地圖投影。了解地圖投影如何改變空間屬性的一種簡便方法就是觀察光穿過地球投射到表面（稱為投影曲面）上的形狀。

透過地圖投影將變成二維座標系中的座標 (x, y) 的過程中必然會產生曲面的誤差與變形。通常按照變形的方式來分析，這個轉換過程要具備以下 3 個特性。

（1）等角度：投影面上任何點的兩個微分線段組成的角度，投影前後保持不變。角度和形狀保持正確的投影，也被稱為正形投影。

（2）等面積：地圖上任何圖形面積經主比例尺寸放大後，與實際對應圖形的面積大小保持不變。

（3）等距離：在標準的經緯線上無長度變形，即投影後任何點到投影所選取原點的距離保持不變。

在現有的地圖投影方法中，沒有一種投影方法可以同時滿足以上 3 個特性。一般按照兩種標準進行分類：一是按投影的變形性質分類；二是按照投影的組成方式分類。

按照投影的變形性質可以分為等角投影、等積投影、任意投影。

任意投影的其中一種方式為等距投影。等距投影即沿某一特定方向的距離，投影之後保持不變，沿該特定方向的長度之比等於 1。在實際應用中，常將經線繪製成直線，並保持沿經線方向的距離相等，面積和角度有些變形，多用於繪製交通圖。通常是在沿經線方向上等距離，此時投影後經緯線正交。

根據投影組成方式可以分為兩種：幾何投影和解析投影。

幾何投影是把橢球體面上的經緯網直接或附加某種條件投影到幾何承影面上，然後將幾何面展開為平面而獲得的一種投影，包含方位投影、圓錐投影和圓柱投影。根據投影面與球面的位置關係的不同又可將其劃分為正軸投影、橫軸投影、斜軸投影。解析投影是不借助於輔助幾何面，直接用解析法獲得經緯網的一種投影。主要包含偽方位投影、偽圓錐投影、偽圓柱投影、多圓錐投影。

在實際應用中，應該根據不同的需求選擇最符合目標的投影方法，其中最常見的 6 種投影方法如下所示。

1. 墨卡托投影

墨卡托投影又稱為正軸等角圓柱投影，是由荷蘭地圖製圖學家墨卡托

（G.Mercator）於 1569 年發明的。該方法用一個與地軸方向一致的圓柱切割地球，並按等角度條件，將地球的經緯網投影到圓磁柱上，將圓磁柱展開平面後即獲得墨卡托投影後的地圖，如圖 10-1-2(a) 所示。

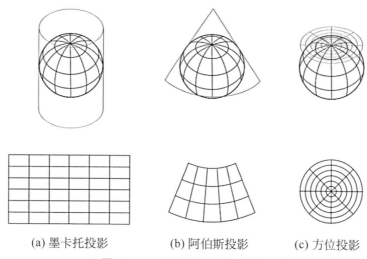

　　　　(a) 墨卡托投影　　　　(b) 阿伯斯投影　　　　(c) 方位投影

▲ 圖 10-1-2　最常見的三種投影方法

在投影產生的二維視圖中，經線是一組垂直的等距離平直線，緯線是一組垂直於經線的平行直線。相鄰緯線之間的距離由赤道向兩級增大。在投影中每個點上任何方向的長度比均相等，即沒有角度變形，但是面積變形明顯。在基準緯線（赤道）上的物件保持原始面積，隨著離基準線越來越遠而變大。

墨卡托投影是目前應用最廣泛的地圖投影方法之一，由於具備等角度特性，墨卡托投影常用於航海圖、航空圖和導航圖，例如現在絕大多數的線上地圖服務，包含 Google 地圖、百度地圖等。循著墨卡托投影圖上的起點和終點間的連線方向一直導航就可到達目的地。

最初設計該投影的目的是為了精確顯示羅盤方位，為海上航行提供保障，此投影的另一功能是能夠精確而清晰地定義所有局部形狀。許多 Web 製圖網站都使用以球體為基礎的墨卡托投影。球體半徑等於 WGS 1984 長半軸的長度，即 6378137.0 公尺。有兩種用於模擬 Web 服務所用的墨卡托投影的方法。如果墨卡托投影支援橢球體（橢圓體），則投影座標系必須以基於球體的地理座標系為基礎。這要求必須使用球體方程式。墨卡托投影輔助球體的實現僅具有球體方程式。此外，如果地理座標系是以橢圓體為基礎的，它還具有一個投影參數，用於標識球體半徑所使用的內容。預設值為零（0）時，將使用長半軸。具有制定標準海上航線圖方向或其他定向的用途：航空旅行、風向、洋流等角世界地圖。此投影的等角屬性最適合用於赤道附近地區，舉例來說，印尼和太平洋部分地區。

2. 阿伯斯投影

阿伯斯投影又稱為正軸等積割圓錐投影，是由德國人阿伯斯（A.C.Albers）於 1805 年提出的一種保持面積不變的正軸等積割圓錐投影，如圖 10-1-2(b) 所示。為了保持投影後面積不變，在投影時將經緯線長度做了對應的比例變化。實際的方法是：首先使用圓錐投影與地球球面相割於兩條緯線上，然後按照等面積條件將地球的經緯網投影到圓錐面上，將圓錐面展開就獲得了阿伯斯投影。阿伯斯投影具備等面積特性，但是不具備等角度特性。

由於等面積特性，阿伯斯投影被廣泛應用於注重表現國家或地區面積的地圖的繪製，特別適用於東西跨度較大的中低緯度地區，因為這些地區的變形相對較小，例如中國和美國。在使用阿伯斯投影繪製中國地圖時，起始的緯度是 0° 或 10°；中央經線是 105° 或 110°，第一標準緯線是 25°，第二標準緯線是 45° 或 47°。

3. 方位投影

方位投影（azimuthal projection）屬於等距投影的一種，如圖 10-1-2(c) 所示。地圖上任何一點沿著經度線到投影中原點的距離保持不變。正因為如此，它也被用於導航地圖。以選取的點作為原點產生的方位投影能非常準確地表示地圖上任何位置到該點的距離。這種投影方法也通常被用於表示地震影響範圍的地圖，震央被設定為原點可以準確地表示受地震影響的地區範圍。

4. 等距圓柱 / 球面投影

等距圓柱 / 球面投影（EquiRectangular Projection，ERP）是一種簡單的投影方式，也稱為簡化圓柱投影、等距圓柱投影、矩形投影或普通圓柱投影（如果標準緯線是赤道）。此投影非常易於建置，將經線對映為固定間距的垂直線，將緯線對映為固定間距的水平線，因為它可以形成等矩形網格。這種投影方式對映關係簡單，但既不是等面積的，也不是等角度的，會造成相當大的失真。由於計算簡單，在過去獲得了較廣泛的使用。在此投影中，極點區域的比例和面積變形程度低於墨卡托投影。此投影將地球轉為笛卡兒網格。各矩形網格單元具有相同的大小、形狀和面積，所有經緯網格以 90 度相交。中央緯線可以是任何線，網格將變為矩形。在此投影中，各極點被表示為透過網格頂部和底部的直線。最適合城市地圖或其他面積小的地區，地圖比例尺可以足夠大，使變形不明顯。由於此投影方法可以用最少的地理資料簡單繪製世界或地區地圖，因此，其常用於索引地圖。

5. 正射投影

正射投影（orthographic projection）屬於透視投影的一種，由希臘學者希巴爾克斯（Hippakraus）於西元前 200 年所創，其原理是將視點置於地球以外無窮遠，以透視地球，然後將球面上的經緯線投影於外切的平面上，如同從無窮遠處眺望地球，所以又被稱為直射投影。因投影面可切於球面上的任意位置，因而可分為正軸、橫軸與斜軸法，當投影面與南極或北極相切時，為極正射投影（polar orthograhic projection）；當投影面與赤道相切時，為赤道正射投影（equarial orthographic projection）；當投影面與兩極、赤道以外的任意位置相切時，為水平正射投影（horizontal orthographic projection）。

正射投影法從無窮遠處觀察地球。這樣便可提供地球的三維影像。在投影界限附近，大小和面積的變形幾乎要比其他任何投影（垂直近側透視投影除外）看上去都更真實，為從無窮遠處觀察的平面透視投影。對於極方位投影，經線是從中心輻射的直線，而緯線則是作為同心圓投影，越接近地球邊緣越密集，只有一個半球能夠不重疊顯示。此投影方法多用於美觀的展示圖而非技術應用。在這種情況下，它最常用的是斜軸投影法。

6. 蘭勃特等積方位投影

蘭勃特等積方位投影（Lambert's equal-area meridional map projection）又被稱為等面積方位投影，是方位投影的一種，由德國數學家蘭勃特（J.H.Lambert，1728—1777）於 1772 年提出而得名。在正軸投影中，緯線為同心圓，其間隔由極點向外逐漸縮短，經線是以極為中心向四周放射的直線。在橫軸投影中，中央經線與赤道為直線且正交，其他經緯線為對稱於中央經線與赤道的曲線。在斜軸投影中，中央經線為直線，其他經緯線為對稱於中央經線的曲線。投影中心為無變形的點，離中心越遠，其角度與長度變形越大。圖上面積與實地面積保持相等，由中心向任何點的方位角保持正確，常用於東、西半球圖和分洲圖。

平面投影即從地球儀上任意一點投影。這種投影可以包含以下所有投影方法：赤道投影、極方位投影和斜軸投影。此投影保留了各多邊形的面積，同時也保留了中心的實際方向。變形的正常模式為徑向。最適合按比例對稱分割的單一地塊（圓形或方形），資料範圍必須少於一個半球，因為軟體無法處理距中心點超過 90° 的任何區域。其主要用於人口密度（面積）、行政邊界（面積），以及能源、礦物、地質和築造的海洋製圖方向。此投影可處理較大區域，因此，它用於顯示整個大陸和極點區域。赤道投影：非洲、東南亞、澳洲、加勒比海和中美洲。斜軸投影：北美洲、歐洲和亞洲。

要想繪製地圖，必須先想辦法獲得地圖的資料。繪製地圖常用的資料資訊有以下 3 種。

1. 地圖套件內建地圖素材

Python 中的 GeoPandas 套件和 Basemap 套件內建的資料集 datasets 中包含世界地圖的繪製資料資訊，同時可以繪製不同投影下的世界地圖。根據不同的國家名稱。可以從世界地圖資訊中分析對應的國家地理資訊資料，進一步繪製地圖。

2. SHP 格式的地圖資料素材

一般國家地理資訊統計局和世界地理資訊統計單位可以提供下載 SHP 格式的地圖資料素材，使用繪圖軟體開啟這些標準資料格式的 SHP 檔案，就可以繪製對應的地圖。SHP 標頭檔案了地圖的邊界線段的經緯座標資料、行政單位的名稱和面積等諸多資訊。Python 可以使用 GeoPandas 套件讀取 SHP 格式的地圖資料素材。

3. JSON 格式的地圖資料素材

JSON 格式的地圖資料素材是一種新的但是越來越普遍的地理資訊資料檔案，它主要的優勢在於地理資訊儲存在一個獨一無二的檔案中。但是這種格式的檔案相對於分文字格式的檔案，體積較大。我們只需要下載獲得 JSON 格式的地圖資料素材，然後跟 SHP 格式的地圖資料素材一樣，使用繪圖軟體開啟素材，就可以繪製對應的地圖。Python 可以使用 GeoPands 套件或 JSON 套件讀取 JSON 格式的地圖資料素材。

Folium（連結 24）是 d3.js 上著名的地理資訊視覺化函數庫 leaflet.js 為 Python 提供的介面，透過在 Python 端撰寫程式操縱資料，來呼叫 leaflet 的相關功能，以內建為基礎的 osm 或自行取得的 osm 資源和地圖原件進行地理資訊內容的視覺化，以及製作可互動地圖。

Basemap（連結 25）是一個以 maplotlib 為基礎的畫世界地圖的函數庫。其本身並不做任何繪圖，但是提供了將地理空間座標轉為 25 種不同地圖投影的功能（使用 PROJ.4 C 函數庫）。然後，使用 Matplotlib 在轉換後的座標系中繪製點、線、向量、多邊形和影像。它還提供了海岸線，河流和國家邊界資料集以及繪製方法。在在 Python3 中，Cartopy 套件將逐步取代 Basemap，但考慮到現在尚未實現 Basemap 的所有功能，本章節暫時仍使用 Basemap 套件實現地理空間資料的視覺化。

Cartopy（連結 26）是一個處理地理資訊產生地圖和其他地理資訊分析的 Python 套件。Cartopy 最初是在英國氣象局開發的，目的是讓科學家能夠快速、方便、最重要的是準確地在地圖上視覺化他們的資料。Cartopy 利用了強大的 PROJ.4、NumPy 和 Shapely 函數庫，並在 Matplotlib 之上建置了一個程式設計介面，用於建立發佈品質的地圖。Cartopy 的主要特點是物件導向的投影定義，以及在投影之間轉換點、線、向量、多邊形和影像的能力。

技能 世界地圖的繪製

GeoPandas 套件附帶有世界地圖的資料資訊，可以使用 read_file() 函數匯入資料，然後使用 plotnine 套件的 geom_map() 函數，或 GeoPlot 套件中的 polyplot() 函數繪製。GeoPlot 是一個進階的地理空間資料視覺化 Python 函數庫，是 Cartopy 和 matplotlib 的擴充。其中，世界地圖資料的讀取方法如下所示。

```
01    import geopandas
02    world = geopandas.read_file(geopandas.datasets.get_path('naturalearth_
      lowres'))
```

plotnine 套件中的 geom_map() 函數可以根據 SF 格式的空間資料繪製地圖，還可以將每個區域（geometry）的填充顏色對應到某個數值變數，如 'gdp_md_est'，就可以繪製分級統計地圖，實際程式如下所示。但是此函數無法提供不同地球投影下的地圖繪製方法，只是將地圖按照經緯座標資料直接繪製在二維直角笛卡兒座標系中。

```
01   from plotnine import *
02   base_plot=(ggplot()+
03           geom_map(world, aes(fill='gdp_md_est'))+
04           scale_fill_distiller(type='seq', palette='reds'))
05   print(base_plot)
```

Basemap 套件附帶有世界地圖的資料資訊，可以使用 Basemap() 函數讀取資料，然後透過設定參數 projection 繪製不同地球投影下的世界地圖，包含等距圓柱投影（cyl）、墨卡托投影（merc）、正射投影（ortho）、蘭勃特等積投影（laes）等 30 多種不同的地球投影。

```
01   from mpl_toolkits.basemap import Basemap
02   import matplotlib.pyplot as plt
03   import numpy as np
04
05   ax = plt.figure(figsize=(8, 6)).gca()
06   basemap = Basemap(projection = 'cyl', lat_0 = 0, lon_0 = 0,resolution=
     'l',ax=ax)   #等距圓柱投影
07
08   #basemap = Basemap(projection = 'ortho', lat_0 = 0, lon_0 = 0,
     resolution='l',ax=ax)   # 正射投影
09
10   basemap.fillcontinents(color='orange',lake_color='#000000') # 填充海陸顏色
11   basemap.drawcountries(linewidth=1,color='k')     # 繪製國家邊界線
12   basemap.drawcoastlines(linewidth=1,color='k')    # 繪製海岸線
13   basemap.drawparallels(np.arange(-90,90,30),labels=[1,0,0,0],zorder=0)
     # 繪製緯線
14   basemap.drawmeridians(np.arange(basemap.lonmin,basemap.lonmax+30,60),
     labels=[0,0,0,1],zorder=0)   # 繪製經線
15   plt.show()
```

10.1.2 國家地圖

全國地理資訊資原始目錄服務系統[1]提供了中國大陸 1:100 萬基礎地理資料，共 77 幅 1:100 萬圖幅，含行政區（面）、行政境界點（領海基點）、行政境界（線）、水系（點、線、面）、公路、鐵路（點、線）、居民地（點、面）、居民地地名（標記點）、自然地名（標記點）等 12 大類地圖要素層。

由於提供下載的是原始向量資料，不是最後地圖，其與符號化後的地圖在視覺化表達上存在一定的差異。因此，使用者利用下載的地理資訊資料編制地圖的，應當嚴格執行《地圖管理條例》有關規定；編制的地圖如需向社會公開，還應當按規定履行地圖審核程式。

技能 繪製國家級地圖

按照資料儲存格式，可以將地圖的資料分為 SHP 和 JSON 格式。SF 物件將這種控制項資料格式進行了更加整齊的版面配置，使用 GeoPandas 套件的 from_file () 函數匯入的空間資料物件完全是一個整齊的資料框（data.frame），擁有整齊的行列，這些行列中包含著資料描述和幾何多邊形的邊界點資訊。其中最大的特點是，它將每一個行政區劃所對應的幾何邊界點封裝成了一個 list 物件的記錄，這筆記錄就像其他普通的文字記錄、數值記錄一樣，被排列在對應行政區劃描述的儲存格中。使用 GeoDataFrame.from_file () 函數讀取虛擬地圖的資料，獲得的 SF 空間資料物件如圖 10-1-4(a) 所示，其資料類型為 GeoDataFrame，類似 dataframe，其有專門的一列 geometry 用來儲存每個區域多邊形（polygon）的邊界座標點（point）的資料資訊。

```
continents = GeoDataFrame.from_file('Virtual_Map0.shp')
```

1　中國地理資訊資原始目錄服務系統網址：http://www.webmap.cn。

圖 10-1-3 為使用虛擬地圖的資料展示的不同等級的虛擬地圖。圖 10-1-3(a)
為使用圖 10-1-4(a) 的 SF 格式資料繪製的陸地島嶼虛擬地圖；圖 10-1-3(b)
為使用圖 10-1-4(b) 的 SF 格式資料，繪製的不同國家虛擬地圖。

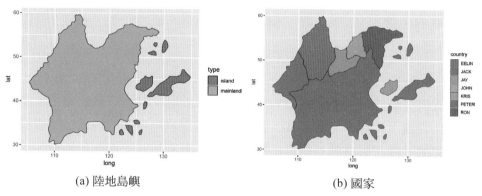

(a) 陸地島嶼　　　　　　　　　　　(b) 國家

▲ 圖 10-1-3　虛擬地圖的繪製

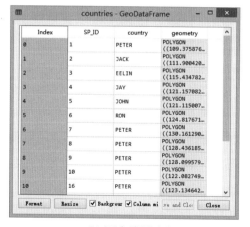

(a) 陸地島嶼的邊界資訊　　　　　　(b) 國家邊界資訊

▲ 圖 10-1-4　虛擬地圖的 SF 空間資料

先使用 GeoPandas 套件的 GeoDataFrame.from_file () 函數讀取 SHP 格式的
檔案，獲得 GeoDataFrame 格式的地圖資料，如圖 10-1-4(a) 所示，再使用
plotnine 套件中的 geom_map() 函數繪製地圖。圖 10-1-3(a) 的實現程式如

下所示。將資料變數 type（包含 mainland 和 island 兩種類型）對映到多邊形的填充顏色。

```
01    from geopandas import GeoDataFrame
02    from plotnine import *
03    continents = GeoDataFrame.from_file('Virtual_Map0.shp')
04    base_plot=(ggplot()+
05     geom_map(continents, aes(fill='type'))+
06     scale_fill_hue(s = 1, l = 0.65, h=0.0417,color_space='husl'))
07    print(base_plot)
```

圖 10-1-3(b) 所示的虛擬國家地圖繪製的程式如下所示，其讀取的 GeoDataFrame 格式的資料如圖 10-1-4(b) 所示。將資料變數 country（包含 PETER、EELIN、JACK 等 5 個國家類別）對映到不同國家的多邊形顏色填充。

```
01    continents = GeoDataFrame.from_file('Virtual_Map1.shp')
02    base_plot=(ggplot()+
03    geom_map(continents, aes(fill='country'))+
04    scale_fill_hue(s = 1, l = 0.65, h=0.0417,color_space='husl'))
05    print(base_plot)
```

我們也可以使用 Basemap 套件的 readshapefile() 函數讀取 shap 類型的資料，再借助多邊形繪製函數 matplotlib.patches.Polygon() 依次繪製每個國家或地區的多邊形。圖 10-1-3(b) 國家級地圖的程式如下所示。

```
01    from mpl_toolkits.basemap import Basemap
02    import matplotlib.pyplot as plt
03    from matplotlib.patches import Polygon
04    import matplotlib.patches as mpatches
05    import pandas as pd
06    import numpy as np
07    import seaborn as sns
08
09    lat_min = 29; lat_max = 62; lon_min = 103; lon_max = 136
```

```
10
11   ax = plt.figure(figsize=(6, 6)).gca()
12   basemap = Basemap(llcrnrlon=lon_min, urcrnrlon=lon_max, llcrnrlat=
     lat_min,urcrnrlat=lat_max,
13                   projection='cyl',lon_0 = 120,lat_0 = 50,ax = ax)
14   basemap.readshapefile(shapefile = 'Virtual_Map1', name = "Country",
     drawbounds=True)
15
16   df_mapData = pd.DataFrame(basemap.Country_info)
17   country=np.unique(df_mapData['country'])
18   color = sns.husl_palette(len(country),h=15/360, l=.65, s=1).as_hex()
19   colors = dict(zip(country.tolist(),color))
20
21   for info, shape in zip(basemap.Country_info, basemap.Country):
22           poly = Polygon(shape, facecolor=colors[info['country']],
                   edgecolor='k')
23           ax.add_patch(poly)
24
25   basemap.drawparallels(np.arange(lat_min,lat_max,10), labels=[1,0,0,0],
     zorder=0)     # 畫經度線
26   basemap.drawmeridians(np.arange(lon_min,lon_max,10), labels=[0,0,0,1],
     zorder=0)     # 畫緯度線
27   # 增加圖例
28   patches = [ mpatches.Patch(color=color[i], label=country[i]) for i in
     range(len(country)) ]
29   ax.legend(handles=patches, bbox_to_anchor=[1.25,0.5], borderaxespad=
     0,loc="center right",
             markerscale=1.3, edgecolor='none',facecolor='none',fontsize=10,
             title='country')
```

其中，basemap.Country_info 的資料結構為 list 類型，儲存著 SP_ID 和 country 兩列重要的資訊，而 basemap.Country 的資料結構也為 list 類型，儲存著每個國家邊界的幾何 geometry 繪製資訊（其資料結構為 [(long1, lat1), (long2,lat2), …(long1,lat1)]）。其實，Basemap 儲存的資料資訊與圖 10-1-4(b) 顯示的 sf 空間資料資訊一致。

在這裡，順便說明一下多邊形繪製函數 matplotlib.patches.Polygon() 的應用原理，如圖 10-1-5 所示。Polygon() 函數可以透過資料點的路徑控制繪製任意形狀的閉合區域。使用 Polygon() 函數的資料結構 matplotlib.patches.Polygon 為：[(x1, y1), (x2,y2), …, (x1,y1)]，其第一行和最後一行的資料是一樣的，這樣才能確保區域的閉合。我們可以使用 ax.add_patch(Polygon) 直接繪製；或使用 matplotlib.collections.PatchCollection() 函數把所有 matplotlib.patches.Polygon 組合成 list 資料結構的 collection，再使用 ax.add_collection(collection) 集體繪製。

Index	Order	x	y
1	p₁	x₁	y₁
2	p₂	x₂	y₂
3	p₃	x₃	y₃
4	p₄	x₄	y₄
5	p₅	x₅	y₅
6	p₆	x₆	y₆
7	p₇	x₁	y₁

(a) 原始資料框

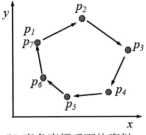

(b) 直角座標系下的資料位置與指向

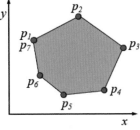

(c) 資料點的連接與區域的閉合

▲ 圖 10-1-5 matplotlib.patches. Polygon() 函數的示意

除多邊形繪製 Polygon() 函數，matplotlib.patches 還提供了繪製矩形 Rectangle() 函數、橢圓形 Ellipse () 函數等，這些可以看成是 matplotlib 的基元函數，可以繪製多邊形、矩形、圓形等這些基礎圖表元素。

10.2 分級統計地圖

分級統計地圖（choropleth map，也叫色級統計圖法），是一種在地圖分區上使用視覺符號（通常是顏色、陰影或不同疏密的暈線）來表示一個範圍值的分佈情況的地圖。分級統計地圖假設資料的屬性是在一個區域內部的平均分佈，一般使用同一種顏色表示一個區域的屬性。在整個製圖區域的許多個小的區劃單元內（行政區劃或其他區劃單位，例如國家、省份和市縣等），根據各分區的數量（相對）指標進行分級，並用對應的色級反映各區現象的集中程度或發展水準的分佈差別，常用於選舉和人口普查資料的視覺化。

在分級統計地圖中，地圖上每個分區的數量使用不同的色級表示，較典型的顏色對映方案有：①單色漸層系，如圖 10-2-1(a) 所示；②雙向漸層系，如圖 10-2-1(b) 所示；③完整色譜變化。分級統計地圖依靠顏色等來表現資料內在的模式，因此選擇合適的顏色非常重要，當資料的值域大或資料的類型多樣時，選擇合適的顏色對映相當有挑戰性。

分級統計地圖最大的問題在於資料分佈和地理區域大小的不對稱。通常大量資料集中於人口密集的區域，而人口稀疏的地區卻佔有大多數的螢幕空間，用大量的螢幕空間來表示小部分資料的做法對空間的利用非常不經濟，這種不對稱還通常會造成使用者對資料的錯誤了解，無法極佳地幫助使用者準確地區分和比較地圖上各個分區的資料值。因此有時候可以用其他的地理空間圖表來更合理地表示區域資料，例如六角形地圖。

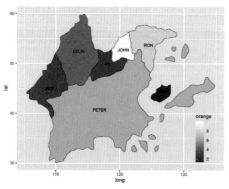

(a) 單色漸層系顏色主題

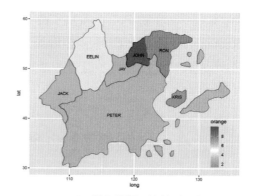

(b) 雙色漸層系顏色主題

▲ 圖 10-2-1　分級統計地圖

分級統計地圖繪製的關鍵在於要將不同區域的數值對映到不同區域或多邊形的顏色，所以要將地圖資料（df_map）和包含國家及其數值的資料框 df_city 進行表格融合（merge）處理，這可以使用 Pandas 套件中的 merge() 函數根據它們共有的列 country 來實現。但是這樣獲得是 DataFrame 格式的 df，還需要使用 GeoDataFrame() 函數，將資料轉換成 GeoDataFrame 格式；最後使用 plotnine 套件中的 geom_map() 函數繪製不同的顏色區域。

```
01   from geopandas import GeoDataFrame
02   import pandas as pd
03   from plotnine import *
04   df_map = GeoDataFrame.from_file('Virtual_Map1.shp')
05   df_city=pd.read_csv("Virtual_City.csv")
06   df=pd.merge(right=df_map, left=df_city,how='right',on="country")
07   df=GeoDataFrame(df)
08   base_plot=(ggplot(df)+
09              geom_map(aes(fill='orange'))+
10              geom_text(aes(x='long', y='lat', label='country'),
              colour="black",size=10)+
11              scale_fill_gradient2(low="#00A08A",mid="white",
              high="#FF0000",midpoint = df.orange.mean()))
12   print(base_plot)
```

雙色漸層系顏色主題（RdYlBu_r）的分級統計地圖也可以使用 Basemap 套件繪製，同時使用 ax.text() 函數增加資料標籤。由於 Basemap 是以 mapplotlib 套件為基礎的繪製地圖，直接將地圖繪製在 fig 的子圖的物件上，所以 matplotlib 套件的其他繪圖函數也可以使用，例如在繪製好的地圖上增加散點（scatte）、文字（text）等資料資訊，其實際程式如下所示。

```
01   from mpl_toolkits.basemap import Basemap
02   import matplotlib.pyplot as plt
03   from matplotlib.patches import Polygon
04   from matplotlib import cm,colors
```

```
05    import matplotlib as mpl
06    import pandas as pd
07    import numpy as np
08
09    df_city=pd.read_csv("Virtual_City.csv",index_col='country')
10    n_colors=100
11    color=[colors.rgb2hex(x) for x in cm.get_cmap( 'RdYlBu_r',n_colors)
      (np.linspace(0, 1, n_colors))]
12    dz_min=df_city['orange'].min()
13    dz_max=df_city['orange'].max()
14    df_city['value']=(df_city['orange']-dz_min)/(dz_max-dz_min)*99
15    df_city['color']=[color[int(i)] for i in df_city['value']]
16
17    lat_min = 29; lat_max = 62; lon_min = 103; lon_max = 136
18
19    fig = plt.figure(figsize=(8, 6))
20    ax = fig.gca()
21    basemap = Basemap(llcrnrlon=lon_min, urcrnrlon=lon_max, llcrnrlat=
      lat_min,urcrnrlat=lat_max,
22                     projection='cyl',lon_0 = 120,lat_0 = 50,ax = ax)
23    basemap.readshapefile(shapefile = 'Virtual_Map1', name = "Country",
      drawbounds=True)
24
25    # 按顏色依次繪製不同顏色等級的國家
26    for info, shape in zip(basemap.Country_info, basemap.Country):
27            poly = Polygon(shape, facecolor=df_city.loc[info['country'],
                   'color'], edgecolor='k')
28            ax.add_patch(poly)
29
30    basemap.drawparallels(np.arange(lat_min,lat_max,10), labels=[1,0,0,0],
      zorder=0)# 畫經度線
31    basemap.drawmeridians(np.arange(lon_min,lon_max,10), labels=[0,0,0,1],
      zorder=0) # 畫緯度線
32
33    # 增加文字資訊：國名
```

```
34    for lat,long,country in zip(df_city['lat'],df_city['long'],
      df_city.index):
25        ax.text(long,lat,country,fontsize=12,verticalalignment="center",
          horizontalalignment="center")
36
37    # 增加圖例：colorbar
38    ax2 = fig.add_axes([0.85, 0.35, 0.025, 0.3])
39    cb2 = mpl.colorbar.ColorbarBase(ax2, cmap=mpl.cm.RdYlBu_r, boundaries=
      np.arange(dz_min,dz_max,0.1),
                                      ticks=np.arange(0,10,2), label='Orange')
40    cb2.ax.tick_params(labelsize=15)
```

10.3　點描法地圖

點描法地圖（dot map，又稱點分佈地圖 —dot distribution map、點密度地圖—dot density map）是一種透過在地理背景上繪製相同大小的點來表示資料在地理空間上分佈的方法。點數據描述的物件是地理空間中離散的點，具有經度和緯度的座標，但是不具備大小的資訊，例如某區域內的餐館、公司分佈等。點描法地圖一般有兩種類型。

（1）一對一，即一個點只代表一個資料或物件，因為點的位置對應只有一個資料，所以必須確定點位於正確的空間地理位置。

（2）一對多，即一個點代表的是一個特殊的單元，這個時候需要注意不能將點了解為實際的位置，這裡的點代表聚合資料，通常是任意放置在地圖上的。

點描法地圖是觀察物件在地理空間上分佈情況的理想方法，如圖 10-3-1 所示。借助點描法地圖，可以很方便地掌握資料的整體分佈情況，但是當需要觀察單一實際的資料時，它就不太適合了。對於多資料數列的點描法地圖可以使用不同形狀表示不同類型的資料點。

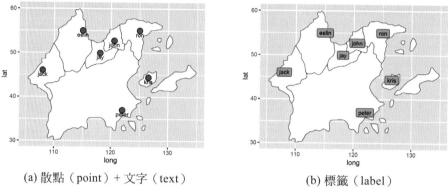

(a) 散點（point）＋文字（text）　　　　(b) 標籤（label）

▲ 圖 10-3-1　點描法地圖

技能 點描法地圖的繪製

點描法地圖就是散點圖與地圖的圖層疊加，關鍵在於將散點的位置 (x, y)
變成經緯座標 (long, lat)，可以使用 plotnine 套件中的 geom_map() 函數先
繪製地圖的圖層，再使用 geom_point() 函數繪製散點，然後使用 geom_
text 增加文字內容，如圖 10-3-1(a) 所示。有時候也可以使用 geom_label()
函數將散點與文字用文字標籤表示，如圖 10-3-1(b) 所示。圖 10-3-1 點描
法地圖的實際程式如下所示。

```
01    import geopandas as gpd
02    import pandas as pd
03    from plotnine import *
04    df_map = gpd.GeoDataFrame.from_file('Virtual_Map1.shp')
05    df_city=pd.read_csv("Virtual_City.csv")
06    df=pd.merge(right=df_map, left=df_city,how='right',on="country")
07    df=gpd.GeoDataFrame(df)
08
09    # 圖 10-3-1(a) 所示標準點描法地圖
10    base_plot=(ggplot(df)+
11              geom_map(fill='white',color='gray')+
12              geom_point(aes(x='long', y='lat'),shape='o',colour="black",
                  size=6,fill='r')+
```

```
13              geom_text(aes(x='long', y='lat', label='city'),
                    colour="black",size=10,nudge_y=-1.5)+0
14              scale_fill_cmap(name="RdYlBu_r"))
15  print(base_plot)
16
17  #圖 10-3-1(b) 所示的標籤型點描法地圖
18  base_plot=(ggplot(df)+
19              geom_map(fill='white',color='gray')+
20              geom_label(aes(x='long', y='lat', label='city'),
                    colour="black",size=10,fill='orange')+0
21              scale_fill_cmap(name="RdYlBu_r"))
22  print(base_plot)
```

帶氣泡的地圖

帶氣泡的地圖（bubble map），其實就是氣泡圖和地圖的結合，根據資料 (lat, long, value) 在地圖上繪製氣泡，如圖 10-3-2 所示。位置資訊（lat,long）對應到地圖的實際地理位置，資料的大小（value）對映到氣泡面積大小，有時候還會有第四維類別變數（catergory），可以使用顏色區分資料數列。帶氣泡的地圖比分級統計地圖更適合用於比較帶有地理資訊的資料的大小，但是當地圖上的氣泡過多、過大時，氣泡間會相互遮蓋而影響資料展示，所以在繪製時需要考慮設定氣泡的透明度。

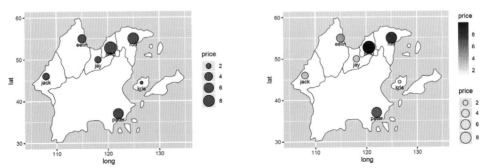

(a) 數值對映到單一視覺通道（氣泡大小）　(b) 數值對映到兩個視覺通道（氣泡大小和顏色）

▲ 圖 10-3-2　帶氣泡的地圖

技能　繪製帶氣泡的地圖

帶氣泡的地圖與點描法地圖類似，只是在它的基礎上增加了新的變數，並將此對映到散點的大小或顏色。如圖 10-3-2(b) 所示，是將數值對映到兩個視覺通道（氣泡大小和顏色），圖表的清晰表達程度比圖 10-3-1(a)（數值對映到單一視覺通道）更好。圖 10-3-2 所示的帶氣泡的地圖的實際程式如下所示。

```
01    import geopandas as gpd
02    import pandas as pd
03    from plotnine import *
04    df_map = gpd.GeoDataFrame.from_file('Virtual_Map1.shp')
05    df_city=pd.read_csv("Virtual_City.csv")
06    df=pd.merge(right=df_map, left=df_city,how='right',on="country")
07    df=gpd.GeoDataFrame(df)
08    # 圖 10-3-2(a) 數值對映到單一視覺通道（氣泡大小）
09    base_plot=(ggplot(df)+
10            geom_map(fill='white',color='gray')+
11            geom_point(aes(x='long', y='lat',size='orange'),shape='o',
              colour="black",fill='#EF5439')+
12            geom_text(aes(x='long', y='lat', label='city'),
              colour="black",size=10,nudge_y=-1.5)+
13            scale_size(range=(2,9),name='price'))
14    print(base_plot)
15
16    # 圖 10-3-2(b) 數值對映到兩個視覺通道（氣泡大小和顏色）
17    base_plot=(ggplot(df)+
18            geom_map(fill='white',color='gray')+
19            geom_point(aes(x='long', y='lat',size='orange',fill='orange'),
              shape='o',colour="black")+
20            geom_text(aes(x='long', y='lat', label='city'),colour="black",
              size=10,nudge_y=-1.5)+
21            scale_fill_cmap(name="YlOrRd")+
22            scale_size(range=(2,9),name='price'))
23    print(base_plot)
```

使用 Basemap 套件的 readshapefile() 函數先讀取地圖資料，並繪製底層地圖；再使用文字增加函數 ax.text() 和散點繪製函數 ax.scatter() 可以實現如圖 10-3-2(b) 所示的數值對映到兩個視覺通道（氣泡大小和顏色）的地圖，其實作程式如下所示。

```
01    from mpl_toolkits.basemap import Basemap
02    import matplotlib.pyplot as plt
03    from matplotlib.patches import Polygon
04    import pandas as pd
05
06    df_city=pd.read_csv("Virtual_City.csv",index_col='country')
07
08    lat_min = 29; lat_max = 62; lon_min = 103; lon_max = 136
09
10    ax = plt.figure(figsize=(8, 6)).gca()
11    basemap = Basemap(llcrnrlon=lon_min, urcrnrlon=lon_max, llcrnrlat=
      lat_min,urcrnrlat=lat_max,
12                      projection='cyl',lon_0 = 120,lat_0 = 50,ax = ax)
13    basemap.readshapefile(shapefile = 'Virtual_Map1', name = "Country",
      drawbounds=True)
14
15    for info, shape in zip(basemap.Country_info, basemap.Country):
16            poly = Polygon(shape, facecolor='w', edgecolor='k')
17            ax.add_patch(poly)
18
19    basemap.drawparallels(np.arange(lat_min,lat_max,10), labels=[1,0,0,0],
      zorder=0) # 畫經度線
20    basemap.drawmeridians(np.arange(lon_min,lon_max,10), labels=[0,0,0,1],
      zorder=0) # 畫緯度線
21
22    # 增加文字資訊：城名
23    for lat,long,country in zip(df_city['lat'],df_city['long'],
      df_city['city']):
24        ax.text(long,lat-2,country,fontsize=12,verticalalignment="center",
                  horizontalalignment="center")
```

```
25
26    # 增加氣泡
27    Bubble_Scale=80
28    scatter = ax.scatter(df_city['long'], df_city['lat'], c=df_city['orange'],
      s=df_city['orange']*Bubble_Scale,
29                    linewidths=0.5, edgecolors="k",cmap='YlOrRd',zorder=2)
30    cbar = plt.colorbar(scatter) # 增加圖列：colobar
31    cbar.set_label('orange')
32    # 增加圖列：氣泡大小
33    kw = dict(prop="sizes", alpha=0.6, num=5, func=lambda s: s/Bubble_Scale)
34    ax.legend(*scatter.legend_elements(**kw), loc="upper right", title="orange")
```

點描法地圖的故事

John Snow（1813—1858）是英國的一名醫生。1854 年，英國 Broad 大街大規模爆發霍亂疫情，當時了解微生物理論的人很少，人們不清楚霍亂傳播的途徑，而「瘴氣傳播理論」是當時的主導理論。John Snow 對這種理論表示了懷疑，於 1855 發表了關於霍亂傳播理論的論文，圖 10-3-3 即其主要依據。Snow 採用了點圖的方式，圖中心東西方向的街道即為 Broad 大街，黑點表示死亡的地點。

這幅圖形揭示了一個重要現象，就是死亡發生地都在街道中部一處水源（公共水幫浦）周圍，市內其他水源周圍極少發現死者。進一步調查，他發現這些死者都飲用過這裡的水。後來證實離這口幫浦僅 1 公尺遠的地方有一處污水坑，坑內釋放出來的細菌正是霍亂發生的罪魁禍首。他成功說服了當地政府廢棄那個水幫浦。這真是視覺化歷史上的劃時代的事件。

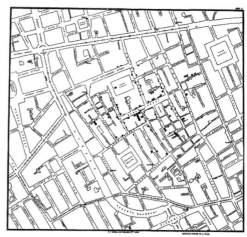

▲ 圖 10-3-3　1854 年英國 Broad 大街的霍亂傳播

10.4 | 帶柱形的地圖

帶柱形的地圖（bar map）是地圖和直條圖兩個圖層的疊加，可以用柱形系列表示地理位置的一系列資料指標，柱形的高度對應指標的資料，不同的指標使用不同的顏色區分，如圖 10-4-1(a) 所示。有時候，帶柱形的地圖也可以使用南丁格爾玫瑰圖表示，如圖 10-4-1(b) 所示。

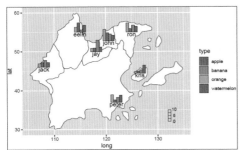

(a) 帶柱形的地圖

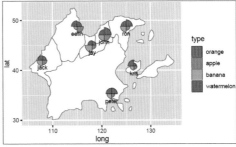

(b) 帶南丁格爾玫瑰圖的地圖

▲ 圖 10-4-1 多資料數列的地圖

技能 繪製帶柱形的地圖

plotnine 套件中的 geom_rect() 函數可以繪製矩形，所以只需要先設定矩形的左下角座標 (xmin, ymin) 和右上角座標 (xmax, ymax)，然後使用 geom_rect() 函數，就可以實現繪製帶柱形的地圖。圖 10-4-1(a) 的實現程式如下所示。

```
01    import geopandas as gpd
02    import pandas as pd
03    from plotnine import *
04    Scale=3
05    width=1.1
06    df_map = gpd.GeoDataFrame.from_file('Virtual_Map1.shp')
07    df_city=pd.read_csv("Virtual_City.csv")
08    selectCol=["orange","apple","banana","watermelon"]
```

```
09    MaxH=df_city.loc[:,selectCol].max().max()
10    df_city.loc[:,selectCol]=df_city.loc[:,selectCol]/MaxH*Scale
11    df_city=pd.melt(df_city.loc[:,['lat','long','group','city']+selectCol],
      id_vars=['lat','long','group','city'])
12    df_city['hjust1']=df_city.transform(lambda x: -width if x['variable']
      =="orange"
13                     else -width/2 if x['variable']=="apple"
14                     else 0 if x['variable']=="banana" else width/2 ,axis=1)
15    df_city['hjust2']=df_city.transform(lambda x: -width/2 if x['variable']
                       =="orange"
16                     else 0 if x['variable']=="apple"
17                     else width/2 if x['variable']=="banana" else width ,
                       axis=1)
18    base_plot=(ggplot()+
19            geom_map(df_map,fill='white',color='gray')+
20            geom_rect(df_city, aes(xmin = 'long +hjust1', xmax = 'long+hjust2',
                     ymin = 'lat', ymax = 'lat + value' , fill= 'variable'),
21                     size =0.25, colour ="black", alpha = 1)+
22            geom_text(df_city.drop_duplicates('city'),aes(x='long', y='lat',
                     label='city'), colour="black",size=10,nudge_y=-1.25)+
23            scale_fill_hue(s = 1, l = 0.65, h=0.0417,color_space='husl'))
24    print(base_plot)
```

10.5　等值線圖

等值線圖（isopleth map，也被稱為相等線地圖）可以說是地圖和等高線圖兩個圖層的疊加，常用於表示地面海拔高度的變化曲面、溫度變化資料、降雨量資料。圖 10-5-1(b) 展示了二維核心密度估計等點陣圖，可以用於估計散點的分佈情況。

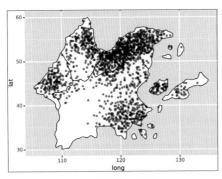

(a) 點描法地圖

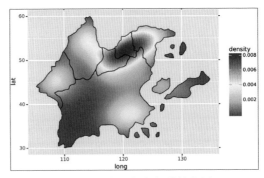

(b) 二維核心密度估計熱力圖

▲ 圖 10-5-1 等值線圖的實現過程

技能 繪製二維核心密度估計等值線圖

我們可以先計算離散座標點的二維核心密度估計數值，使用 plotnine 套件中的 geom_tile() 函數繪製熱力圖。再使用 NumPy 套件中的 meshgrid() 函數產生離散的網格座標資料，使用 GeoPandas 套件中的 intersection() 函數求網格矩陣與地圖的重疊部分。再使用 SciPy 中的 gaussian_kde() 函數求重疊座標點的二維核心密度估計數值。最後使用 plotnine 套件中的 geom_tile() 函數和 geom_map() 函數繪製熱力圖，圖 10-5-1(b) 的實作程式如下所示。

```
01    import geopandas as gpd
02    import scipy.stats as st
03    import numpy as np
04    from plotnine import *
05    df_map = gpd.GeoDataFrame.from_file('Virtual_Map1.shp')
06    df_city=pd.read_csv("Virtual_huouse.csv")
07    long_mar=np.arange(105,135, 0.2)
08    lat_mar=np.arange(30,60, 0.2)
09    xx,yy=np. meshgrid (long_mar,lat_mar)
10    df_grid =pd.DataFrame(dict(long=xx.ravel(),lat=yy.ravel()))
11    geom  = gpd.GeoSeries([Point(x, y) for x, y in zip(df_grid.long.values,
```

```
     df_grid.lat.values)])
12   df_grid=gpd.GeoDataFrame(df_grid,geometry=geom)
13   inter_point=df_map['geometry']. intersection (df_grid['geometry'].
     unary_union).tolist()
14   point_x=[]
15   point_y=[]
16   for i in range(len(inter_point)):
17       if (str(type(inter_point[i]))!="<class 'shapely.geometry.point.
           Point'>"):
18           point_x=point_x+[item.x for item in inter_point[i]]
19           point_y=point_y+[item.y for item in inter_point[i]]
20       else:
21           point_x=point_x+[inter_point[i].x]
22           point_y=point_y+[inter_point[i].y]
23
24   df_pointmap =pd.DataFrame(dict(long=point_x,lat=point_y))
25
26   positions =np.vstack([df_pointmap.long.values, df_pointmap.lat.values])
27   values = np.vstack([df_city.long.values, df_city.lat.values])
28   kernel = st.gaussian_kde(values)
29   df_pointmap['density'] =kernel(positions)
30
31   plot_base=(ggplot() +
32              geom_tile(df_pointmap,aes(x='long',y='lat',fill='density'),
                 size=0.1)+
33              geom_map(df_map,fill='none',color='k',size=0.5)+
34              scale_fill_cmap(name='Spectral_r'))
35   print(plot_base)
```

我們基於上面計算獲得的核心密度估計地圖資料 df_pointmap，將經緯座標的核心密度估計數值資料融合到網格座標資料 df_grid 中，再使用 basemap.pcolormesh() 函數就可以繪製熱力地圖，然後使用 basemap. contour() 函數增加等高線，同時使用 ax.clabel() 函數增加等高線數值標籤，其實際程式如下所示。

```
01   from mpl_toolkits.basemap import Basemap
02   from matplotlib.patches import Polygon
03
04   df_grid['group']=[str(x)+'_'+str(y) for x,y in zip(df_grid['long'],
     df_grid['lat'])]
05
06   df_pointmap['group']=[str(x)+'_'+str(y) for x,y in zip(df_pointmap['long'],
     df_pointmap['lat'])]
07   df_grid=pd.merge(df_grid,df_pointmap[['group','density']],how='left',
     on='group')
08
09   lat_min = 29; lat_max = 62; lon_min = 103; lon_max = 136
10
11   ax=plt.figure(figsize=(8, 6)).gca()
12   basemap = Basemap(llcrnrlon=lon_min, urcrnrlon=lon_max, llcrnrlat=
     lat_min,urcrnrlat=lat_max,
13                    projection='cyl',lon_0 = 120,lat_0 = 50,ax = ax)
14   basemap.readshapefile(shapefile = 'Virtual_Map1', name = "Country",
     drawbounds=True)
15
16   for info, shape in zip(basemap.Country_info, basemap.Country):
17           poly = Polygon(shape, facecolor='none', edgecolor='k')
18           ax.add_patch(poly)
19
20   basemap.drawparallels(np.arange(lat_min,lat_max,10), labels=[1,0,0,0],
     zorder=0) #畫經度線
21   basemap.drawmeridians(np.arange(lon_min,lon_max,10), labels=[0,0,0,1],
     zorder=0) #畫緯度線
22
23   cs=basemap.pcolormesh(xx,yy, data=df_grid['density'].values.reshape
     ((len(long_mar),len(lat_mar))),cmap='Spectral_r')
24   ct=basemap.contour(xx, yy, data=df_grid['density'].values.reshape
     ((len(long_mar),len(lat_mar))),colors='w')
25   ax.clabel(ct, inline=True, fontsize=10,colors='k')
26   cbar = basemap.colorbar(cs,location='right')
27   cbar.set_label('Desnity')
```

其中，在 pcolormesh(X,Y, Z cmap=None) 函數中，X，Y 必須為二維網格
資料點的橫垂直座標，通常是二維陣列；Z: 網格資料點 (X, Y) 對應的資料
值，也是二維陣列；cmap 為資料對應的顏色主題方案。

10.6　點狀地圖

點狀地圖，就是將連續的地圖離散成散點，如圖 10-6-1 所示，通常是將散
點（long, lat）的數值（value）對映到顏色和大小兩個視覺通道。點狀地
圖可以用於二維統計直方地圖的展示，如圖 10-6-1(b) 所示。

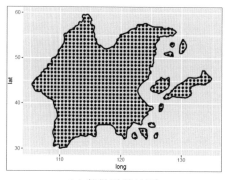
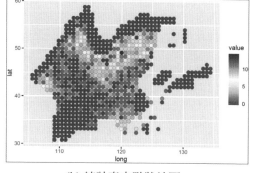

(a) 離散點狀地圖　　　　　　　　　(b) 統計直方點狀地圖

▲ 圖 10-6-1　點狀地圖

技能　繪製點狀地圖

統計直方點狀地圖其實就是先根據 expand.grid() 的網格函數產生經緯度
數據；再利用 findInterval() 函數求取二維統計長條圖，將經緯度位置資
料及其統計頻數建置成 SpatialPixelsDataFrame 類型的資料；接著使用 !is.
na(over()) 函數求取二維統計長條圖和 SpatialPolygonsDataFrame 格式的地
圖的重合區域；最後使用 geom_point() 函數，實現繪製圖 10-6-1(b)，其實
際程式如下所示。

```
01   import geopandas as gpd
02   from shapely.geometry import Point
03   import numpy as np
04   import pandas as pd
05   from plotnine import *
06   df_map = gpd.GeoDataFrame.from_file('Virtual_Map0.shp')
07   long_mar=np.arange(105,135, 0.6)
08   lat_mar=np.arange(30,60, 0.8)
09   X,Y=np.meshgrid(long_mar,lat_mar)
10   df_grid =pd.DataFrame({'long':X.flatten(),'lat':Y.flatten()})
11   geom  = gpd.GeoSeries([Point(x, y) for x, y in zip(df_grid.long.values,
     df_grid.lat.values)])
12   df_grid=gpd.GeoDataFrame(df_grid,geometry=geom)
13   inter_point=df_map['geometry'].intersection(df_grid['geometry'].
     unary_union).tolist()
14
15   point_x=[]
16   point_y=[]
17   for i in range(len(inter_point)):
18       if (str(type(inter_point[i]))!="<class 'shapely.geometry.point.
           Point'>"):
19           point_x=point_x+[item.x for item in inter_point[i]]
20           point_y=point_y+[item.y for item in inter_point[i]]
21       else:
22           point_x=point_x+[inter_point[i].x]
23           point_y=point_y+[inter_point[i].y]
24
25   df_pointmap =pd.DataFrame({'long':point_x,'lat':point_y})
26   plot_base=(ggplot() +geom_map(df_map,fill='white',color='k')+
27           geom_point(df_pointmap,aes(x='long',y='lat'),fill='k',size=3,
             shape='o',stroke=0.1))
28   print(plot_base)
29
30   df_huouse=pd.read_csv("Virtual_huouse.csv")
31   long_mar=np.arange(105,135+0.6, 0.6)
```

```
32   lat_mar=np.arange(30,60+0.8, 0.8)
33   hist, xedges, yedges = np.histogram2d(df_huouse.long.values,
     df_huouse.lat.values, (long_mar, lat_mar))
34   long_mar=np.arange(105,135, 0.6)
35   lat_mar=np.arange(30,60, 0.8)
36   Y,X=np.meshgrid(lat_mar,long_mar)
37   df_gridmap=pd.DataFrame({'long':X.ravel(),'lat':Y.ravel(),
     'count':hist.ravel()})
38   df_pointmap=pd.merge(df_pointmap, df_gridmap,how='left',on=['long','lat'])
39
40   plot_base=(ggplot() +geom_map(df_map,fill='white',color='none')+
41             geom_point(df_pointmap,aes(x='long',y='lat',fill='count'),
                size=3,shape='o',stroke=0.1)+
42                  scale_fill_cmap(name='Spectral_r'))
43   print(plot_base)
```

我們也可以使用 Basemap 先繪製地圖，然後根據上面計算獲得的二維統計地圖資料 df_pointmap，使用 ax.scatter() 函數就可以繪製統計直方點狀地圖，並且將每個數據點的統計頻數對映到顏色，其顏色主題方案為 Spectral_r。

```
01   from mpl_toolkits.basemap import Basemap
02   import matplotlib.pyplot as plt
03   from matplotlib.patches import Polygon
04
05   lat_min = 29; lat_max = 62; lon_min = 103; lon_max = 136
06
07   ax = plt.figure(figsize=(8, 6)).gca()
08   basemap = Basemap(llcrnrlon=lon_min, urcrnrlon=lon_max, llcrnrlat=
     lat_min,urcrnrlat=lat_max,
09                  projection='cyl',lon_0 = 120,lat_0 = 50,ax = ax)
10   basemap.readshapefile(shapefile = 'Virtual_Map1', name = "Country",
     drawbounds=False)
11
12   for info, shape in zip(basemap.Country_info, basemap.Country):
```

```
13          poly = Polygon(shape, facecolor='w', edgecolor='w')
14          ax.add_patch(poly)
15
16  basemap.drawparallels(np.arange(lat_min,lat_max,10), labels=[1,0,0,0],
    zorder=0) #畫經度線
17  basemap.drawmeridians(np.arange(lon_min,lon_max,10), labels=[0,0,0,1],
    zorder=0) #畫緯度線
18
19  #增加帶顏色對映的散點
20  scatter = ax.scatter(df_pointmap['long'], df_pointmap['lat'],
    c=df_pointmap['count'],
21          s=40, linewidths=0.25, edgecolors="k",cmap='Spectral_r',zorder=2)
22  cbar = plt.colorbar(scatter)
23  cbar.set_label('Count')
```

三維柱形地圖

三維柱形地圖（long, lat, value）可以使用柱形高度表示地理位置（long, lat）的數值（value），如圖 10-6-2 所示。三維柱形地圖可以看成是點狀地圖的三維展示。

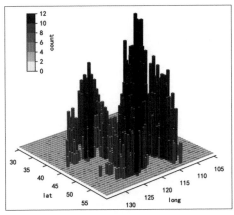

(a) 單色漸層系

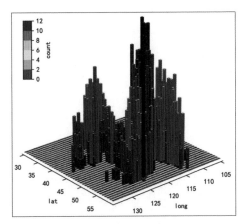

(b) Spectral 多色漸層系

▲ 圖 10-6-2 三維柱形地圖

技能　繪製三維柱形地圖

根據圖 10-6-1 的點狀地圖網格資料 df_gridmap 和頻數資料 df_pointmap，使用 matplotlib 套件中的 bar3d() 函數可以繪製立體直條圖，推薦使用單色漸層系作為顏色主題，如圖 10-6-2(a) 所示，其實際程式如下所示。

```
01    from mpl_toolkits.mplot3d import Axes3D   # noqa: F401 unused import
02    from matplotlib import cm
03    import pandas as pd
04    import numpy as np
05    import matplotlib.pyplot as plt
06    import matplotlib as mpl
07
08    df_gridmap=pd.merge(df_gridmap,df_pointmap,how='left',on=['long','lat'])
09    fig = plt.figure(figsize=(10,10))
10    ax = fig.gca(projection='3d')
11    ax.view_init(azim=-70, elev=20)
      ##改變繪製影像的角度，即相機的位置,azim 沿著 z 軸旋轉，elev 沿著 y 軸
12    ax.grid(False)
13
14    ax.xaxis._axinfo['tick']['outward_factor'] = 0
15    ax.xaxis._axinfo['tick']['inward_factor'] = 0.4
16    ax.yaxis._axinfo['tick']['outward_factor'] = 0
17    ax.yaxis._axinfo['tick']['inward_factor'] = 0.4
18    ax.xaxis.pane.fill = False
19    ax.yaxis.pane.fill = False
20    ax.zaxis.pane.fill = False
21    ax.xaxis.pane.set_edgecolor('none')
22    ax.yaxis.pane.set_edgecolor('none')
23    ax.zaxis.pane.set_edgecolor('none')
24    ax.zaxis.line.set_visible(False)
25    ax.set_zticklabels([])
26    ax.set_zticks([])
27
28    zpos = 0
```

```
29   dx = df_gridmap.long.values
30   dy = df_gridmap.lat.values
31   dz=df_gridmap['count'].values
32   colors = cm.Spectral_r(dz / float(max(dz)))
33   ax.bar3d(dx, dy, zpos, 0.5, 0.5, dz, zsort='average',color=colors,
     edgecolor='gray',linewidth=0.2)
34
35   ax2 = fig.add_axes([0.85, 0.35, 0.025, 0.3])
36   cmap = mpl.cm.Spectral_r
37   norm = mpl.colors.Normalize(vmin=0, vmax=1)
38   bounds = np.arange(min(dz),max(dz),2)
39   norm = mpl.colors.BoundaryNorm(bounds, cmap.N)
40   cb2 = mpl.colorbar.ColorbarBase(ax2, cmap=cmap,norm=norm,boundaries=bounds,
41   ticks=np.arange(min(dz),max(dz),2),spacing='proportional',label='count')
42   plt.show()
```

10.7 簡化示意圖

分級統計地圖最大的問題在於資料分佈和地理區域大小的不對稱。由於各等級（如省份、國家等）的面積大小不一樣，但是這又與展示的資料大小無關，這種資料的不對稱容易造成使用者對資料的錯誤了解，無法極佳地幫助使用者準確地區分和比較地圖上各個分區的資料值，面積小的省份在地圖上可能難以被識別。我們可以在儘量保障地理區域的相對位置一致的情況下，將各等級地理區域統一大小，使用六邊形、矩形或圓圈代替，圖10-7-1 所示為不同類型的簡化示意圖。

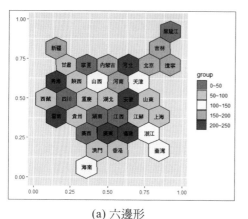
(a) 六邊形

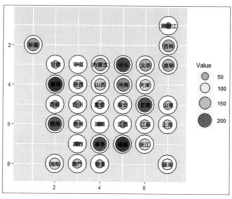
(b) 圓圈

▲ 圖 10-7-1　分級統計簡化示意圖

技能 **繪製簡化示意圖**

圖 10-7-2 所示的矩形和圓圈簡化示意圖，資料如圖 10-7-3(a) 所示，主要包含矩形或圓圈的位置資訊（row,col）以及對應省份名字的拼音（name）和中文名（code），使用 plotnine 套件中的 geom_tile() 函數和 geom_point() 函數就可以分別實現矩形或圓圈型的簡化示意圖，實際程式如下所示。

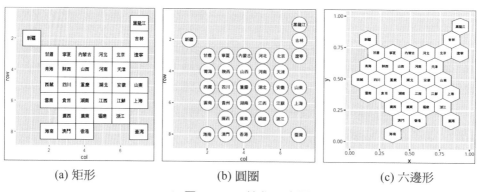
(a) 矩形　　　　　　　　(b) 圓圈　　　　　　　　(c) 六邊形

▲ 圖 10-7-2　簡化示意圖

(a) 矩形和圓圈

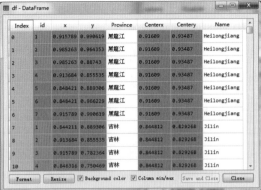
(b) 六邊形

▲ 圖 10-7-3 中國簡化示意地圖的繪圖資料

```
01   import pandas as pd
02   import numpy as np
03   from plotnine import *
04   df=pd.read_csv('China_MatrixMap.csv',encoding='UTF-8')
05
06   # 圖 10-7-2(a) 矩形簡化示意圖
07   base_plot=(ggplot(df,aes(x='x',y='y'))+
08   geom_tile(fill='w',colour="black",size=1)+
09   geom_text(aes(label='name'),size=12,family='SimHei')+
10   scale_y_reverse(limits =(8.5,0.5))+
11   scale_x_continuous(limits =(0.5,7.5),expand=(0.05,0.05)))
12   print(base_plot)
13
14   # 圖 10-7-2(b) 圓圈簡化示意圖
15   base_plot=(ggplot(df,aes(x='x',y='y'))+
16   geom_point(fill='w',colour="black",size=30)+
17   geom_text(aes(label='name'),size=12,family='SimHei')+
18   scale_y_reverse(limits =(8.5,0.5))+
19   scale_x_continuous(limits =(0.8,7.5)))
20   print(base_plot)
```

matplotlib.patches 提供了繪製矩形 Rectangle() 函數和橢圓形 Ellipse () 函數可以分別繪製矩形和圓形。再使用 matplotlib.collections.PatchCollection() 函數把所有 matplotlib.patches.Polygon 組合成 list 資料結構的 collection，然後使用 ax.add_collection(collection) 集體繪製。圖 10-7-2 中國地圖簡化示意圖的實作程式如下所示。

```
01    import matplotlib.pyplot as plt
02    import matplotlib.patches as mpathes
03    from matplotlib.collections import PatchCollection
04
05    # 圖 10-7-2(a) 矩形簡化示意圖 ax = plt.figure(figsize=(6, 6)).gca()
06    patches = []
07    for x,y,name in zip(df['x'],df['y'],df['name']):
08        rect = mpathes.Rectangle((x,-y),width=1, height=1)
09        patches.append(rect)
10        ax.text(x+0.5,-y+0.5,name,fontsize=12,verticalalignment="center",
          horizontalalignment="center")
11    collection = PatchCollection(patches, facecolor='w',edgecolor='k',
      linewidth=1)
12    ax.add_collection(collection)
13    plt.axis('equal')
14    plt.show()
15
16    # 圖 10-7-2(b) 圓圈簡化示意圖
17    ax = plt.figure(figsize=(6, 6)).gca()
18    patches = []
19    for x,y,name in zip(df['x'],df['y'],df['name']):
20        rect = mpathes.Ellipse((x,-y),width=1, height=1)
21        patches.append(rect)
22        ax.text(x,-y,name,fontsize=12,verticalalignment="center",
          horizontalalignment="center")
23    collection = PatchCollection(patches, facecolor='w',edgecolor='k',
      linewidth=1)
24    ax.add_collection(collection)
```

```
25    plt.axis('equal')
26    plt.show()
```

簡化六邊形示意圖的繪圖資料如圖 10-7-3(b) 所示，主要包含每個六邊形六個頂點的位置座標（x, y），以及對應的身份名稱（Province），還包含每個六邊形的中心位置座標（Centerx,Centery），使用 plotnine 套件中的 geom_polygon() 函數就可以繪製六邊形。圖 10-7-2(c) 的實際程式如下所示。

```
01    # 圖 10-7-2(c) 六邊形簡化示意圖
02    df=pd.read_csv('China_HexMap.csv',encoding='UTF-8')
03    base_plot=(ggplot()+
04    geom_polygon(df,aes(x='x',y='y',group='Province'),colour="black",
      size=0.25,fill='w')+
05    geom_text(df.drop_duplicates('Province'),aes(x='Centerx',
      y='Centery-0.01',label='Province'),size=14,family ='SimHei'))
06    print(base_plot)
```

我們可以使用 matplotlib.patches.Polygon() 函數建置多邊形資料，再使用 PatchCollection() 函數把所有 Polygon 組合成 list 資料結構的 collection，再使用 ax.add_collection(collection) 集體繪製，進一步實現如圖 10-7-2(c) 所示的六角形簡化示意圖。

```
01    import matplotlib.pyplot as plt
02    import matplotlib.patches as mpathes
03    from matplotlib.collections import PatchCollection
04    ax= plt.figure(figsize=(6, 6)).gca()
05    patches = []
06    for Province in np.unique(df['Province']):
07        df_Province=df[df['Province']==Province]
08        rect = mpathes.Polygon([(x,y) for x,y in zip(df_Province['x'],
          df_Province['y'])])
09        patches.append(rect)
10        ax.text(df_Province['Centerx'].values[0],df_Province['Centery'].
          values[0], df_Province['Province'].values[0], fontsize=12,
```

```
                verticalalignment="center",horizontalalignment="center")
11   collection = PatchCollection(patches, facecolor='w',edgecolor='k',
     linewidth=1)
12   ax.add_collection(collection)
13   plt.axis('equal')
14   plt.show()
```

10.8　郵標法

在地圖三維資料（long,lat,value）的基礎上，通常需要再增加一個維度：時間
變數（time），這樣就需要用到郵標法，即用分面的方法展示地理空間資料，
如圖 10-8-1 所示。也可以增加一個不同類變數的維度，如圖 10-8-2 所示。

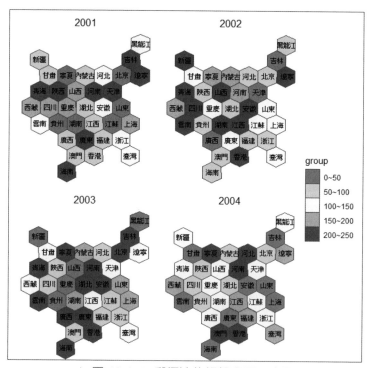

▲ 圖 10-8-1　郵標法的網格分面示意圖

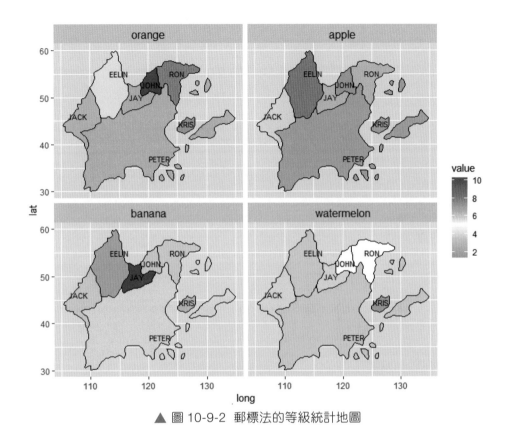

▲ 圖 10-9-2　郵標法的等級統計地圖

技能 繪製郵標法的等級統計地圖

郵標法的地圖資料需要將地圖資料 **df_map** 和城市資料 **df_city** 融合後，再使用 melt() 函數將二維度資料表變成一維度資料表，最後使用 plotnine 套件中的分面函數 facet_wrap() 或 facet_grid() 實現。圖 10-8-2 所示的郵標法的等級統計地圖的實作程式如下所示。

```
01    import geopandas as gpd
02    import pandas as pd
03    from plotnine import *
04    df_map = gpd.GeoDataFrame.from_file('Virtual_Map1.shp')
05    df_city=pd.read_csv("Virtual_City.csv")
```

```
06   df=pd.merge(right=df_map[['country','geometry']], left=df_city[['country',
     'orange','apple','banana','watermelon ']],how='right',on="country")
07   df_melt=pd.melt(df,id_vars = ['country', 'geometry'])
08   df_melt=gpd.GeoDataFrame(df_melt)
09   base_plot=(ggplot()+
10     geom_map(df_melt, aes(fill='value'),colour="black",size=0.25)+
11     geom_text(df_city,aes(x='long', y='lat', label='country'),
       colour="black",size=10)+
12     scale_fill_gradient2(low="#00A08A",mid="white",high="#FF0000",midpoint
       = df_city.orange.mean())+
13     facet_wrap('~variable')+
14     theme(strip_text = element_text(size=20,face="plain",color="black"),
15           axis_title=element_text(size=18,face="plain",color="black"),
16           axis_text = element_text(size=15,face="plain",color="black"),
17           legend_title=element_text(size=18,face="plain",color="black"),
18           legend_text = element_text(size=15,face="plain",color="black"),
19           figure_size = (11, 9),
20           dpi = 50))
21   print(base_plot)
```

資料視覺化案例

11.1 商業圖表繪製範例

商業圖表一般以國外的《華爾街日報》《商業週刊》《經濟學人》等經典期刊的圖表作為案例與代表。近兩年，中國的網易數讀、TD 財經、澎湃新聞等新聞媒體的商業圖表也越來越專業化。

圖 11-1-1 展示了部分商業圖表案例，來自《華爾街日報》（*The Wall Street Journal*）、《商業週刊》（*Business Week*）、《經濟學人》（*The Economist*）。其中，《經濟學人》商業圖表的顯著特徵就是圖表的左上角標有一個紅色的矩形；《華爾街日報》商業圖表的顯著特徵就是圖表右下角會標記 "THE WALL STREET JOURNAL"。本節就教大家使用 Python 中的 matplotlib 繪製商業圖表。

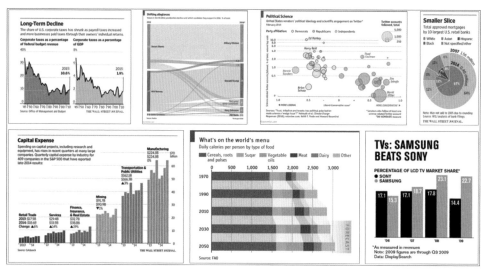

▲ 圖 11-1-1　商業圖表案例

11.1.1　商業圖表繪製基礎

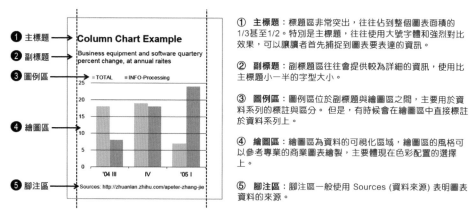

① **主標題**：標題區非常突出，往往佔到整個圖表面積的 1/3甚至1/2。特別是主標題，往往使用大號字體和強烈對比效果，可以讓讀者首先捕捉到圖表要表達的資訊。

② **副標題**：副標題區往往會提供較為詳細的資訊，使用比主標題小一半的字型大小。

③ **圖例區**：圖例區位於標題與繪圖區之間，主要用於資料系列的標註與區分。 但是，有時候會在繪圖區中直接標註於資料系列上。

④ **繪圖區**：繪圖區為資料的可視化區域，繪圖區的風格可以參考專業的商業圖表繪製，主要體現在色彩配置的選擇上。

⑤ **腳注區**：腳注區一般使用 Sources (資料來源) 表明圖表資料的來源。

▲ 圖 11-1-2　商業圖表範例（圖表來源：《商業週刊》）

仔細觀察這些商業圖表，我們可以發現《華爾街日報》《商業週刊》《經濟學人》等商業其刊的固有格式，如圖 11-1-2 所示。經典的商業圖表都有一套固有的圖表風格與顏色主題。相對我們平常直接繪製的圖表（包含繪圖區和圖例區），商業圖表還包含主標題、副標題以及註腳區。其中，主標題、副標題以及註腳區可以作為圖表的背景資訊，幫助讀者了解圖表所要表達的其他資料資訊。這些圖表的不同區域通常都左對齊，然後上下左右都留有一定的空白（margin）。

商業圖表中最為重要的部分就是繪圖區（plot area），繪圖區的圖表元素組成如圖 11-1-3 所示，其實際組成如下所示。

（1）**資料數列（data series）**：使用點、線、面等不同圖形表示資料數列，例如點類型的散點、氣泡圖，線類型的聚合線、曲線圖，面類型的柱形、面積圖等。

（2）***X* 軸座標（*X* number axis）**：數軸刻度應等距或具有一定規律性（如對數尺度），並標明數值。橫軸刻度自左至右，數值一律由小到大。

（3）***Y* 軸座標（*Y* Number axis）**：數軸刻度應等距或具有一定規律性（如對數尺度），並標明數值。縱軸刻度自下而上，數值一律由小到大。

（4）**格線（grid line）**：包含主要和次要的水平、垂直格線 4 種類型，分別對應 *Y* 軸和 *X* 軸的刻度線。在聚合線圖和統計長條圖中，一般使用水平格線作為數值比較大小的輔助線。

▲ 圖 11-1-3 繪圖區的圖表元素組成

另外，繪圖區的背景顏色是可以改變的。繪圖區背景填充顏色的不同有時也是不同商業圖表風格的重要特點。商業圖表繪圖區風格的設定主要包含繪圖區的背景填充顏色，*X* 軸和 *Y* 軸座標的顏色、標籤位置與刻度線，以及格線的顏色與粗細等。《華爾街日報》《商業週刊》《經濟學人》三大經典商業期刊圖表繪圖區元素的實際設定如圖 11-1-4 所示。不同商業圖表風格的雙資料數列簇狀直條圖如圖 11-1-5 所示。

期刊	風格類型	①繪圖區	②X軸座標				③Y軸座標			④網格線		
		填充顏色	類型	顏色	標籤位置	刻度線	類型	標籤位置	刻度線	類型	顏色	寬度（磅）
《經濟學人》	[1]	206,219,231	0.75磅 - 實線	0, 0, 0	低	外部 - 主刻度線	無線條	高	無	實線	255,255,255	1.5
	[2]	255,255,255	0.75磅 - 實線	0, 0, 0	低	外部 - 主刻度線	無線條	高	無	實線	191,191,191	1.5
《華爾街日報》	[1]	248,242,228	0.75磅 - 實線	0, 0, 0	低	外部 - 主刻度線	無線條	低	無	圓點	191,191,192	1.5
	[2]	255,255,255	0.75磅 - 實線	0, 0, 0	低	外部 - 主刻度線	無線條	低	無	實線	191,191,193	1.25
《商業周刊》	2008	255,255,255	0.25磅 - 實線	0, 0, 0	低	外部 - 主刻度線	無線條	低	無	實線	0, 0, 0	0.25

▲ 圖 11-1-4　商業圖表的繪圖區元素設定

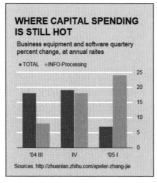

(a)《經濟學人》[1]　　　　(b)《經濟學人》[2]

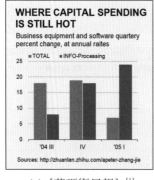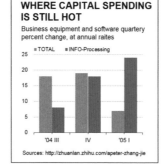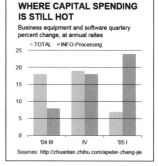

(c)《華爾街日報》[1]　　(d)《華爾街日報》[2]　　(e)《商業週刊》

▲ 圖 11-1-5　仿製的不同期刊風格的直條圖

除圖表風格外，經典期刊的商業圖表都有一套固有的顏色主題方案，圖 11-1-6 展示了《經濟學人》的顏色主題方案。這三種經典期刊中（見圖

11-1-6~ 圖 11-1-8），顏色主題方案多年始終保持不變的是《經濟學人》。《經濟學人》的圖表基本只用一個色系，或做一些深淺明暗的變化；當資料數列增多時，會增加深綠色、深棕色等顏色。更多商業圖表的顏色主題方案可以參考《Excel 資料之美：科學圖表與商業圖表的繪製》。

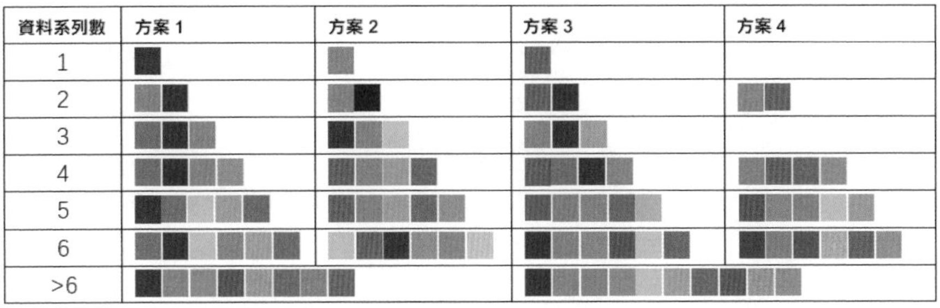

資料系列數	方案 1	方案 2	方案 3	方案 4
1				
2				
3				
4				
5				
6				
>6				

▲ 圖 11-1-6《經濟學人》的顏色主題方案

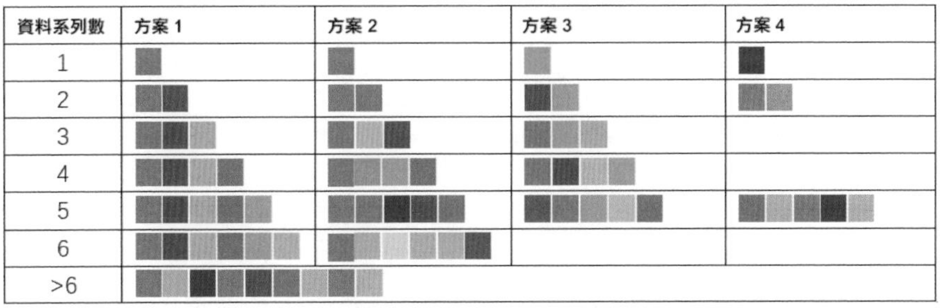

資料系列數	方案 1	方案 2	方案 3	方案 4
1				
2				
3				
4				
5				
6				
>6				

▲ 圖 11-1-7《華爾街日報》[2] 的顏色主題方案

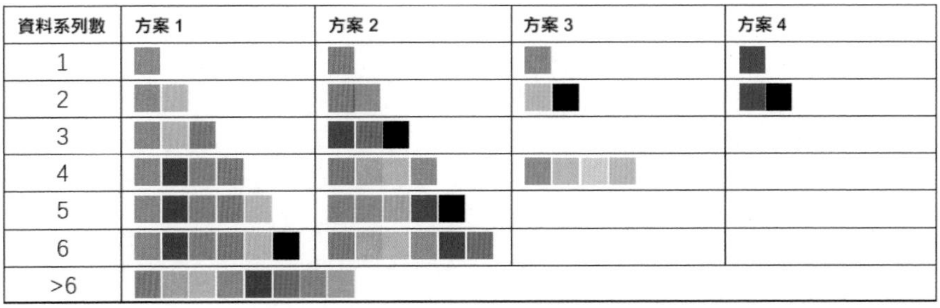

資料系列數	方案 1	方案 2	方案 3	方案 4
1				
2				
3				
4				
5				
6				
>6				

▲ 圖 11-1-8《商業週刊》的顏色主題方案

技能 《經濟學人》[1] 風格的直條圖

繪製商業期刊風格的圖表，主要是在 Python 自動產生的圖表的基礎上，增加主副標題以及註腳；圖表風格的實際設定可以參照圖 11-1-4。圖 11-1-5(a) 所示的《經濟學人》[1] 風格的直條圖的實作程式如下所示。

```
01  import matplotlib.pyplot as plt
02  import numpy as np
03  import pandas as pd
04  plt.rcParams["font.sans-serif"]='Arial'
05  #plt.rcParams["font.sans-serif"]='SimHei' # 中文字顯示設定
06  plt.rcParams['axes.unicode_minus']=False
07  plt.rcParams['axes.facecolor']='#CFDBE7'
08  plt.rcParams['savefig.facecolor'] ='#CFDBE7'
09  plt.rc('axes',axisbelow=True)            # 使格線置於圖表下層
10
11  df=pd.read_excel(r" 多資料數列直條圖 .xlsx",sheet_name=" 原始資料 ")
12  x_lable=np.array(df["Quarter"])
13  x=np.arange(len(x_lable))
14  y1=np.array(df["TOTAL"])
15  y2=np.array(df["INFO-Processing"])
16
17  width=0.35
18  fig=plt.figure(figsize=(5,4.5),dpi=100,facecolor='#CFDBE7')
19  plt.bar(x,y1,width=width,color='#01516C',label='TOTAL')
    # 調整 y1 軸位置、顏色，label 為圖例名稱
20  plt.bar(x+width,y2,width=width,color='#01A4DC',label='INFO-Processing')
    # 調整 y2 軸位置、顏色，label 為圖例名稱
21  plt.xticks(x+width/2,x_lable,size=12)    # 設定 X 軸刻度、位置、大小
22  plt.yticks(size=12)                      # 設定 Y 軸刻度、位置、大小
23  plt.grid(axis="y",c='w',linewidth=1.2)   # 設定 Y 軸格線的顏色與粗細
24  # 顯示圖例,loc 圖例顯示位置 ( 可以用座標方法顯示 ),ncol 圖例顯示幾列，
    預設為 1 列 ,frameon 設定圖形邊框
25  plt.legend(loc=(0,1.02),ncol=2,frameon=False)
26  ax = plt.gca()                           # 取得整個繪圖區的控制碼
```

```
27   ax.spines['top'].set_color('none')      #設定上'脊樑'為無色
28   ax.spines['right'].set_color('none')    #設定右'脊樑'為無色
29   ax.spines['left'].set_color('none')     #設定左'脊樑'為無色
30   ax.yaxis.set_ticks_position('right')    #Y軸放置在右邊
31   #增加主標題
32   plt.text(0.,1.25,s='WHERE CAPITAL SPENDING\nIS STILL HOT',
     transform=ax.transAxes, weight='bold',size=20)
33   #增加副標題
34   plt.text(0,1.12,s='Column charts are used to compare values\nacross
     categories by using vertical bars.',transform=ax.transAxes,
35           weight='light',size=15)
36   #增加註腳
37   plt.text(0.,-0.15,s='Sources: http://zhuanlan.zhihu.com/apeter-zhang-
     jie',transform=ax.transAxes,weight ='light',size=10)
38   #圖表的匯出
39   plt.savefig('商業圖表_經濟學人1.pdf',bbox_inches='tight', pad_inches=0.3)
40   plt.show()
```

11.1.2　商業圖表繪製案例①

我們平時常用的橫條圖，也經常出現
在商業圖表中，但是通常會把 Y 軸標
籤省去，而將對應的資料名稱放置在
條形的上方，如圖 11-1-9 所示。同
時，省去 X 軸數值座標，而將條形
的數值直接放置在條形的右邊。這樣
做的好處是可以節省圖表的面積，尤
其是當 Y 軸標籤很長的時候。

▲ 圖 11-1-9　Y 軸標籤省去的橫條圖
（來源：《華爾街日報》）

技能 繪製 *Y* 軸標籤省去的橫條圖

橫條圖一般需要降冪展示，所以先使用 sort_values() 函數做降冪處理，然後使用 plt.barh() 函數繪製條形，再使用 plt.tex() 增加資料的類別和數值標籤，如圖 11-1-10(a) 所示。最後，省去 *X* 軸和 *Y* 軸，增加主、副標題以及註腳，如圖 11-1-10(b) 所示，其實際程式如下所示。

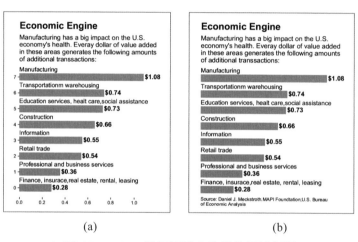

(a)　　　　　　　　　　　　(b)

▲ 圖 11-1-10　*Y* 軸標籤省去的橫條圖繪製過程

```
01    import matplotlib.pyplot as plt
02    import numpy as np
03    import pandas as pd
04    df=pd.DataFrame(dict(group=["Manufacturing","Transportationm warehousing",
      "Education services, healt care,social assistance",
05                    "Construction","Information","Retail trade",
                      "Professional and business services",
06                    "Finance, insurace,real estate, rental, leasing"],
07                    price=[1.08,0.74,0.73,0.66,0.55,0.54,0.356,0.28]))
08    df=df.sort_values(by=["price"],ascending=True)
09    x_label=np.array(df['group'])
10    y=np.array(df['price'])
11    x_value=np.arange(len(x_label))
12    height=0.45
```

```
13   fig=plt.figure(figsize=(5,5))
14   plt.xticks([])
15   plt.yticks([])
16   ax = plt.gca()                              # 取得整個表格邊框
17   ax.spines['top'].set_color('none')          # 設定上 ' 脊樑 ' 為無色
18   ax.spines['right'].set_color('none')        # 設定右 ' 脊樑 ' 為無色
19   ax.spines['left'].set_color('none')         # 設定左 ' 脊樑 ' 為無色
20   ax.spines['bottom'].set_color('none')       # 設定下 ' 脊樑 ' 為無色
21   plt.barh(x_value,color='#0099DC',height=height,width=y,align="center")
22   for a,b,label in zip(y,x_value,x_label):    # 給橫條圖加標籤，需要使用 for 循環
23       plt.text(0, b+0.45, s=label, ha='left', va= 'center',fontsize=13,
         family='sans-serif')
24       plt.text(a+0.01, b, s="$"+ str(round(a,2)), ha='left', va= 'center',
         fontsize=13.5,family='Arial',weight ="bold")
25
26   plt.text(0,1.3,s='Economic Engine',transform=ax.transAxes,weight='bold',
     size=20,family='Arial')
27   plt.text(0,1.05,s="Manufacturing has a big impact on the U.S.\neconomy's
     health. Everay dollar of value
28   added\nin these areas generates the following amounts\nof additional
     transsactions: ",
29       transform=ax.transAxes,weight='light',size=14,family='sans-serif')
30   plt.text(0,-0.05,s='Source: Daniel J. Meckstroth.MAPI Foundtation;U.S.
31   Bureau\nof Economic Analysis',transform=ax.transAxes,weight='light',
     size=10,family='sans-serif')
32   #plt.savefig(' 商業圖表 _ 橫條圖 .pdf',bbox_inches='tight', pad_inches=0.3)
33   plt.show()
```

11.1.3 商業圖表繪製案例②

商業圖表通常會在平常繪製的圖表基礎上，更加注重圖表的美觀性，如圖
11-1-11 所示的帶面積填充連接的堆疊直條圖，就是在普通堆疊直條圖的基
礎上，在相鄰的堆疊柱形之間增加填充面積啟動，更加便於展示不同資料
數列之間的資料累加情況。

但是對於 X 軸為時間序列的堆疊直條圖，可以將資料數列按平均數值做排序處理後，使數值越大的資料數列越接近 X 軸，這樣便於比較不同資料數列的數值大小。所以在圖 11-1-11 中，"Asia-Pacific" 應該放置在最下面，然後依次是 "North America"、"Western Europe" 等。

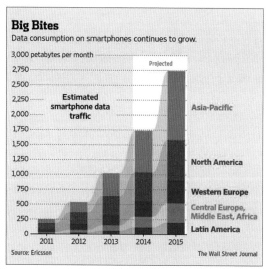

▲ 圖 11-1-11　帶面積填充連接的堆疊直條圖（來源：《華爾街日報》）

其實，帶面積填充連接的堆疊直條圖就是兩個圖層的疊加：上層的堆疊直條圖（見圖 11-1-12(a)）和下層的堆疊面積圖（見圖 11-1-12(b)），疊加效果如圖 11-1-12(c) 所示，這樣基本實現圖 11-1-11 繪圖區的資料數列展示效果。其關鍵在於如何根據堆疊直條圖的資料建置堆疊面積圖的資料。

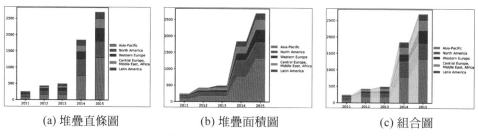

(a) 堆疊直條圖　　　　　(b) 堆疊面積圖　　　　　(c) 組合圖

▲ 圖 11-1-12　帶面積填充連接的堆疊直條圖的繪製過程

技能 繪製帶面積填充連接的堆疊直條圖

圖 11-1-13 所示為使用 matplotlib 仿製的帶面積填充連接的堆疊直條圖，
其實作程式如下所示。堆疊直條圖和堆疊面積圖的共有部分資料為資料數
列的數值以及柱形寬度（width）。使用 matplotlib 套件的 stackplot() 函數可
以繪製如圖 11-1-12(b) 所示的底層的堆疊面積圖；bar() 函數可以繪製如圖
11-1-12(a) 所示的堆疊直條圖；annotate() 函數可以增加帶啟動線的文字；
text() 函數可以增加主 / 副標題等圖表背景資訊。

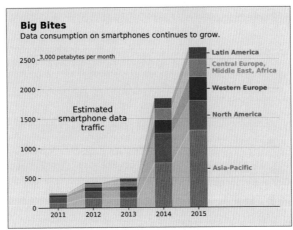

▲ 圖 11-1-13 使用 matplotlib 仿製的帶面積填充連接的堆疊直條圖

```
01    from matplotlib import pyplot as plt
02    import pandas as pd
03    import numpy as np
04    plt.rc('axes',axisbelow=True)
05    plt.rcParams['axes.facecolor']='#EFEFEF'
06    plt.rcParams['savefig.facecolor'] ='#EFEFEF'
07
08    df= pd.read_csv(" 商業圖表 _ 堆疊直條圖 .csv",engine='python',index_col=0)
09    meanRow_df=df.apply(lambda x: x.mean(), axis=0)      # 對每個資料數列求平均值
10    Sing_df=meanRow_df.sort_values(ascending=False).index   # 降冪排序處理
11    n_row,n_col=df.shape
```

```
12    x_value=np.arange(n_row)     # 建置 X 軸數值
13    colors=["#F28526","#0671A8","#C72435","#C3A932","#636466"]
      # 建置資料數列的填充顏色串列
14
15    width=0.5    # 設定柱形的寬度
16    # 建置面積圖部分的資料
17    x=[]     #x 為堆疊堆疊面積圖的 X 軸數值
18    for i in range(n_row):
19        x=x+[i-width/2,i,i+width/2]
20    df_area=pd.DataFrame(index=x)
21    for j in list(range(n_col))[::-1]:
22        y=[]
23        for i in range(n_row):
24            y=y+np.repeat(df.iloc[i,j],3).tolist()
25    df_area[df.columns[j]]=y  # 建置堆疊面積圖每個資料數列的 Y 軸數值
26
27    fig=plt.figure(figsize=(7,5),dpi=100,facecolor='#EFEFEF')
28    # 繪製底層的堆疊面積圖
29    plt.stackplot(df_area.index.values, df_area.values.T,colors=colors,
      linewidth=0.1,edgecolor ='w',alpha=0.25)
30    # 繪製上層的堆疊直條圖
31    bottom_y=np.zeros(n_row)
32    for i in range(n_row):
33        label=Sing_df[i]
34        plt.bar(x_value,df.loc[:,label],bottom=bottom_y,width=width,color=
          colors[i],label=label,edgecolor='w', linewidth=0.25)
35        # 增加帶啟動線的每個資料數列名稱，並用跟資料數列柱形填充一樣的顏色
36        plt.annotate(s=label,xy=(x_value[-1]+width/2*0.9,bottom_y[-1]+df.
          loc[:,label].values[-1]/2),
37                     xytext=(x_value[-1]*1.1,bottom_y[-1]+df.loc[:,label].
                     values[-1]/2),c=colors[i],
38                     arrowprops=dict(facecolor='gray',arrowstyle ='-'),
                     verticalalignment='center',weight= 'bold')
39        bottom_y=bottom_y+df.loc[:,label].values
40    # 設定圖表風格，包含圖表背景顏色、X 軸和 Y 軸格式以及格線的格式
```

```
41    plt.xlim(-0.5,6.3)
42    plt.xticks(x_value,df.index,size=10)    # 設定 X 軸刻度與標籤
43    plt.grid(which='major',axis ="y", linestyle='--', linewidth='0.5',
      color='gray',alpha=0.5)
44    ax = plt.gca()    # 刪除左邊和頂部的繪圖區域邊框線
45    ax.spines['right'].set_color('none')
46    ax.spines['top'].set_color('none')
47    ax.spines['left'].set_color('none')
48    # 增加圖表的背景資訊，包含 Y 軸座標、圖表說明以及主副標題
49    plt.text(-0.5,2500,s='3,000 petabytes per month',weight='light',size=9,
      verticalalignment='bottom')
50    plt.text(1,1500,s='Estimated\nsmartphone data\ntraffic',weight='light',
      size=13,verticalalignment='center', horizontalalignment='center')
51    plt.text(-0.08,1.07,s='Big Bites',transform=ax.transAxes,weight='bold',
      size=15)
52    plt.text(-0.08,1.01,s='Data consumption on smartphones continues to
      grow.',transform=ax.transAxes, weight='light',size=12)
53    # 儲存匯出圖表為 PDF 格式
54    #plt.savefig(' 商業圖表 _ 堆疊直條圖 .pdf',bbox_inches='tight',
      pad_inches=0.3)
55    plt.show()
```

11.2 學術圖表繪製範例

圖表在學術論文中是很重要的一部分。實驗結果是論文的核心和主要部分，而實驗結果一般以圖表的形式呈現。讀者經常透過圖表來判斷這篇文章是否值得閱讀，所以每個圖表都應該能不依賴正文而獨立存在。所謂一圖抵千言（A picture is worth a thousand words）。圖表設計是否精確和合理直接影響資料的完整與準確表達，進一步影響論文的品質。學術圖表的製作還是與商業圖表有一定的差別。優秀的學術圖表可以參考 *Science* 和 *Nature* 等頂級期刊，如圖 11-2-1 所示。

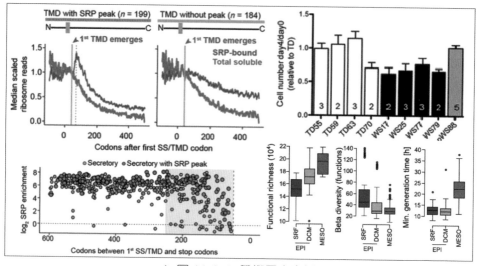

▲ 圖 11-2-1　學術圖表案例

根據 Edward R. Tufte 在 *The Visual Display of Quantitative Information* [27]
和 *Visual Explanations*[28] 中的說明，圖表在論文的作用主要有以下幾個方
面。

（1）真實、準確、全面地展示資料；
（2）以較小的空間承載較多的資訊；
（3）揭示資料的本質、關係、規律。

第三點尤為重要，Matthew O. Ward 也提出，視覺化的終極目標是洞悉蘊
含在資料中的現象和規律，這包含多重含義：發現、決策、解釋、分析、
探索和學習 [29]，有時候使用資料視覺化的方法也可以極佳地幫助我們去分
析資料。

11.2.1　學術圖表繪製基礎

相對於商業圖表，學術圖表首先要標準，符合期刊的投稿要求，然後在標
準的基礎上實現圖表的美觀和專業。在目前貫徹學術論文規範化、標準化

的同時，圖表的設計也應規範化、標準化。總而言之，學術圖表的製作原則主要是標準、簡潔、專業和美觀。

1. **標準**：標準就是指學術圖表符合投稿期刊的圖表格式要求，這是繪製圖表的基礎條件。如果繪圖時滿足了投稿期刊的圖表要求，那麼至少能滿足編輯的要求，不會立即被退改，例如圖表的單位、字型、座標、圖例、軸名等。另外，期刊還會要求圖表的解析度和格式，一般要求 RGB 彩色圖片的解析度為 300dpi 及以上。

2. **簡潔**：學術圖表的關鍵在於清楚地表達資料資訊。Robert A. Day 在 *How to write and publish a scientific paper* [30] 一 書 中 指 出，Combined or not, each graph should be as simple as possible（如果一張學術圖表包含的資料資訊太多，反而會讓讀者難以了解自己所要表達的資料資訊）。所以，學術圖表應儘量簡潔、清楚地表達資料資訊。考慮到期刊的印刷成本，學術圖表的尺寸也要儘量以較小的空間承載較多的資訊，但也不要太小到無法看清圖表的文字。

3. **專業**：圖表類型的選擇是做好圖表的關鍵條件。專業就是指圖表要能全面地反映資料的相關資訊。當我們獲得足夠的實驗資料後，需要重點思考的就是選擇哪種圖表能更加全面地表達資料資訊。舉例來說，同樣是多次重複實驗獲得的資料，帶誤差線的散點圖、帶誤差線的直條圖、箱形圖等圖表類型的選擇就是我們要重點考慮的問題。

4. **美觀**：圖表美觀的建置是做好圖表的重要條件。美觀是指學術圖表要簡潔且具有美感。圖表的配色、構圖和比例等是影響圖表美觀的主要因素。但是由於大部分理工科的學生平時缺乏審美能力的訓練，所以這也是許多學術圖表缺乏美感的主要原因。

雖然不同的期刊對圖表的要求並不一樣，但是整體圖表標準要素一般包含座標軸（number axis）、軸標題（axis label）（包含單位）、圖表標題（chart title）、圖例（legend）、資料標籤（data label）等，這些圖表元素在學術圖表中必不可少。在 *Science* 和 *Nature* 等科學期刊中，學術圖表的模式一般如圖 11-2-2 所示。兩者最大的差別就是有無繪圖區的邊框，圖 11-2-2(a) 為無邊框，圖 11-2-2(b) 為有邊框。plotnine 中的 ggplot() 函數，主題系統的選擇 theme_classic() 和 theme_matplotlib() 分別對應圖 11-2-2(a) 和圖 11-2-2(b)。

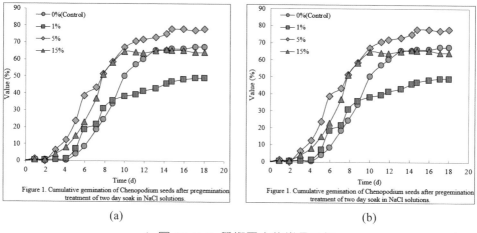

(a)　　　　　　　　　　　　　(b)

▲ 圖 11-2-2　學術圖表的常見風格

學術圖表的圖名一般位於表的下方。Figure 可簡寫為 "Fig."，按照圖在文章中出現的順序用阿拉伯數字依次排列（如 Fig.1，Fig.2⋯⋯）。對於複合圖，通常多個圖共用一個標題，但每個圖都必須明確標明大寫字母（A、B、C 等），在正文中敘述時可表明為 "Fig. 1A"。複合圖的標題也必須區分出每一個圖，並用字母標出各自反映的資料資訊。

11.2.2　學術圖表繪製案例

在實驗資料分析過程中，經常遇到需要把組間的顯著性增加到圖形中的情況。在統計學中，差異顯著性檢驗是「統計假設檢驗」（statistical hypothesis testing）的一種，用於檢測科學實驗中實驗組與對照組之間是否有差異以及差異是否顯著的辦法。stats 套件提供了常用的差異顯著性檢驗方法，如表 11-2-1 所示。圖 11-2-3 的原始資料為 iris 資料集，其展示了三種鳶尾花花萼寬度（sepal width）資料的箱形圖和小提琴圖，同時標記兩兩之間 t 檢驗的顯著性差異 p 值。

表 11-2-1 常用的差異顯著性檢驗方法

方法	stats 套件提供的函數	描述
T-test	stats.ttest_ind()	t 檢驗，比較兩組（參數）
Wilcoxon test	stats.wilcoxon()	Wilcoxon 符號秩檢驗，比較兩組（非參數）
ANOVA	stats.f_oneway()	方差檢驗，比較多組（參數）
Kruskal-Wallis	stats.mstats.kruskalwallis()	Kruskal-Wallis 檢驗，比較多組（非參數）

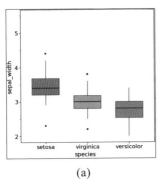
(a)
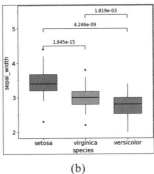
(b)
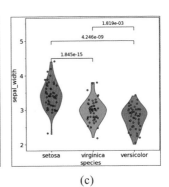
(c)

▲ 圖 11-2-3 帶顯著性標記的箱形圖和小提琴圖

技能 繪製帶顯著性標記的箱形圖和小提琴圖

我們先對 iris 資料集進行降冪處理，如圖 11-2-3(a) 所示。再使用 stats.ttest_ind() 函數逐一求取每對鳶尾花的 sepal_width 特徵 t 檢驗的 p 值，建置增加顯著性標記的資料集 df_value。然後使用 geom_boxplot() 函數或 geom_violin() 函數繪製箱形圖或小提琴圖。最後使用 geom_segment() 函數和 geom_text() 函數增加顯著性標記連接線和 p 值。圖 11-2-3(c) 的實作程式如下所示。

```
01   import pandas as pd
02   import numpy as np
03   import seaborn as sns
04   from plotnine import *
05   from scipy import stats
06   df_iris = sns.load_dataset("iris")
07   df_group=df_iris.groupby(df_iris['species'],as_index=False).median()
08   df_group=df_group.sort_values(by="sepal_width",ascending=False)
09   df_iris['species']=df_iris['species'].astype(CategoricalDtype(categories
     =df_group['species'],ordered=True))
10
11   group=df_group['species']
12   N=len(group)
13   df_pvalue=pd.DataFrame(data=np.zeros((N,4)),columns=['species1',
     'species2','pvalue','group'])
14   n=0
15   for i in range(N):
16       for j in range(i+1,N):
17           rvs1=df_iris.loc[df_iris['species'].eq(group[i]),'sepal_width']
18           rvs2=df_iris.loc[df_iris['species'].eq(group[j]),'sepal_width']
19           #t,p=stats.wilcoxon(rvs1,rvs2,zero_method='wilcox', correction=
             False)   # wilcox.test()
20           t,p=stats.ttest_ind(rvs1,rvs2)    # t.test()
21           df_pvalue.loc[n,:]=[i,j,format(p,'.3e'),n]
22           n=n+1
23   df_pvalue['y']=[4.5,5.,5.4]
24
25   base_plot=(ggplot() +
26       #geom_boxplot(df_iris, aes('species', 'sepal_width', fill = 'species'),
         width=0.65) +
27
28       geom_violin(df_iris, aes('species', 'sepal_width', fill = 'species'),
         width=0.65)+
```

```
29      geom_jitter(df_iris, aes('species', 'sepal_width', fill = 'species'),
        width=0.15)+
30      scale_fill_hue(s = 0.99, l = 0.65, h=0.0417,color_space='husl')+
31
32      geom_segment(df_pvalue,aes(x ='species1+1', y = 'y', xend =
        'species2+1', yend='y',group='group'))+
33      geom_segment(df_pvalue,aes(x ='species1+1', y = 'y-0.1', xend =
        'species1+1', yend='y',group='group'))+
34      geom_segment(df_pvalue,aes(x ='species2+1', y = 'y-0.1', xend =
        'species2+1', yend='y',group='group'))+
35      geom_text(df_pvalue,aes(x ='(species1+species2)/2+1', y = 'y+0.1',
        label = 'pvalue',group='group'), ha='center')+
36      ylim(2, 5.5)+
37      theme_matplotlib()+
38      theme(figure_size=(6,6),
39          legend_position='none',
40          text=element_text(size=14,colour = "black")))
41  print(base_plot)
```

11.3 資料分析與視覺化案例

隨著科技的發展,地鐵越來越普及,中國的一二線城市幾乎都有自己的地鐵。房價、商鋪的資料資訊都與地鐵路線及地鐵站有很大的連結,所以地鐵路線圖越來越重要。

根據 Curbed 的資料,上海和北京是地鐵系統增長規模最大的兩個城市,具有龐大、覆蓋密度極高的地鐵網,如圖 11-3-1 所示。其年客運量分別為 20 億人和 18.4 億人,與之比較,紐約的年客運量僅為 16 億人。多瓦克為北京和上海單獨做了一張 30 年地鐵發展圖。

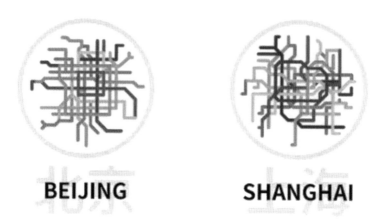

▲ 圖 11-3-1　北京和上海的地鐵路線簡化圖

這是公共交通狂人和設計師皮特‧多瓦克（Peter Dovak）再次帶來的驚豔作品，這一次他將中國 30 年的地鐵發展視覺化。20 世紀 90 年代之前，北京、香港和天津，三個城市分別在 1969 年、1979 年和 1984 年營運了第一條地鐵路線，其中天津的第一條地鐵現已拆除重建，這一細節也在多瓦克的圖中表現出來。

11.3.1　示意地鐵路線圖的繪製

要想獲得地鐵路線資料資訊，可以使用前面介紹的資料拾取工具。先從網上下載對應的地鐵路線圖片，如圖 11-3-2 所示；然後使用資料拾取工具拾取資料。需要拾取兩個方面的資料：①地鐵站的座標位置資訊；②地鐵路線的位置資訊。根據獲得的資料，可以繪圖獲得深圳市示意地鐵路線圖，如圖 11-3-3 所示。

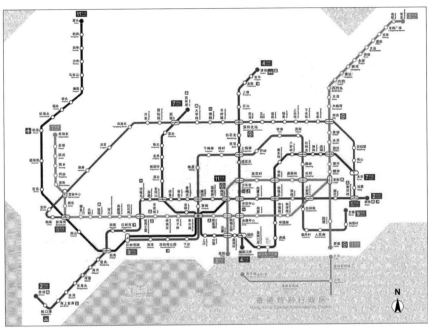

▲ 圖 11-3-2 深圳市地鐵路線圖（編按：本圖為簡體中文介面）

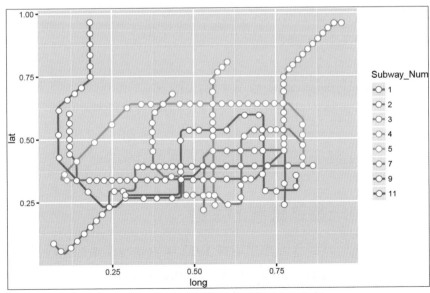

▲ 圖 11-3-3 深圳市示意地鐵路線圖

技能 繪製深圳市示意地鐵路線圖

地鐵路線圖的資料資訊可以使用 GetData 和 Excel 外掛程式 EasyCharts 等的資料拾取功能，透過從網路上下載的深圳市地鐵路線圖的圖片中拾取資料資訊，包含地鐵路線（見圖 11-3-4(a)）和地鐵站繪圖座標（x, y）（見圖 11-3-4(b)）。可以分別使用 plotnine 套件中的 geom_point() 和 geom_path() 兩個函數繪製地鐵路線和地鐵站。圖 11-3-3 的實作程式如下所示。

```
01  import pandas as pd
02  import numpy as np
03  from plotnine.data import *
04  file = open('ShenzhenSubway_StationHousingPrice.csv')
05  mydata_station=pd.read_csv(file)
06  file.close()
07  file = open('ShenzhenSubway_Path.csv')
08  mydata_Path=pd.read_csv(file)
09  file.close()
10  mydata_Path['Subway_Num']=pd.Categorical(mydata_Path['Subway_Num'])
11  mydata_station['Subway_Num']=pd.Categorical(mydata_station['Subway_Num'])
12  base_plot=(ggplot()+
13    geom_path (mydata_Path,aes(x='x',y='y',group='Subway_Num',colour=
      'Subway_Num'), size=1)+
14
15  geom_point(mydata_station,aes(x='x',y='y',group='Subway_Num',colour=
    'Subway_Num'),shape='o',size= 3,fill="white")+
16    scale_color_hue(h=15/360, l=0.65, s=1,color_space='husl')+
17    xlab("long")+
18    ylab("lat"))
19  print(base_plot)
```

11.3.2 實際地鐵路線圖的繪製

現在世界各地的地鐵路線圖都是根據 1932 年倫敦地鐵路線圖設計的。這張標示性的倫敦地鐵路線圖由工程師 Harry Beck 設計，除了每條路線一個顏色，設計重點在於全圖只有 90 度和 45 度角，均衡各網站距離，以便尋找使用。該圖放棄了和實際地理位置的準確對應,而只是大致反映。所以我們平時看到的地鐵站的地鐵路線圖不是實際的地鐵路線,而是設計的示意路線。我們做資料分析時還需要獲得實際的地鐵路線經緯座標位置。

實際地鐵路線圖的資料,可以先從網上下載各個地鐵站的名稱以及對應的站號,再使用 Python 語言根據地鐵站名,在高德地圖自動尋找對應的地理經緯座標(long, lat),如圖 11-3-4(b) 所示。最後效果如圖 11-3-5 所示。

地鐵線路繪圖座標

◢	A	B	C
1	Subway_Num	x	y
2	1	0.775424	0.23855
3	1	0.776836	0.320611
4	1	0.776836	0.454198
5	1	0.727401	0.395038
6	1	0.685028	0.340603
7	1	0.675141	0.340603
8	1	0.559322	0.340603
9	1	0.45904	0.340603
10	1	0.322034	0.340603
11	1	0.141243	0.339695
12	1	0.141243	0.375954
13	1	0.139831	0.414122
14	1	0.118644	0.446565
15	1	0.117232	0.603053
16	2	0.865819	0.391221
17	2	0.834746	0.391221
18	2	0.725989	0.391221

地鐵站地理座標　　地鐵站繪圖座標

◢	A	B	C	D	E	F
1	Station_Title	Subway_N	long	lat	x	y
2	羅湖	1	114.1187	22.53208	0.773876	0.236641
3	國貿	1	114.1189	22.53968	0.773876	0.320611
4	老街	1	114.1169	22.54423	0.773876	0.45229
5	大劇院	1	114.1078	22.5418	0.723315	0.39313
6	科學館	1	114.0949	22.54062	0.672753	0.339695
7	華強路	1	114.0851	22.54046	0.654494	0.339695
8	崗廈	1	114.0682	22.53485	0.598315	0.339695
9	會展中心	1	114.0611	22.53477	0.557584	0.337786
10	購物公園	1	114.0456	22.53466	0.52809	0.337786
11	香蜜湖	1	114.0386	22.53889	0.497191	0.337786
12	車公廟	1	114.0258	22.53625	0.460674	0.337786
13	竹子林	1	114.0139	22.53336	0.411517	0.337786
14	僑城東	1	113.9967	22.53241	0.384831	0.337786
15	華僑城	1	113.9854	22.53349	0.356742	0.337786
16	世界之窗	1	113.9742	22.5369	0.320225	0.337786
17	白石洲	1	113.967	22.5396	0.294944	0.337786
18	高新園	1	113.9538	22.54024	0.272472	0.337786
19	深大	1	113.9442	22.53867	0.248596	0.337786

(a) 示意地鐵路線資料　　　　　　　　(b) 實際與示意地鐵站的位置資訊

▲ 圖 11-3-4 實際與示意地鐵路線圖的資料資訊 .

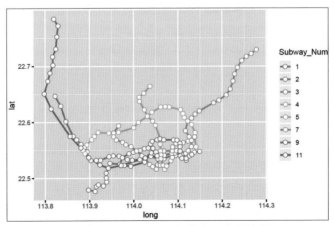

▲ 圖 11-3-5 深圳市實際地鐵路線圖

11.3.3　地鐵路線圖的應用 （編按：本小節圖例為簡體中文）

根據示意和實際的地圖路線圖，我們可以做很多與地鐵相關的資料分析與視覺化，例如動態即時的地鐵人流量、地鐵站附近的人口總數分佈、地鐵路線的房價分佈情況等。下面我們將以深圳市地鐵路線的房價分佈情況分析為例，說明地鐵路線圖的應用。

在分析深圳市地鐵路線的房價分佈時，先要獲得樓房的每平方公尺單價和地理位置等資訊，我們可以使用鏈家網的售房資料資訊。

（1）鏈家網一般提供了每套在售的二手房資訊，如圖 11-3-6 所示。我們可以在鏈家網取得兩個關鍵的資訊：樓房名稱和每平方公尺單價。

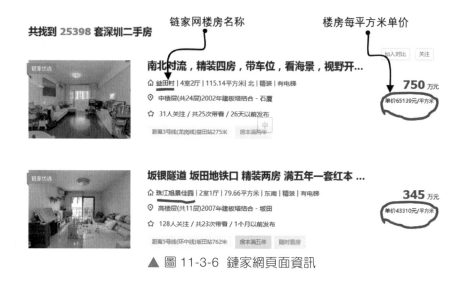

▲ 圖 11-3-6　鏈家網頁面資訊

（2）根據樓房名稱，在高德地圖中獲得樓房實際的經緯座標資訊（long, lat）。

最後，我們獲得樓房資料資訊如圖 11-3-7 所示。如果將樓房以散點圖的形式繪製在深圳實際地鐵路線圖上，效果如圖 11-3-8 所示。

鏈家網樓房名稱　　高德地圖樓房名稱　　樓房地理座標　　樓房每平方米單價

	A	B	C	D	E	F
1	lianjia_addressinfo	gaode_addressinfo	latitude	longitude	unit_price	unit_price
2	國展苑一期	國展苑	114.1187	22.59528	單價34204元/平方米	34204
3	萬科四季花城一期	萬科四季花城 1 期	114.0584	22.62515	單價52739元/平方米	52739
4	嘉葆潤金座	嘉葆潤金座	114.0478	22.52389	單價81760元/平方米	81760
5	THETOWN 樂城	樂城（坳牌路）	114.2244	22.67595	單價44997元/平方米	44997
6	中海康城國際一期	溫氏生鮮(中海康城	114.209	22.70999	單價41165元/平方米	41165
7	玉湖灣	玉湖灣	113.8488	22.57254	單價67595元/平方米	67595
8	泰華陽光海社區	泰華陽光海	113.8565	22.5725	單價70608元/平方米	70608
9	萬象新天	萬象新天	113.8495	22.60333	單價60513元/平方米	60513
10	泰安花園	泰安花園	113.8867	22.56533	單價43860元/平方米	43860
11	中熙香緹灣	香緹花園	113.859	22.57565	單價70029元/平方米	70029
12	中信紅樹灣南區	中信紅樹灣 2 期	113.9648	22.52587	單價103302元/平方米	103302
13	龍珠花園	龍珠花園	114.1246	22.6025	單價36593元/平方米	36593
14	金海灣花園	金海灣花園	114.0322	22.51984	單價68323元/平方米	68323
15	繽紛假日豪園	繽紛假日	113.9278	22.52041	單價66923元/平方米	66923
16	森雅谷潤築園	森雅谷	114.2281	22.67638	單價33568元/平方米	33568
17	凱倫花園	凱倫花園	114.0631	22.56537	單價44293元/平方米	44293
18	金汐府	駿泰金汐府	114.2911	22.72955	單價31377元/平方米	31377
19	諾德假日花園	諾德假日花園	113.9031	22.50989	單價91130元/平方米	91130

▲ 圖 11-3-7　鏈家網的樓房資料資訊

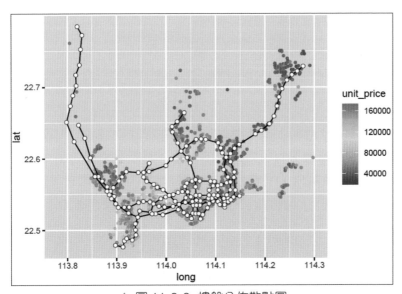

▲ 圖 11-3-8　樓盤分佈散點圖

技能 繪製樓盤分佈散點圖

plotnine 套件中的 geom_point() 函數繪製樓盤的分佈散點，並將樓房的每平方公尺單價對映到資料點的顏色；然後使用 geom_point() 和 geom_path() 兩個函數繪製實際地鐵路線圖。圖 11-3-8 所示的樓盤分佈散點地圖的實際程式如下所示。

```
01    file = open('ShenzhenHousing_Price_WithLocation.csv')
02    mydata_house=pd.read_csv(file)
03    file.close()
04    base_plot=(ggplot()+
05
06    geom_point(mydata_house,aes(x='longitude',y='latitude',fill='unit_price'),
      shape= 'o',size=1, alpha=0.8,color='none')+
07    geom_path (mydata_station,aes(x='long',y='lat',group='Subway_Num'),
      size=0.5,linejoin = "bevel", lineend = "square")+
08    geom_point(mydata_station,aes(x='long',y='lat'),shape='o',size=2,fill=
      "white",color ='black',stroke=0.1)+
09      scale_fill_cmap(name = 'RdYlGn')+
10      xlab("long")+
11      ylab("lat"))
12    print(base_plot)
```

深圳市地鐵房價分佈圖：根據地鐵站地理座標（lat, long），獲得該地鐵站方圓 3km 內所知的樓房每平方公尺的價格，然後求取平均值，即作為該地鐵站的二手房均價數值（平方公尺）。已知地理空間座標 P_1（$long_1, lat_1$）和 P_2（$long_2, lat_2$），就可以根據以下公式求取兩點的實際距離 D：

$$D = \text{arc} \cos(\sin(lat_1) \times \sin(lat_2) + \cos(lat_1) \times \cos(lat_2) \times \cos(long_1 - long_2)) \times r_{earth}$$

其中，r_{earth} 為地球平均半徑，實際數值為 6371.004 km，D 的單位為 km。我們可以根據如上公式依次判斷每個地鐵站與所有樓房的實際距離，然後篩選保留只離地鐵站距離 3km 以內的樓房，並求取其平均值作為該地鐵站附近的每平方公尺單價，如圖 11-3-9 所示。

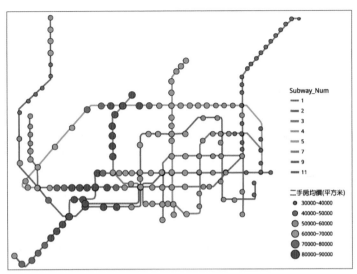

Subway_Num
— 1
— 2
— 3
— 4
— 5
— 7
— 9
— 11

二手房均價(平方米)
○ 30000~40000
○ 40000~50000
○ 50000~60000
○ 60000~70000
○ 70000~80000
● 80000~90000

▲ 圖 11-3-9 深圳市地鐵路線房價分佈圖

技能 繪製地鐵路線房價分佈圖

資料集 mydata_station 已經透過資料分析計算獲得每個地鐵站及其方圓 3km 以內的樓房均價的資料 Unit_Price，然後根據 mydata_station，使用 plotnine 套件中的 geom_point() 函數繪製地鐵站座標 (x, y)，並將圓圈大小（size）對映到房價平均值；再根據 mydata_Path 使用 geom_path() 函數繪製地鐵路線圖，圖 11-3-9 的實際程式如下所示。

```
01   Price_max=np.max(mydata_station['Unit_Price'])
02   Price_min=np.min(mydata_station['Unit_Price'])
03   mydata_station['Unit_Price2']=pd.cut(mydata_station['Unit_Price'],
04             bins=[0,30000,40000,50000,60000,70000,80000,90000],
05             labels=[" <=30000","30000~40000","40000~50000",
             "50000~60000","60000~70000"," 70000~80000","80000~90000"])
06   base_plot=(ggplot()+
07    geom_path (mydata_Path,aes(x='x',y='y',group='Subway_Num',colour=
       'Subway_Num'), size=1)+
08    geom_point(mydata_station,aes(x='x',y='y',group='Subway_Num2',size=
       'Unit_Price2',fill ='Unit_Price2'),shape='o')+
```

```
09      scale_fill_hue(h=15/360, l=0.65, s=1,color_space='husl')+
10      guides(fill = guide_legend(title="二手房均價 ( 平方公尺 )"), size =
        guide_legend(title="二手房均價 ( 平方公尺 )"))+
11      theme_void()+
12      theme(legend_title=element_text(family='SimHei')))
13    0print(base_plot)
```

倫敦地鐵路線圖的故事

圖 11-3-10 所示的這張標示性的地鐵路線圖於 1931 年由 Harry Beck 設計，現在世界各地的地鐵路線圖大多是由該地鐵路線圖衍生而來的。而實際上，在這張著名的地鐵路線圖出現之前，人們也曾設計過許多地鐵路線圖。

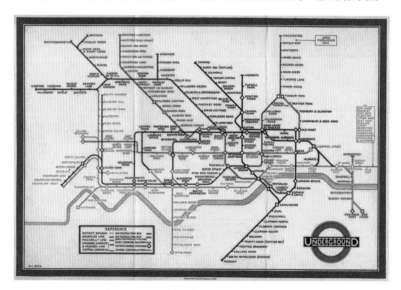

圖 11-3-10　世界上第一張地鐵路線圖

1863 年，倫敦地鐵第一次通車。在之後的幾十年中，數條地鐵路線出現，並且縱橫交錯。但由於私營企業的營運，地鐵路線圖也隨之變得複雜混亂，這與如今的標示性地鐵路線圖大為不同。地鐵路線分佈之廣讓路線圖的製作非常困難。即使在倫敦市中心，站與站之間的距離也大相徑庭。例如考文特花園站和萊斯特廣場站僅隔 200 公尺，而國王十字站和法林頓站卻相隔 1.85 公里。

1925 年，一位名叫 Harry Beck 的工程繪圖師加入倫敦地鐵的繪圖小組，並於 1931 年發明了新的路線設計圖。但是，當 Beck 向地鐵管理部門初次展示他的設計時，地鐵管理部門卻對此表示懷疑。Beck 設計的地鐵路線呈水平、垂直或對角線延伸。擺脫了真實地理比例侷限，地鐵路線圖如同一個電路圖，又像是一幅蒙德里安風格的繪畫。Beck 認為，實際的距離並不是特別重要，乘客們只需要知道他們應該要在哪裡上車和下車就可以了。1932 年，在少數網站嘗試性地印發了 500 份 Back 的路線圖後，在 1933 年又印發了 70 萬份路線圖。一個月內又重印了一遍，這表明路線圖十分受人們的喜歡。逐漸地，這張圖不僅成為倫敦市民和遊客的工具，其本身設計也頗受人們喜愛。

11.4　動態資料視覺化示範

matplotlib 套件和 plotnine 套件都可以實現動態資料的視覺化示範。其中，在 matplotlib 套件中，函數 FuncAnimation(fig,func,frames,init_func,interval,blit) 是繪製動圖的主要函數，其參數為：① fig 為繪製動圖的畫布名稱；② func 為自訂動畫函數 update()，例如圖 11-4-1 使用的 draw_barchart(year) 函數和圖 11-4-2 使用的 draw_areachart(Num_Date) 函數；③ frames 為動畫長度，一次循環包含的訊框數，在函數執行時期，其值會傳遞給函數 update(n) 的形式參數 "n"；④ init_func 為自訂開始訊框，即初始化函數，可省略；⑤ interval 為更新頻率，以 ms 計算；⑥ blit 為選擇更新所有點，還是僅更新產生變化的點，應選擇 True，但 macOS 使用者請選擇 False，否則無法顯示。plotnine 套件中的 PlotnineAnimation() 函數也可以繪製動態圖表，但是在使用不斷更新的資料繪製動態圖表時，動態圖表產生速度很慢。

11.4.1　動態橫條圖的製作

我們使用 1950—2018 年世界上人口最密集的城市資料集繪製動態橫條圖，其 HTML 互動效果頁面如圖 11-4-1 所示。該資料集包含 4 列資料：年份（year）、城市名稱（name）及所在的洲（group）、人口密度數值（value），轉置的資料集如圖 11-4-2 所示，共有 6252 行資料。

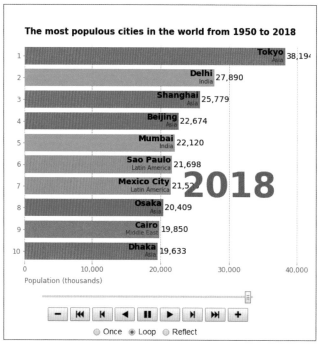

▲ 圖 11-4-1　動態橫條圖的 HTML 互動頁面效果圖

	0	1	2	3	4	5	6	7	8	9
name	Agra	Agra	Agra	Agra	Agra	Agra	Agra	Agra	Agra	Agra
group	India	India	India	India	India	India	India	India	India	India
year	1575	1576	1577	1578	1579	1580	1581	1582	1583	1584
value	200	212	224	236	248	260	272	284	296	308

4 rows × 6252 columns

▲ 圖 11-4-2　轉置後的資料集

技能 繪製動態橫條圖

由於要產生 HTML 頁面，所以推薦在 Jupyter Notebook 中執行程式，可以直接在網頁端產生 HTML 動畫。使用 pd.read_csv() 函數匯入資料。由於在展示的時候，來自不同洲（group）的城市需要使用相同的顏色，例如圖 11-4-1 中的亞洲（Asia）、拉丁美洲（Latin America）分別使用紅色和綠色。所以，需要使用 Seaborn 套件建置關於 group-color 的字典 colors，其實際程式如下所示。

```
01  import pandas as pd
02  import numpy as np
03  import matplotlib as mpl
04  import seaborn as sns
05  import matplotlib.pyplot as plt
06  import matplotlib.ticker as ticker
07  df = pd.read_csv("Animation_Data.csv")
08  # 顏色的設定
09  categories=np.unique(df.group)
10  color = sns.husl_palette(len(categories),h=15/360, l=.65, s=1).as_hex()
11  colors = dict(zip(categories.tolist(),color))
12  group_lk = df.set_index('name')['group'].to_dict()
```

循序漸進是繪製動態圖表的不二法門。我們選擇其中一個年份（2016）繪製靜態橫條圖，如圖 11-4-3 所示。先從資料集 df 中選擇 2016 年世界上人口最密集城市的資料，並做昇冪處理，獲得新的資料框 dff；然後使用 barh() 函數繪製橫條圖，並設定每個條形的填充顏色（color）；再使用 text() 函數增加資料標籤以及選擇的年份。其實際程式如下所示。

```
01  current_year = 2016
02  dff = df[df['year'].eq(current_year)].sort_values(by='value', ascending=
    True)
03  fig, ax = plt.subplots(figsize=(10, 8))
04  ax.barh(range(len(dff['name'])), dff['value'], color=[colors[group_lk[x]]
    for x in dff['name']]) # 將顏色值遞給 `color`
```

```
05    # 檢查這些值來繪製標籤和數值 (Tokyo, Asia, 38194.2)
06    for i, (value, name) in enumerate(zip(dff['value'], dff['name'])):
07        ax.text(value, i,        name,              ha='right')    # 名字，如 Tokyo
08        ax.text(value, i-.25, group_lk[name], ha='right') # 組名：如 Asia
09        ax.text(value, i,        value,             ha='left')     # 數值，如 38194.2
10    # 在畫布右方增加年份
11    ax.text(0.9, 0.3, current_year, transform=ax.transAxes, size=70, weight=
      'bold',color='gray',ha='right')
```

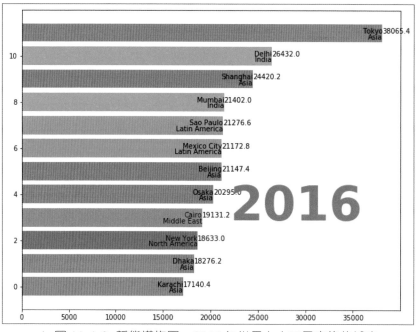

▲ 圖 11-4-3　靜態橫條圖：2016 年世界上人口最密集的城市

接下來，我們需要將靜態的橫條圖變成動態的橫條圖，並將其撰寫成函數 draw_barchart(year)。我們設定輸入的年份（year）可以為小數格式，例如 2016.7。圖 11-4-4 所示不同年份數值下的靜態橫條圖，當 year=2016.7 時，城市的 X 軸位置正處於 2016 年城市排名位置 'order1' 和 2017 年城市排名位置 'order2' 之間：x=order1+(order2- order1)* location_x。其函數的實作程式如下所示。

```
01    def draw_barchart(year):
02        N_Display=10    #N_Display 表示只展示前 10 個人口最密集的城市
03        year1=int(year)    # 取得目前所在年份，例如 year=2016.7，則 year1=2016
04        year2=year1+1 # 取得下一年份，例如 year=2016.7，則 year2=2017
05        location_x=year-year1    # 求取目前時間所在一年中的位置，例如 location_x
          =0.7
06        # 求取 year1 時人口最密集城市的排序，進一步獲得城市的 X 軸位置與 Y 軸數值
07        dff1=df.loc[df['year'].eq(year1),:].sort_values(by='value',
          ascending=False)
08        dff1['name']=pd.Categorical(dff1['name'],categories=dff1['name'],
          ordered=True)
09        dff1['order1']=dff1['name'].values.codes
10        # 求取 year2 時人口最密集城市的排序，進一步獲得城市的 X 軸位置與 Y 軸數值
11        dff2=df.loc[df['year'].eq(year2),:].sort_values(by='value',
          ascending=False)
12        dff2['name']=pd.Categorical(dff2['name'],categories=dff2['name'],
          ordered=True)
13        dff2['order2']=dff2['name'].values.codes
14        # 根據 year1 和 year2 城市的排名，求取 year 時這些城市的 X 軸位置與 Y 軸數值
15        dff=pd.merge(left=dff1,right=dff2[['name','order2','value']],how=
          "outer",on="name")
16        dff.loc[:,['value_x','value_y']]  = dff.loc[:,['value_x','value_y']]
          .replace(np.nan, 0)
17        dff.loc[:,['order1','order2']]  = dff.loc[:,['order1','order2']]
          .replace(np.nan, dff['order1'].max()+1)
18        dff['group']=[group_lk[x] for x in dff.name]
19        dff['value']=dff['value_x']+(dff['value_y']-dff['value_x'])*
          location_x#/N_Interval
20        dff['x']=N_Display-(dff['order1']+(dff['order2']-dff['order1'])*
          location_x)
21
22        dx = dff['value'].max() / 200
23        dff['text_y']=dff['value']-dx
24        dff['value']=dff['value'].round(1)
25        dff=dff.iloc[0:N_Display,:]
```

```
26
27      ax.clear()
28      plt.barh(dff['x'], dff['value'], color=[colors[group_lk[x]] for x in
        dff['name']])
29      dx = dff['value'].max() / 200
30      for i, (x,value, name) in enumerate(zip(dff['x'],dff['value'],
        dff['name'])):
31          plt.text(value-dx, x,       name,         size=14, weight='bold',
            ha='right', va='bottom')
32          plt.text(value-dx, x-.25, group_lk[name], size=10, color=
            '#444444', ha='right', va='baseline')
33          plt.text(value+dx, x,      f'{value:,.0f}',  size=14, ha='left',
            va='center')
34
35      plt.text(0.9, 0.3, year1, transform=ax.transAxes, color='#777777',
        size=60, ha='right', weight=800)
36      plt.text(0, -0.1, 'Population (thousands)', transform=ax.transAxes,
        size=12, color='#777777')
37      ax.xaxis.set_major_formatter(ticker.StrMethodFormatter('{x:,.0f}'))
38      ax.tick_params(axis='x', colors='#777777', labelsize=12)
39      ax.tick_params(axis='y', colors='#777777', labelsize=12)
40      ax.set_xlim(0,41000)
41      ax.set_ylim(0.5,N_Display+0.5)
42      ax.set_xticks(ticks=np.arange(0,50000,10000))
43      ax.set_yticks(ticks=np.arange(N_Display,0,-1))
44      ax.set_yticklabels(labels=np.arange(1,N_Display+1))
45      ax.margins(0, 0.01)
46      ax.grid(which='major', axis='x', linestyle='--')
47      ax.set_axisbelow(True)
48      ax.text(0, 1.05, 'The most populous cities in the world from 1950 to
        2018', transform=ax.transAxes, size=15, weight='bold', ha='left')
49      plt.box(False)
50  # 呼叫函數範例：當 year=2016.7 時的橫條圖
51  fig, ax = plt.subplots(figsize=(8.5, 7))
52  draw_barchart(2016.7)
```

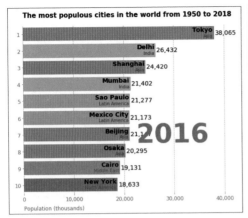
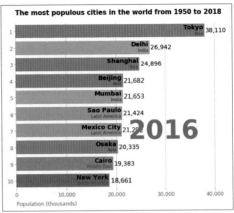

(a) year=2016.0   (b) year=2016.7

▲ 圖 11-4-4　不同年份數值下的靜態橫條圖

使 用 matplotlib 套 件 的 animation.FuncAnimation() 函 數， 呼 叫 draw_barchart(year) 函數，其中輸入的參數 year= np.arange(1950, 2019,0.25)，最後使用 IPython 套件的 HTML() 函數將動畫轉換成 HTML 頁面的形式示範，其動畫不同年份下的示範效果如圖 11-4-5 所示，其核心程式如下所示。

```
01    import matplotlib.animation as animation
02    from IPython.display import HTML
03    fig, ax = plt.subplots(figsize=(8, 7))
04    plt.subplots_adjust(left=0.12, right=0.98, top=0.85, bottom=0.1)
05    animator = animation.FuncAnimation(fig, draw_barchart, frames=np.arange
      (1950, 2019,0.25),interval=50)
06    HTML(animator.to_jshtml())
```

其 中， 函 數 FuncAnimation(fig,func,frames,init_func,interval,blit) 是 繪 製動圖的主要函數，其參數為：① fig 表示繪製動圖的畫布名稱 (figure)；② func 為自訂繪圖函數，如 draw_barchart() 函數；③ frames 為動畫長度，一次循環包含的訊框數，在函數執行時期，其值會傳遞給函數 draw_barchart (year) 的形式參數 "year"；④ init_func 為自訂開始訊框，即初始化函數 init，可省略；⑤ interval 表示更新頻率，計量單位為 ms；⑥ blit 表示選擇更新所有點，還是僅更新產生變化的點，應選擇為 True，但 macOS 使用者應選擇 False，否則無法顯示。

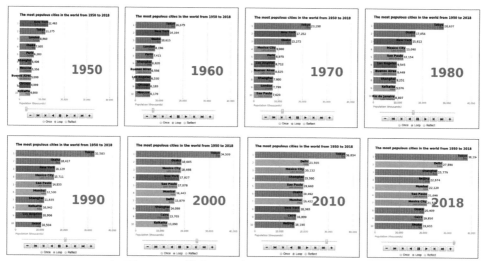

▲ 圖 11-4-5　橫條圖動畫不同年份下的示範效果

另外，也可以使用 animator.save('animation.gif') 或 animator.save('animation.mp4) 匯出 GIF 或 MP4 格式的動畫。但是如果要匯出 MP4 格式，需要先安裝 ffmpeg 或 mencoder。

11.4.2　動態面積圖的製作

我們使用 2013—2019 年比特幣（BTC）的價格資料繪製動態面積圖，其 HTML 互動效果頁面如圖 11-4-6 所示。該資料集包含日期（date）、最高價格（high）、最低價格（low）等多列資料，轉置的資料集如圖 11-4-7 所示，包含 2013 年 04 月 28 日起每天的開盤、最高、最低和收盤的價格。

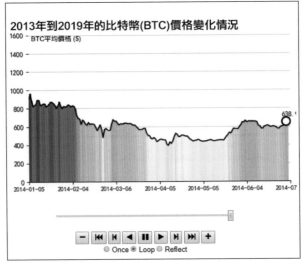

▲ 圖 11-4-6 動態面積圖的 HTML 互動頁面效果圖

	date	open	high	low	close	value	price
0	2013-04-28	135.30	135.98	132.10	134.21	1488566728	134.040
1	2013-04-29	134.44	147.49	134.00	144.54	1603768865	140.745
2	2013-04-30	144.00	146.93	134.05	139.00	1542813125	140.490
3	2013-05-01	139.00	139.89	107.72	116.99	1298954594	123.805
4	2013-05-02	116.38	125.60	92.28	105.21	1168517495	108.940

▲ 圖 11-4-7 2013—2019 年比特幣（BTC）的價格資料集

技能 繪製動態面積圖

我們先匯入資料集 BTC_price_history.csv，然後將 date 列轉換成日期類型資料。選擇一天中的最高價和最低價的平均值作為這一天比特幣的價格（price）。其實際程式如下所示。

```
01   import pandas as pd
02   import matplotlib as mpl
03   import numpy as np
04   import matplotlib.pyplot as plt
```

```
05    import matplotlib.ticker as ticker
06    import seaborn as sns
07    from datetime import datetime
08    plt.rcParams['font.sans-serif'] = ['SimHei']　# 用來正常顯示中文標籤
09    plt.rcParams['axes.unicode_minus'] = False
10    plt.rc('axes',axisbelow=True)
11
12    df = pd.read_csv('BTC_price_history.csv')
13    df['date']=[datetime.strptime(d, '%Y/%m/%d').date() for d in df['date']]
14    df['price']=(df['high']+df['low'])/2
```

我們設定圖表每次展示 Span_Date =180 天的比特幣價格資料，所以獲得
180 天的資料集 df_temp 後，如果使用 plt.fill_between() 函數，就可以實現
紅色填充的面積圖，如圖 11-4-8(a) 所示；如果使用 plt.bar() 函數，就可以
實現 Spectral_r 顏色對映的面積圖，如圖 11-4-8(b) 所示。圖 11-4-8 的實際
程式如下所示。

```
01    Span_Date =180　# 日期範圍寬度
02    Num_Date =180　　# 終止日期
03    df_temp=df.loc[Num_Date-Span_Date: Num_Date,:]
      # 選擇從 Num_Date-Span_Date 開始到 Num_Date 的 180 天的資料
04    colors = cm.Spectral_r(df_temp.price / float(max(df_temp.price)))
05    fig =plt.figure(figsize=(6,4), dpi=100)
06    plt.subplots_adjust(top=1,bottom=0,left=0,right=0.9,hspace=0,wspace=0)
07    # plt.fill_between() 函數：可以實現紅色填充的面積圖
08    #plt.fill_between(df_temp.date.values, y1=df_temp.price.values, y2=0,
      alpha=0.75, facecolor='r', linewidth= 1,edgecolor ='none',zorder=1)
09    # plt.bar() 函數：可以實現 Spectral_r 顏色對映的面積圖
10    plt.bar(df_temp.date.values,df_temp.price.values,color=colors,width=1,
      align="center",zorder=1)
11    plt.plot(df_temp.date, df_temp.price, color='k',zorder=2)
12    plt.scatter(df_temp.date.values[-1], df_temp.price.values[-1],
      color='white',s=150,edgecolor ='k',linewidth= 2,zorder=3)
```

```
13  plt.text(df_temp.date.values[-1], df_temp.price.values[-1]*1.18,s=np.
    round(df_temp.price.values[-1],1),size =10,ha='center', va='top')
14  plt.ylim(0, df_temp.price.max()*1.68)
15  plt.xticks(ticks=df_temp.date.values[0: Span_Date +1:30],labels=df_temp.
    date.values[0: Span_Date +1:30],rotation=0)
16  plt.margins(x=0.01)
17  ax = plt.gca()#取得邊框
18  ax.spines['top'].set_color('none')     # 設定上 '脊樑' 為無色
19  ax.spines['right'].set_color('none')   # 設定上 '脊樑' 為無色
20  ax.spines['left'].set_color('none')    # 設定上 '脊樑' 為無色
21  plt.grid(axis="y",c=(217/256,217/256,217/256),linewidth=1)   # 設定格線
22  plt.show()
```

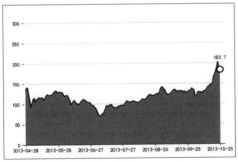

(a) 單色填充

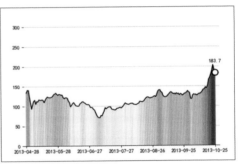

(b) 漸層色填充

▲ 圖 11-4-8 靜態面積圖

我們將上面的靜態面積圖程式整合成函數 draw_areachart(Num_Date)。當開始的日期 Num_Date<Span_Date 時，只選擇截至目前日期的 Num_Date 天數據繪製面積圖；當開始的日期 Num_Date ≥ Span_Date 時，就選擇截至目前日期的 Span_Date 天數據繪製面積圖。使用 draw_areachart(Num_Date) 函數繪製的不同日期（Num_Date）的面積圖如圖 11-4-9 所示。

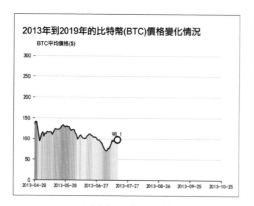

(a) Num_Date=60

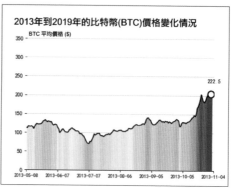

(b) Num_Date=150

▲ 圖 11-4-9　不同日期（Num_Date）的面積圖

```
01    def draw_areachart(Num_Date):
02        Span_Date=180
03        ax.clear()
04        if Num_Date<Span_Date:
05            df_temp=df.loc[0:Num_Date,:]
06            df_span=df.loc[0:Span_Date,:]
07            colors = cm.Spectral_r(df_span.price.values / float(max(df_span.
              price.values)))
08            plt.bar(df_temp.date.values,df_temp.price.values,color=colors,
              width=1.5,align="center",zorder=1)
09            plt.plot(df_temp.date, df_temp.price, color='k',zorder=2)
10            plt.scatter(df_temp.date.values[-1], df_temp.price.values[-1],
              color='white',s=150,edgecolor ='k',
              linewidth=2,zorder=3)
11            plt.text(df_temp.date.values[-1], df_temp.price.values[-1]*1.18,
              s=np.round(df_temp.price.values [-1],1),
              size=10,ha='center', va='top')
12            plt.ylim(0, df_span.price.max()*1.68)
13            plt.xlim(df_span.date.values[0], df_span.date.values[-1])
14    plt.xticks(ticks=df_span.date.values[0:Span_Date+1:30],labels=df_span.
      date.values[0:Span_Date+1:30], rotation=0, fontsize=9)
15        else:
16            df_temp=df.loc[Num_Date-Span_Date:Num_Date,:]
```

```
17          colors = cm.Spectral_r(df_temp.price / float(max(df_temp.price)))
18
19   plt.bar(df_temp.date.values[:-2],df_temp.price.values[:-2],color=
     colors[:-2],width=1.5,align ="center",zorder =1)
20          plt.plot(df_temp.date[:-2], df_temp.price[:-2], color='k',
            zorder=2)
21          plt.scatter(df_temp.date.values[-4], df_temp.price.values[-4],
            color='white',s=150,edgecolor ='k',
            linewidth=2,zorder=3)
22          plt.text(df_temp.date.values[-1], df_temp.price.values[-1]*1.18,
            s=np.round(df_temp.price.values [-1],1),
            size=10,ha='center', va='top')
23          plt.ylim(0, df_temp.price.max()*1.68)
24          plt.xlim(df_temp.date.values[0], df_temp.date.values[-1])
25   plt.xticks(ticks=df_temp.date.values[0:Span_Date+1:30],labels=df_temp.
     date.values[0:Span_Date+1:30], rotation=0,fontsize=9)
26
27       plt.margins(x=0.2)
28       ax.spines['top'].set_color('none')         # 設定上 '脊樑' 為紅色
29       ax.spines['right'].set_color('none')        # 設定上 '脊樑' 為無色
30       ax.spines['left'].set_color('none')         # 設定上 '脊樑' 為無色
31       plt.grid(axis="y",c=(217/256,217/256,217/256),linewidth=1) #設定格線
32       plt.text(0.01, 0.95,"BTC 平均價格 ($)",transform=ax.transAxes,
            size=10, weight='light', ha='left')
33       ax.text(-0.07, 1.03, '2013 年到 2019 年的比特幣 BTC 價格變化情況 ',
            transform=ax.transAxes, size=17, weight='light', ha='left')
34
35   fig, ax = plt.subplots(figsize=(6,4), dpi=100)
36   plt.subplots_adjust(top=1,bottom=0.1,left=0.1,right=0.9,hspace=0,
     wspace=0)
37   draw_areachart(150)
```

先 使 用 matplotlib 套 件 的 animation.FuncAnimation() 函 數，呼 叫 draw_
areachart(Num_Date) 函 數，其 中 輸 入 的 參 數 Num_Date = np.arange(0,df.
shape[0],1)。再使用 IPython 套件的 HTML() 函數將動畫轉換成 HTML 頁

面的形式示範，其面積圖動畫不同日期下的示範效果如圖 11-4-10 所示。
核心程式如下所示。

```
01    import matplotlib.animation as animation
02    from IPython.display import HTML
03    fig, ax = plt.subplots(figsize=(6,4), dpi=100)
04    plt.subplots_adjust(left=0.12, right=0.98, top=0.85, bottom=0.1,
      hspace=0,wspace=0)
05    animator = animation.FuncAnimation(fig, draw_areachart, frames=np.arange
      (0,df.shape[0],1),interval=100)
06    HTML(animator.to_jshtml())
```

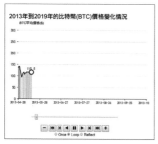 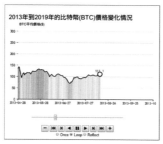 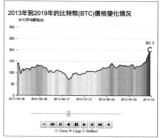

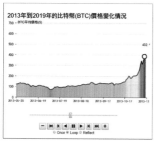 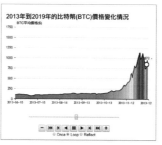 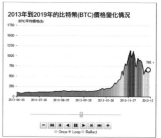

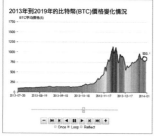 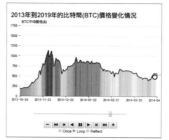 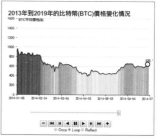

▲ 圖 11-4-10　面積圖動畫不同日期下的示範效果

由於動畫預設的最大大小為 20971520.0 byte，所以圖 11-4-10 只產生了 2013 年 04 月─2014 年 07 月的資料繪製的動態面積圖。如果需要調整產生的動畫最大大小，則需要更改參數 animation. embed_limit:

```
plt.rcParams['animation.embed_limit'] = 2**128
```

11.4.3 三維柱形地圖動畫的製作

我們使用 24 小時內某軟體深圳市使用者的使用分佈資料集，繪製三維柱形地圖動畫，效果如圖 11-4-11 所示。其主要的資料集包含 3 個：深圳市的網格座標點資料集、軟體的使用者座標資料集、資料的擷取時間資料集。

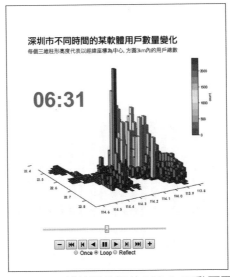

▲ 圖 11-4-11　三維柱形地圖的 HTML 互動頁面效果圖

先根據資料的擷取時間資料集（Time），調取該時間下的使用者座標資料集（long0,lat0），然後將使用者座標資料集與深圳市網格座標資料（long,lat）集融合，獲得經度（long）、緯度（lat）、數量（num）的資料，最後繪製立體直條圖，同時結合 matplotlib 套件中的 animation. FuncAnimation() 函數，實現三維柱形地圖動畫的繪製。

技能 繪製三維柱形地圖

我們先匯入資料的擷取時間資料集 df_time，主要對使用者資料的擷取時間 Time 進行處理。其中，Source_Path 為檔案路徑。圖 11-4-12 顯示了不同時間的軟體使用者數量。使用者座標資料集的命名是以數字 1,2,…,26 為基礎的，然後對應 df_time 資料集中對應行的使用者資料的擷取時間，程式如下所示。

```
01   file = open(Source_Path+'ShenzhenData/Time_record.csv',encoding=
     "utf_8_sig'", errors='ignore')
02   df_time=pd.read_csv(file)
03   file.close()
04   df_time['Time']=[datetime.strptime(d, '%Y/%m/%d %H:%M') for d in
     df_time['Time']]
05   df_time['Hour']=[d.strftime('%H:%M') for d in df_time['Time']]
```

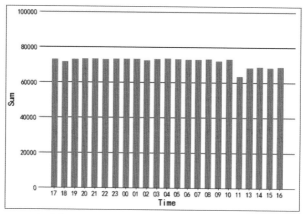

▲ 圖 11-4-12 不同時間的軟體使用者總數

匯入深圳市網格資料集 df_grid0，其散點圖如圖 11-4-13(a) 所示。該網格資料點每隔 3km 在深圳市地區範圍內經緯兩個方向離散取點，程式如下所示。

```
01   file = open(Source_Path+'/Shenzhen_Point.csv',encoding="utf_8_sig'",
     errors='ignore')
```

```
02    df_grid0=pd.read_csv(file)
03    file.close()
04    df_grid0[['lat','long']]=np.round(df_grid0[['lat','long']],3)
```

匯入第 1 個時間擷取的使用者座標資料集 df_user，該資料集中使用者的經緯座標 (long0,lat0) 隸屬於深圳市網格資料集 df_grid0，而且經過資料清洗（資料去重等操作）只保留每個座標點 3km 以內的使用者資料。再將 df_user 資料集進行分組求和處理，獲得經緯座標點的使用者數量 df_num。最後將 df_num 和 df_grid0 融合產生新的資料集 df_grid，繪製的熱力散點圖如圖 11-4-13(b) 所示，其實際程式如下所示。

```
01    file = open(Source_Path+'ShenzhenData/Shenzhen1.csv',encoding=
      "utf_8_sig'", errors='ignore')
02    df_user=pd.read_csv(file)
03    file.close()
04    df_user['group']=df_user.transform(lambda x: "("+ str(x['long'])+"," +
      str(x['lat'])+")",axis=1)
05    df_user['num']=1
06    df_num=df_user.groupby('group',as_index=False).agg({'num': np.sum,'lat':
      np.mean, 'long': np.mean})
07    df_num[['lat','long']]=np.round(df_num[['lat','long']],3)
08    df_grid=pd.merge(df_grid0, df_num,how='left',on=['lat','long'])
09    df_grid.fillna(0, inplace=True)
```

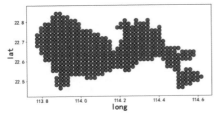 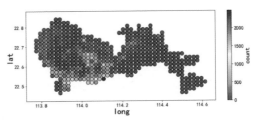

(a) 表示深圳市網格資料的散點圖　(b) 表示深圳市網格資料點使用者數量的熱力散點圖

▲ 圖 11-4-13 資料融合效果

我們將上面的靜態面積圖程式整合成函數 draw_3dbarchart(Num_time)。其中，Num_time 控制讀取對應時間的使用者座標資料集 df_user，再經前置處理後與深圳市網格資料 **df_grid0** 融合成網格資料點使用者數量資料集 **df_grid**。最後使用 ax.bar3d() 函數繪製立體直條圖。使用 draw_3dbarchart(Num_time) 函數繪製的不同日期 Num_Date 的面積圖，如圖 11-4-14 所示，其實際程式如下所示。

```
01   def draw_3dbarchart(Num_time):
02       file = open(Source_Path+'ShenzhenData/Shenzhen'+str(Num_time)+'.csv',
         encoding="utf_8_sig'", errors='ignore')
03       df_user=pd.read_csv(file)
04       file.close()
05       df_user['group']=df_user.transform(lambda x: "("+ str(x['long'])+","
         + str(x['lat'])+")",axis=1)
06       df_user['num']=1
07       df_num=df_user.groupby('group',as_index=False).agg({'num': np.sum,
         'lat': np.mean, 'long': np.mean})
08       df_num [['lat','long']]=np.round(df_num [['lat','long']],3)
09       df_grid=pd.merge(df_grid0, df_num,how='left',on=['lat','long'])
10       df_grid.fillna(0, inplace=True)
11
12       dz_min=0    #df_grid.num.min()
13       dz_max=2500#df_grid.Count.max()
14       dz=df_grid.num.values
15       colors = cm.Spectral_r(dz / float(dz_max))
16
17       ax.clear()
18       plt.cla()
19       ax.view_init(azim=60, elev=20)
20       ax.grid(False)
21       ax.margins(0)
22       ax.xaxis._axinfo['tick']['outward_factor'] = 0
23       ax.xaxis._axinfo['tick']['inward_factor'] = 0.4
24       ax.yaxis._axinfo['tick']['outward_factor'] = 0
25       ax.yaxis._axinfo['tick']['inward_factor'] = 0.4
26       ax.xaxis.pane.fill = False
27       ax.yaxis.pane.fill = False
```

```
28      ax.zaxis.pane.fill = False
29      ax.xaxis.pane.set_edgecolor('none')
30      ax.yaxis.pane.set_edgecolor('none')
31      ax.zaxis.pane.set_edgecolor('none')
32      ax.yaxis.set_ticks(np.arange(22.4,22.8,0.1))
33      ax.zaxis.line.set_visible(False)
34      ax.set_zticklabels([])
35      ax.set_zticks([])
36      ax.bar3d(df_grid.long.values, df_grid.lat.values, 0, 0.02, 0.015,
        dz, zsort='average',color=colors, alpha=1,
        edgecolor='k',linewidth=0.2)
37      plt.text(0.1,0.95, s=' 深圳市不同時間的某軟體使用者數量變化 ',
        transform=ax.transAxes, size=25, color='k')
38      plt.text(0.1,0.9, s=' 每個三維柱形高度代表以經緯座標為中心，方圓 3km 內的
        使用者總數 ',
        transform=ax.transAxes, size=15,weight='light', color='k')
39      plt.text(0.12,0.62, s=df_time['Hour'][Num_time-1], transform=
        ax.transAxes, size=60, color='gray',
        weight='bold',family='Arial')
40
41      cmap = mpl.cm.Spectral_r
42      norm = mpl.colors.Normalize(vmin=0, vmax=1)
43      bounds = np.arange(dz_min,dz_max,200)
44      norm = mpl.colors.BoundaryNorm(bounds, cmap.N)
45      cb2 = mpl.colorbar.ColorbarBase(ax2, cmap=cmap,norm=norm,
        boundaries=bounds,
46      ticks=np.arange(dz_min,dz_max,500),spacing='proportional',
        label='count')
47      cb2.ax.tick_params(labelsize=15)
48
49   fig = plt.figure(figsize=(10, 10))
50   ax = fig.gca(projection='3d')
51   ax2 = fig.add_axes([0.85, 0.35, 0.025, 0.3])
52   plt.subplots_adjust(left=0.12, right=0.98, top=0.85, bottom=0.1)
53   draw_3dbarchart(1)
```

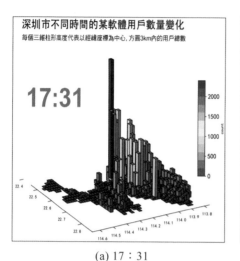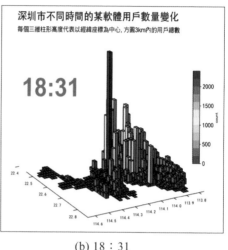

(a) 17：31　　　　　　　　　　　　(b) 18：31

▲ 圖 11-4-14 不同時間段使用者數量變化的三維柱形地圖

使 用 matplotlib 套 件 中 的 animation.FuncAnimation() 函 數， 呼 叫
draw_3dbarchart(Num_time) 函數，其中輸入的參數 Num_time = np.arange
(1,27,1)，最後使用 IPython 套件中的 HTML() 函數將動畫轉換成 HTML 頁
面的形式示範。但是需要注意的是，三維柱形地圖需要在三維圖表的基
礎上，再增加子圖表放置顏色條（colorbar），所以先使用敘述 ax = fig.gca
(projection='3d') 將繪圖區轉換成三維空間座標，再使用敘述 ax2= fig.add_
axes([0.85, 0.35, 0.025, 0.3]) 增加子繪圖區，程式如下所示。

```
01    import matplotlib.animation as animation
02    from IPython.display import HTML
03    fig = plt.figure(figsize=(10, 10))
04    ax = fig.gca(projection='3d')
05    ax2= fig.add_axes([0.85, 0.35, 0.025, 0.3])
06    plt.subplots_adjust(left=0.12, right=0.98, top=0.75, bottom=0)
07    animator = animation.FuncAnimation(fig, draw_3dbarchart,
      frames=np.arange(1,27,1),interval=200)
08    HTML(animator.to_jshtml())
```

參考文獻

[1] Cleveland, W.S. and R. Mcgill, *Graphical Perception - Theory, Experimentation, and Application to the Development of Graphical Methods.* Journal of the American Statistical Association, 1984. **79**(387): p. 531-554.

[2] Yau, N., *Visualize this: the FlowingData guide to design, visualization, and statistics.* 2011: John Wiley & Sons.

[3] Nakamura, T., et al., *A developmental coordinate of pluripotency among mice, monkeys and humans.* Nature, 2016. **537**(7618): p. 57-62.

[4] Jiang, X., et al., *Response to Comment on "Principles of connectivity among morphologically defined cell types in adult neocortex".* Science, 2016. **353**(6304): p. 1108-1108.

[5] Yau, N., *Data points: visualization that means something.* 2013: John Wiley & Sons.

[6] Danovaro, R., et al., *Virus-mediated archaeal hecatomb in the deep seafloor.* Science Advances, 2016. **2**(10).

[7] Wilk, M.B. and R. Gnanadesikan, *Probability plotting methods for the analysis for the analysis of data.* Biometrika, 1968. **55**(1): p. 1-17.

[8] Hruschka, E.R., et al., *A Survey of Evolutionary Algorithms for Clustering.* Ieee Transactions on Systems Man And Cybernetics Part C-Applications And Reviews, 2009. **39**(2): p. 133-155.

[9] Kassambara, A., *Practical Guide To Cluster Analysis in R.* CreateSpace: North Charleston, SC, USA, 2017.

[10] Jain, A.K., *Data clustering: 50 years beyond K-means*. Pattern Recognition Letters, 2010. **31**(8): p. 651-666.

[11] 李二濤，張國煊，and 曾虹，以最小平方為基礎的曲面擬合算法研究．杭州電子科技大學學報, 2009(2).

[12] Craft Jr, H.D., *Radio Observations of the Pulse Profiles and Dispersion Measures of Twelve Pulsars*. 1970.

[13] Parzen, E., *On estimation of a probability density function and mode*. The annals of mathematical statistics, 1962. **33**(3): p. 1065-1076.

[14] Tukey, J.W., *Exploratory Data Analysis. Preliminary edition*. 1970: Addison-Wesley.

[15] McGill, R., J.W. Tukey, and W.A. Larsen, *Variations of box plots*. The American Statistician, 1978. **32**(1): p. 12-16.

[16] Nuzzo, R.L., *The box plots alternative for visualizing quantitative data*. PM&R, 2016. **8**(3): p. 268-272.

[17] Hoaglin, D.C., B. Iglewicz, and J.W. Tukey, *Performance of some resistant rules for outlier labeling*. Journal of the American Statistical Association, 1986. **81**(396): p. 991-999.

[18] Hofmann, H., K. Kafadar, and H. Wickham. *Value Box Plots: Adjusting Box Plots for Large Data Sets*. in *Book of Abstracts*. 2006.

[19] Wickham, H. and L. Stryjewski, *40 years of boxplots*. Am. Statistician, 2011.

[20] Streit, M. and N. Gehlenborg, *Points of view: bar charts and box plots*. 2014, Nature Publishing Group.

[21] Krzywinski, M. and N. Altman, *Points of significance: visualizing samples with box plots*. 2014, Nature Publishing Group.

[22] Spitzer, M., et al., *BoxPlotR: a web tool for generation of box plots*. Nature methods, 2014. **11**(2): p. 121.

[23] Hintze, J.L. and R.D. Nelson, *Violin plots: a box plot-density trace synergism.* The American Statistician, 1998. **52**(2): p. 181-184.

[24] Playfair, W., *Commercial and political atlas: Representing, by copper-plate charts, the progress of the commerce, revenues, expenditure, and debts of England, during the whole of the eighteenth century.* London: Corry, 1786.

[25] Playfair, W., *The Statistical Breviary: Shewing, on a Principle Entirely New, the Resources of Every State and Kingdom in Europe; Illustrated with Stained Copper-plate Charts the Physical Powers of Each Distinct Nation with Ease and Perspicuity: to which is Added, a Similar Exhibition of the Ruling Powers of Hindoostan.* 1801: T. Bensley, Bolt Court, Fleet Street.

[26] Havre, S., B. Hetzler, and L. Nowell. *ThemeRiver: Visualizing theme changes over time.* in *Information visualization, 2000. InfoVis 2000. IEEE symposium on.* 2000. IEEE.

[27] Mulrow, E.J., *The visual display of quantitative information.* 2002, Taylor & Francis.

[28] Tufte, E.R. and D. Robins, *Visual explanations.* 1997: Graphics Cheshire, CT.

[29] Ward, M.O., G. Grinstein, and D. Keim, *Interactive data visualization: foundations, techniques, and applications.* 2015: AK Peters/CRC Press.

[30] Day, R.A. and B. Gastel, *How to write and publish a scientific paper.* Cambridge University Press.

[31] 書中連結 1~ 連結 26 請參閱書附程式碼中的 link.txt。

後記

自從 2019 年 10 月出版《R 語言資料視覺化之美：專業圖表繪製指南（增強版）》，很多讀者問筆者能不能出一本 Python 版的資料視覺化教學。寫書真的嘔心瀝血，但是在撰寫過程中能系統地歸納所學的知識，可以查漏補缺，也是受益匪淺。《R 語言資料視覺化之美：專業圖表繪製指南》這本書在 2017 年 5 月斷斷續續寫了 1 年半多，到 2019 年 5 月才出版。後來又花了 3 個多月增加了 3 章圖表內容，增強版才出版。

所謂「大道相通」，不同軟體的資料視覺化原理都是相通的。這本書就是對照著 R 語言那本書「翻譯」而成。所以親愛的讀者請不必詫異於筆者現在這麼快又出版 Python 的資料視覺化圖書了。

在這裡，首先要感謝讀者，感謝你們對筆者的支援與包容。也非常感謝筆者的大學好友金偉（現為騰訊進階研究員）啟動筆者入門 Python，還要感謝香港理工大學的姚鵬鵬博士、清華大學的趙建樹博士筆者在學習 Python 時給予的幫助。最後，筆者覺得還應該感謝的就是自己。驀然回首，4 年彈指一揮間，從大學畢業到香港做學術研究這幾年，經歷過很多次的失望，也差點患上憂鬱症，感謝自己有一顆積極、陽光、樂觀的心，終於守得雲開見月明，如筆者所願能堅持做自己喜歡的事情。

小時候，讀到課本裡普希金的一段話：「假如生活欺騙了你，不要悲傷，不要心急！憂鬱的日子裡須要鎮靜：相信，快樂的日子將來臨。」到現在才明白這確實是一筆生活的「潛規則」。月有陰晴圓缺，人有悲歡離合。人不僅有趨利避害、喜甜厭苦的本能反應，還有趨歡避悲、求樂脫苦的本能調節。所以，悲傷的日子後面就是快樂的日子。

親愛的讀者，也希望你能快樂地閱讀本書！

作者

Note